应用型本科 电气工程及自动化专业系列教材

运动控制实践教程

（第二版）

主　编　熊田忠
副主编　黄　捷　陈　春
审　定　叶文华　游有鹏　郭前岗　周西峰
　　　　梅志千　张家海　杜逸鸣　孙承志

西安电子科技大学出版社

内 容 简 介

本书内容包括运动控制实践概述、运动控制基本实验、运动控制课程设计类课题、运动控制创新实践/毕业设计类课题等。本书以基于 PC 运动控制卡的 XY 平台为基本实验载体,讲述了工程实际常用的变频器、伺服驱动器、PLC 定位模块、PLC 的 PID 控制、机床回零及其实现、运动控制卡的 VC/VB 开发、基于单片机的运动控制、电机驱动器开发应用、工业机器人、机器视觉应用初步、服务机器人研制、四旋翼飞行器设计等内容。本书采用了图文结合的编写方式,并提供了大量典型实例,便于读者动手操作,快速入门。

本书可作为应用型本科电气、自动化、机电一体化、机器人、智能制造等专业学生的实践教材,也可作为工业自动化行业工程技术人员的培训参考书。本书兼顾专业理论性和工程应用性,读者按照所描述的步骤操作即可完成简单的工程,并循序渐进、不断深入,从而掌握本门课程的核心内容。

本书第一版为"十二五"江苏省高等学校重点教材(编号:2015-2-033)。

图书在版编目(CIP)数据

运动控制实践教程/熊田忠主编. —2版. —西安:
西安电子科技大学出版社,2021.10(2022.2重印)
ISBN 978-7-5606-6268-8

Ⅰ. ① 运… Ⅱ. ① 熊… Ⅲ. ① 运动控制—高等学校—教材 Ⅳ. ① TP24

中国版本图书馆 CIP 数据核字(2021)第 209222 号

策划编辑 马乐惠
责任编辑 张 玮
出版发行 西安电子科技大学出版社(西安市太白南路 2 号)
电   话 (029)88202421 88201467   邮   编 710071
网   址 www.xduph.com   电子邮箱 xdupfxb001@163.com
经   销 新华书店
印刷单位 咸阳华盛印务有限责任公司
版   次 2021 年 11 月第 2 版 2022 年 2 月第 2 次印刷
开   本 787 毫米×1092 毫米 1/16 印张 18.5
字   数 435 千字
印   数 501~2500 册
定   价 45.00 元
ISBN 978-7-5606-6268-8/TP
XDUP 6570002-2

前　言

近年来，无论在基础或应用研究领域，还是在技术开发工业应用领域，核心科技在综合国力提升中都发挥着不可替代的重要作用。运动控制技术作为一项新兴交叉应用技术，在机电控制、自动化、智能制造、机器人、航空航天等领域，助推了产品性能、竞争力和附加值的提升，具有良好的应用前景。

本书是针对应用型本科机电控制相关专业学生的课程实验、课外科技活动、学科竞赛、毕业设计等环节所编写的指导或自学培训参考教材，在第 1 版基础上做了部分修订和补充。

本书涉及 VC++、西门子 Step 7、Keil 等工业软件，以供读者进行实践，软件版本不影响学习使用。本书中的硬件原理图采用软件绘制，其中一些元器件符号与国标不一致，但不影响阅读。

读者在学习实践过程中若有任何疑问或技术问题，欢迎来函（邮箱：beartz@163.com）进行教学或技术方面的探讨。书中难免有疏漏之处，恳请广大读者批评指正。

编　者

2021 年 5 月

第一版前言

2015 年 5 月,国务院发布了《中国制造 2025》,这是我国实施制造强国战略第一个十年的行动纲领。该纲领的指导思想之一即人才为本,指出加快培养制造业发展急需的专业技术人才、经营管理人才、技能人才已成为当务之急。另外,根据国务院印发的《关于加快发展现代职业教育的决定》,教育部也酝酿启动高校转型改革,在 1200 所国家普通高等学校中将有 600 多所转向职业教育,培养应用型人才和技术技能型人才的高校比例将大幅上升。本书就是为适应这种形势需要而进行的一个尝试。

应用型本科或应用科技大学培养的学生,必须权衡动手与动脑、理论与实践的关系,不可厚此薄彼。本书坚持由浅入深、重在应用的原则,列举了大量不同类型的项目实例进行讲解,可作为理论课程学习的有益辅助。希望学生通过对运动控制这门交叉应用技术的学习,提高应用现有技术解决工程实际问题的能力。本书的配套理论教材为参考文献[1]。

以工业控制常用的 VC 软件开发应用为例,本书第 3.4.2 节以 MFC 建立工程,操作监控内部变量,使得入门更加容易;第 3.4.3 节开发运动控制卡单轴点动功能,使得学生能快速看到开发成果,增强信心,并及时总结 VC 开发工程项目的共性问题,引导学生关注其他常用的 VC 使用技巧;第 3.8.2 节结合伺服驱动器的网络控制,讲解 VC 串口编程技巧、Modbus RTU 通信协议及其 CRC 编程,采用成员变量的不同方式来进行数据输入输出,同时讲解了按下按钮点动、松开停止的实现方式;第 3.9.4 节结合多轴同时回零应用,讲解了多线程管理问题;第 4.3.1 节以工业相机图像的采集、显示及保存对 VC 处理位图图像作了技巧示范,以 SCARA 机器人的正反解重点体现了 VC 的数学计算,并在定时器中用动态绘图来模拟仿真机械手的实时位置等。总的来说,本书讲解的实例是运动控制技术与应用技巧的有机结合,而不是简单重复,学生若能在实践时把握这一点并加以体会,必将起到很好的效果。

本书以"怎么学习?如何设计?如何培养工程师素质?如何抓住重要问题?"等问题为出发点编写,学生学习实践时若能多以问题驱动为导向,必将效率更高、效果更好。

本书的编者均有机械、电子、自动化专业教育背景,又经工厂检验、设备、工艺、技术管理等岗位历练。在高校教学近 10 年,编者发现工科应用型人才培养至少应从"重视硬件,深入软件,关注行业,勇于实践"等几方面来加强。现在的学生多喜欢玩电脑,很少关心硬件设备,遇到实际动手操作时往往缩手缩脚,甚至连螺钉往哪个方向拧都不知道。故本书以变频器、伺服驱动器等硬件操作来加强系统集成应用,让学生体会到这些设备操作就像智能手机操作一样简单;以 MCU 控制电路板或电机驱动器制作为例,鼓励学生勤于动手,深入硬件原理,以提高硬件操作和设计能力。软件知识欠缺,也是现在许多应用型本科学生的通病，很多学生以为软件都可以从网上或同学处不劳而获，不需要深入学习或深入学习感到困难。为此本书提供了大量软件设计代码，并详细注解，以帮助学生理解掌握。

由于条件所限，学生的行业知识欠缺是不争的事实，因此，在学习过程中需要学生个人利用网络、书籍等资源，主动了解行业动向。学生可抓住一两个感兴趣的行业重点关注，使自己学习方向明确、目的性强。此外，还要勇于实践，这决不能停留在空洞的口号上，唯有行动起来，才能使运动控制技术变得不高深、不神秘。

本书以单轴速度伺服系统为基础，逐步扩展到位置伺服系统和多轴协调控制。讲解内容既注重单轴速度控制的基础性，又兼顾运动控制的系统性。本书特别注重工程应用性，讲解内容包括工业和日常生活常用的变频器应用、伺服驱动器应用、PLC 的运动控制、基于 PC 运动控制卡的 VC 开发、基于单片机的步进电机控制、电机驱动器设计、工业机器人应用和简单服务机器人设计等。

本书配套的实验系统全部为工业制造企业采用的工业级控制器，选用的 XY 平台采用了模块化设计思想和工业化制造标准，是许多数控加工设备和电子加工设备的基本部件，也是进行相关科学研究和设备开发的理想模型，具有现实工业意义和广泛的工程应用背景。通过本书的学习，可为学生在工业自动化领域就业增加机会，也为本专业学生拓宽工程应用项目提供相应的解决思路及方法。

本书基础实验部分以 XY 运动平台为主要实验对象，实验设计上除可验证原理外，还能培养学生严谨的学习态度和安全意识并激发学生的学习兴趣。设计类课题采用图文结合的方式，学生可以按步骤学习掌握并得出结果，从而很快进入课题。本书有大量实用程序和工程建立技巧可供学生参考。

为加强学生沟通、交流与表达的能力，在本书的最后简要论述了论文写作与课题汇报交流技巧，给出了一个优秀毕业设计论文的范文，探讨了课题完成的全过程要点，希望对学生有所启发。

本书由熊田忠担任主编并负责统稿，黄捷、陈春担任副主编。黄捷编写了第 2 章，陈春编写了第 3.2～3.6 节、第 4.1 节和第 4.3.2 节，其余由熊田忠编写。本书的审定人员包括：叶文华(南京航空航天大学)、游有鹏(南京航空航天大学)、郭前岗(南京邮电大学)、周西峰(南京邮电大学通达学院)、梅志千(河海大学)、张家海(三江学院)、杜逸鸣(三江学院)、孙承志(三江学院)。本书获得江苏省教育厅 2015 年高等学校重点教材立项建设，得到了三江学院"本科教学工程"优秀课程建设立项(编号 J14011)资助，南京欧创数控机床有限公司黄雁飞总经理以及于惠荣和戎腊宁二位工程师给予了工程实践的指点与帮助，同时本书编者还得到了三江学院现代运动控制实验室的硬件支持，在此一并表示感谢！

由于编者水平有限，书中疏漏之处在所难免，恳请广大读者指正！

编　者
2016 年 1 月

目 录

第 1 章 运动控制实践概述

1.1 安 全 概 述

在进行运动控制系统实践时，有触电的危险，运动部件也可能伤人，因此要特别注意人身安全! 操作前要告知同组实践者，并认真阅读设备说明书，严格按说明书进行操作；注意设备急停开关的位置以及在操作中的相互配合，注意设备安全并保持丝杠、导轨等运动部件的清洁，按说明书对设备进行定期保养维护。

1.2 运动控制系统基本概念和典型结构

简单地说，运动控制就是对机械运动部件的位置、速度等进行实时的控制管理，使其按照预期的轨迹和规定的运动参数(如速度、加速度等参数)完成相应的动作。运动控制至今没有统一的定义，本书使用如下定义：所谓运动控制，是综合运用力学、机械、电子、计算机、通信和自动化等有关技术，采用适当的控制原理、方法，在硬件或软件平台上实现满足精度、响应速度和其他要求的执行装置的位置/角位移、速度/角速度、加速度/角加速度、力矩/力的控制。

伺服系统(Servo System，或称随动系统、伺服机构)是实现输出变量精确地跟随或复现输入变量的控制系统，通常是一个闭环负反馈系统。在很多情况下，伺服系统专指被控制量(系统的输出量)是机械位移、速度、加速度的反馈控制系统。通常认为，运动控制系统包含了单轴速度和位置伺服控制系统并以之为基础，而伺服系统通常被认为是位移、速度、加速度的闭环控制，速度伺服系统又是位置伺服系统的基础。

典型的运动控制系统结构可以用如图 1.2-1 所示的方框图表示。

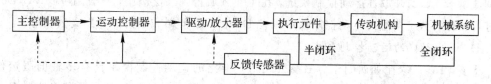

图 1.2-1 典型的运动控制系统结构

(1) **主控制器**通常负责调度、运动状况显示、数据存储、通信协调等工作，可由 PC、PLC(可编程逻辑控制器)等承担。

(2) **运动控制器**(Motion Controller)是运动控制系统的核心，它向驱动/放大器发出能使系统产生期望输出的信号，进行各种插补运算、轨迹路径规划、复杂控制策略等任务，并根据检测运动情况，实时调整信号输出。运动控制器可由基于 PC 的运动控制板卡、PLC 或定位模块、以 DSP(数字信号处理)或 ARM(微处理器)等为核心的控制器来承担。

（3）**驱动/放大器**（Driver）为弱电信号到强电驱动信号的转换装置，通常为由电力电子器件及其控制电路、保护电路组成的伺服驱动/放大器，它接收控制系统指令信号，经过转换变成能直接驱动各种执行元件的大电压/大电流信号。驱动/放大器与执行元件可以合称为运动控制系统的执行器（Actuator）。

（4）**执行元件**（Execute Component）是各种由电能转化为机械能的元件，多为各种功率电机或控制电机（Control Motor），比如直流伺服电机、三相异步电机、无刷直流电机、永磁同步电机、步进电机、超声波电机、直线电机等，或液压油缸、液压马达、汽缸等。

（5）**传动机构**通常是指进行增减速、输出力矩的放大或减小、旋转运动与直线运动的转换等而采用的齿轮箱、丝杠、皮带轮、齿形同步带等。

（6）**机械系统**通常是控制的最终对象，可以是一维或多维机械平台、机械手臂、机床等。

（7）**反馈传感器**（Sensor）可以将机械末端的运动情况反馈给控制器从而实现闭环控制，也可以将执行元件输出反馈给控制器以实现半闭环控制；没有反馈环节的系统即为开环系统。

以上驱动/放大器、运动控制器、主控制器有时未必能严格区分，在某些系统中可以仅有驱动/放大器，或将运动控制器与主控制器功能合为一体，需要具体情况具体分析。

单轴运动控制可分为开环、闭环和半闭环伺服系统。对于运动多轴控制，根据运动控制的特点和应用领域的不同，可以分成点位控制（Point to Point Control）、连续轨迹控制（Continual Trajectory Control）、同步控制（Synchronous Control）等几种形式。运动控制的典型应用和水平体现在数控机床和工业机器人领域。

1.3 运动控制实践的形式及特点

1. 系统集成

1）基于 PC 的运动控制卡运动控制系统

PC 具有强大的运算能力、丰富的图形界面、方便的网络通信、海量的存储空间，可作为运动控制系统的上位机；加上 PCI 总线接口的运动控制卡可作为运动控制器的下位机；可构成基于 PC 的开放性运动控制系统，在工业领域得到广泛应用，一般用 VC/VB/Delphi 等进行编程开发。典型的运动控制器厂家有 Delta Tau 公司和国内深圳固高公司等。

2）基于 PLC 的运动控制系统

很多 PLC 厂家比如西门子、三菱公司等，推出的运动控制模块具有多轴伺服定位功能，配以专用软件，可以构成基于 PLC 的运动控制系统。也可以由 PLC 集成的高速脉冲输入和高速脉冲输出模块构成简单的运动控制系统，脉冲输出可控制步进电机或伺服电机。基于 PLC 的运动控制系统抗干扰能力强，软件可用技术人员熟知的梯形图等形式编写，有一定的灵活性，但同比价格上稍高于基于 PC 的运动控制系统，开放性稍差。

3）由可编程运动控制器（PMC）组成的运动控制系统

可编程运动控制器是运动控制专用控制器，将人机界面、运动控制等功能集于一身，成本要低于 PLC 运动控制系统，但其开放性更差些。

4）计算机数字控制(CNC)系统

CNC 系统基于数控系统,也可以构成运动控制系统。CNC 系统可以采用数控代码编程,开发周期短,但价格往往更高。它一般是封闭式系统,很难进行二次开发,欠缺灵活性。

以上几种运动控制系统都属于系统集成式,对于较大型系统,开发周期不允许太长,项目需求往往变化多,选择哪种方案需要根据具体情况而定。能用系统集成方法完成工程项目是应用型本科工科学生未来一项基本的和主要的能力。

2. 分立元件搭建硬件

如果是小型运动控制项目,产销量大,开发周期较长,则可以考虑自行设计运动控制系统的硬件和软件。经过试验、小批试制到批量生产,这样开发周期较长,研发成本高,但由于量大,总体可以降低成本。这种系统一般以单片机为控制器、用 C 语言编程来开发产品。

对于应用型本科相关专业学生来说,学习系统集成固然很重要,也符合应用型人才培养要求,但是有必要具备以分立元件搭建硬件、嵌入式开发运动控制系统的能力,这样才有深切体会,才能获得本门技术的发展后劲。

1.4　基本实验系统的组成

XY 平台是许多机电一体化系统的基本组成部件,如车、铣、钻、激光加工等各种数控设备。固高科技公司面向制造行业和高等院校开发的 GXY 系列 XY 工作台,采用模块化设计思想和工业化制造标准设计制造,可广泛应用于焊接、点胶、邦定(Bonding)、打孔、包装、取料等各类数控及精密位置控制设备的研究开发,同时也可应用于高等院校机电传动控制、计算机控制系统、机械工程控制以及数控技术等专业领域的研究、教学实践等。由于 XY 平台的基本性、通用性和直观性,本书第 2 章运动控制基本实验部分主要以固高科技的 XY 平台为实验设备。

一套完整的 XY 平台系统主要由以下三部分组成:控制对象(XY 平台机械本体)、电控箱、计算机,如图 1.4 - 1 所示。

（a）控制对象（XY平台机械本体）　　　　（b）电控箱　　　　（c）计算机

图 1.4 - 1　XY 平台系统组成

XY 平台系统的工作过程是:用户在计算机上发送的指令通过电控箱转化为控制信号传达给机械本体的执行部件;反馈元件采集的信号通过电控箱送回计算机并转化为可视的数据、曲线、图像等在显示器上显示出来。

控制部分采用基于 PC 和 DSP 运动控制器的开放式控制体系,主要由计算机、运动控制器、电控箱、电机及相关软件组成。XY 平台控制系统示意图如图 1.4 - 2 所示。

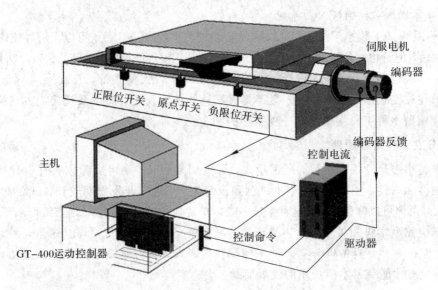

图 1.4-2 XY 平台控制系统示意图

1.5 实验室规划体系

以基于 PC 的运动控制卡为主要实验设备,参考如图 1.5-1 所示的现代运动控制实验室规划体系。广大读者可以继续发挥创新思维,紧密联系生产生活实际,相互交流探讨,不断丰富实验室装备,提升实验室综合水平。

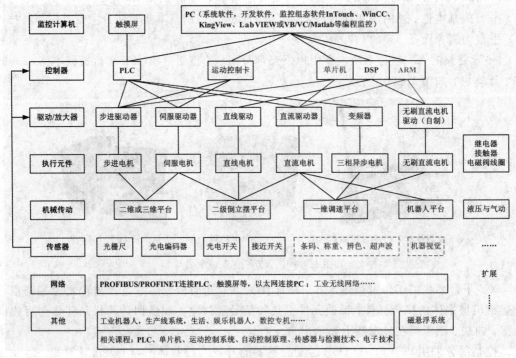

图 1.5-1 运动控制实验室规划体系图

第 2 章　运动控制基本实验

运动控制实践需要一个循序渐进、由浅入深的过程,基本实验比较重要,本章选择一些通用的、验证性的、基础性的实验进行讲解。与通常工科实验类似,要注意实验目的要求、实验仪器设备、实验线路原理图、实验方法步骤、实验的原始数据和分析、实验讨论等,也要做好实验前的预习、实验过程和实验后的总结回顾,这样才能对整个实验有深切的理解。为不失一般性,本章多以固高科技有限公司产品为例。

2.1　认知实验(一)

教师对照实物讲解,学生观察、记录。重点注意设备组成、名称、型号、主要参数、电气连接及其规范性,课后网上查资料完成认知报告。

2.1.1　实验室通用二维 XY 平台的组织结构

如图 2.1-1 所示,GXY 系列 XY 平台机械本体采用模块化拼装,其主体由两个 GX 系列通用线性模块组成,部件全采用工业级元件,驱动电机可选。XY 平台有交流伺服、直流伺服和步进三种类型。

GX 系列线性模块主要包括工作台、丝杆、导轨、电机、底座等部分。

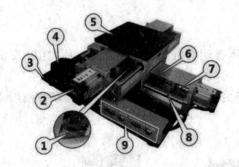

1—限位开关;　2—电机;　3—底座;
4—拖链;　5—工作台;　6—丝杠;
7—联轴器;　8—导轨;　9—电气接口

图 2.1-1　XY 平台本体外观

某 GXY 系列 XY 平台结构尺寸如图 2.1-2 所示,其主要技术参数见表 2.1-1。

表 2.1-1　某 GXY 系列 XY 平台主要技术参数

型号	行程 J /mm		高度 H /mm	底座尺寸 /mm		工作台尺寸 /mm		负载重量 /N	重复定位精度 /mm	定位精度 /mm
	J_X	J_Y		L_1	W_1	L_2	W_2			
GXY-2020	200	200	200	490	350	200	200	500	±0.03	0.05

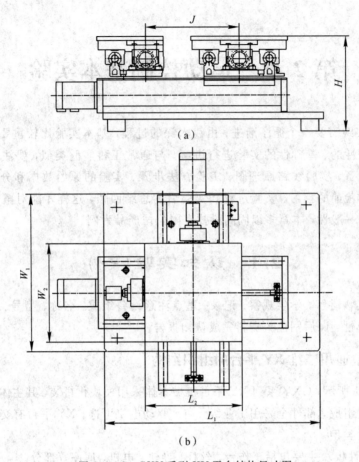

(a)

(b)

图 2.1-2 GXY 系列 XY 平台结构尺寸图

2.1.2 控制箱

控制箱是平台控制部分的核心,与机械本体驱动电机配套,可分为三种类型:交流伺服型、直流伺服型和步进型。

(1)交流伺服型:内置交流伺服驱动器、开关电源、断路器、接触器、运动控制器端子板、按钮开关等,如图 2.1-3 所示。

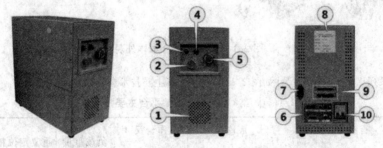

1—通风口; 2—启动按钮; 3—启动按钮指示灯; 4—电源指示灯; 5—急停按钮;
6—平台信号线接口板; 7—电源线接口; 8—电控箱内标签; 9—运动控制器信号线接口;
10—电源总开关

图 2.1-3 交流/直流伺服型电控箱外形图

（2）直流伺服型：内置直流伺服驱动器、开关电源、断路器、接触器、运动控制器端子板、按钮开关等，如图 2.1-3 所示。

（3）步进型：内置步进电机驱动器、开关电源、运动控制器端子板、开关等，如图 2.1-4 所示。

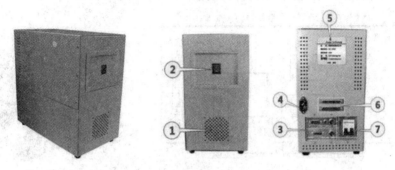

1—通风口； 2—启动按钮； 3—平台信号线接口板； 4—电源线接口；
5—电控箱内标签； 6—运动控制器信号线接口板； 7—电源总开关

图 2.1-4 步进型电控箱外形图

2.1.3 计算机

为保证系统良好运行，建议计算机系统配置不低于以下标准：

（1）CPU：推荐主频 1.5 GHz 以上。

（2）硬盘：软件安装预留空间约 12 MB。

（3）内存：256 MB 以上。

（4）显卡：兼容 Windows 系统，显示内存在 16 MB 以上，可工作于 1024×768 分辨率下。

（5）PCI 插槽：两条空闲插槽（必须）。

（6）操作环境：Windows XP/Windows 7 专业版。

产品可能更新换代，根据厂家要求，不排除使用更高版本软/硬件的可能。

2.1.4 附件

自动笔架用于绘制 XY 平台运动轨迹，如图 2.1-5 所示。自动笔架主要由磁性固定底座、笔架体、电磁铁和画笔组成。画笔可抬起或下降，其升降运动由电磁铁通、断电实现，电磁铁的通、断电信号则由运动控制卡通过 I/O 口给出。

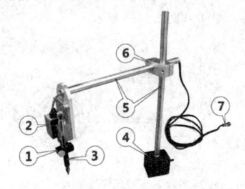

1—笔固定器；

2—电磁铁；

3—画笔；

4—磁性固定底座；

5—笔架体；

6—位置调节块；

7—笔架信号接头

图 2.1-5 自动笔架

2.1.5 PCI型运动控制器

PCI型运动控制器俗称运动控制板卡，简称板卡，其常见内部结构与外形如图2.1-6所示。PCI运动控制器与电脑内部连接部位如图2.1-7所示。

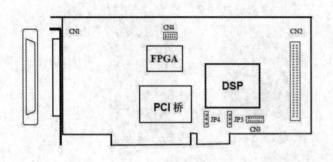

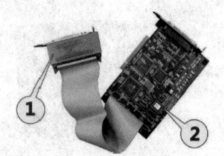

1—转接板；2—运动控制器

（a）内部结构 （b）外形

图2.1-6 PCI运动控制器内部结构与外形图

图2.1-7 PCI运动控制器与电脑内部连接部位

2.1.6 电气连线及软件安装

（1）电气连接使用的线缆如图2.1-8和图2.1-9所示。

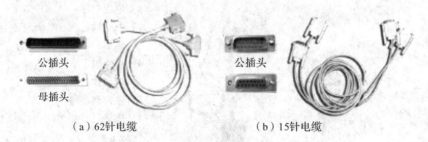

（a）62针电缆 （b）15针电缆

图2.1-8 62针及15针电气线缆

（a）4针电缆	（b）7针电缆

4针航空插头　　　　　　　　　　　7针航空插头

图 2.1-9　4 针及 7 针电气线缆

（2）如图 2.1-10 为电控箱及 XY 平台本体的电气接口。

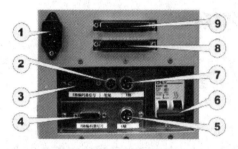

（a）电控箱电气接口说明　　　　　　　（b）XY平台本体电气接口说明

1—电源线插口；　2—笔架插口；　3—X 轴编码器信号公插口；　4—Y 轴编码器信号母插；

5—Y 轴电机动力线插口；　6—电源总开关；　7—X 轴电机动力线插口；

8—控制器转接板 CN1 公插口；　9—运动控制器 CN2 母插口；　10—Y 轴编码器信号公插口；

11—Y 轴电机动力线插口；　12—X 轴编码器信号线母插口；　13—X 轴电机动力线插口

图 2.1-10　电控箱和 XY 平台本体的电气接口说明

（3）图 2.1-11 为系统连线示意图。

系统连线注意事项：当所用电缆用于强电时，若有破损则可能导致严重人身事故；在进行系统连线、安装与拆卸前，务必关闭系统所有电源。

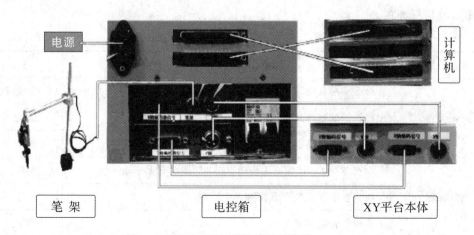

图 2.1-11　系统连线示意图

（4）安装控制器驱动程序（Windows 98/2000/XP 环境）。

（5）安装运动控制平台实验软件。

安装完成后，Windows 操作系统的桌面上添加图标 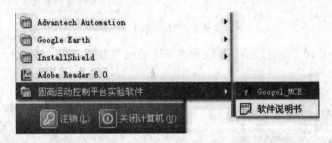，Windows 开始菜单中也添加了相应的固高运动控制平台实验软件程序组，如图 2.1 - 12 所示。程序组中包括两项：Googol_MCE（实验软件）和软件说明书。

图 2.1 - 12　安装完成状态

2.1.7　系统初始状态

在正式使用前，需要对系统进行初始状态调试，其目的：一是为了消除搬运等因素对系统硬件的影响，二是为后面的实验做准备。调试系统时，按照如图 2.1 - 13 所示的流程进行。

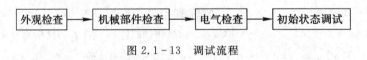

图 2.1 - 13　调试流程

2.1.8　系统维护及故障处理

XY 工作台为精密实验设备，在使用中应注意定期对设备进行检查和保养，用户可参考表 2.1 - 2 中的内容对设备进行保养。如在检查中发现任何异常，可对照表 2.1 - 3 中常见故障对策进行处理。

表 2.1 - 2　XY 平台保养项目

保养项目	保 养 内 容	频次
机械保养	给运动平台运动部（丝杠、导轨）涂抹 40♯润滑脂	2 月/次
	检查丝杠运动是否正常	2 月/次
	检查联轴器是否松动	2 月/次
电气保养	检查各开关、按钮有无松动，各电气接口有无松动	3 月/次
	检查各电气线缆有无破损	1 月/次
	检查平台限位开关	使用前

表 2.1 - 3　常见故障及处理方法

故障现象	原　　因	对应措施
安装好运控卡后，主机不能启动或主机中其他硬件设备不能正常工作	运控卡没有安装好	重新安装运控卡
	PCI 总线接口损坏	换 PCI 插槽重试，换计算机重试，换运控卡重试
	限位开关处于触发状态	检查限位开关
	步进电机速度参数设置过大，超出最大启动频率或工作频率	在软件中减小电机速度值
	软件参数设置错误	根据平台实际配置，在软件参数设置模块中重新设置系统参数
电机不能控制	驱动未使能	在软件中使能驱动(开启轴)
	控制模式设置不匹配	根据平台实际配置，在软件参数设置模块中重新设置系统参数
	电机驱动器报警	检查电机驱动器报警原因，复位电机驱动器
电机超限不停	限位开关损坏，连线不正确	检查限位开关及连线
平台回零异常	限位开关信号异常	检查限位开关及连线
笔架工作异常	笔架信号线连接不正确或继电器损坏	检查笔架信号线及控制继电器
异常噪声	联轴器等机械连接松动	检查联轴器等机械连接是否松动

2.2　基本器件简介

2.2.1　联轴器

联轴器(Coupling)通常是用来连接不同机构中的两根轴(主动轴和从动轴)，使之共同旋转以传递扭矩的机械零件。在高速重载的动力传动中，有些联轴器还有缓冲、减振和提高轴系动态性能的作用。联轴器由两部分组成，分别与主动轴和从动轴连接。图 2.2 - 1 为常见的联轴器。

图 2.2 - 1　常见的联轴器

联轴器属于机械通用零部件范畴。一般动力机大都借助联轴器与工作机相连接，联轴器是机械产品轴系传动最常用的连接部件。常用联轴器有膜片联轴器、齿式联轴器、梅花联轴器、滑块联轴器、鼓形齿式联轴器、万向联轴器、安全联轴器、弹性联轴器及蛇形弹簧联轴器。图 2.2-2 为万向联轴器和单节膜片联轴器。

（a）万向联轴器　　　（b）单节膜片联轴器

图 2.2-2　特殊的联轴器

运动控制系统中的联轴器通常要求圆周方向刚性大，而同轴性上要有一定弹性，才能减小振动、冲击和控制中的非线性因素，从而延长使用寿命，提高运动控制系统的控制性能。

2.2.2　丝杠

丝杠是具有螺纹滚道的轴，常见的有滚珠丝杠及梯形丝杠。丝杠结构图及实物图如图 2.2-3 和图 2.2-4 所示。

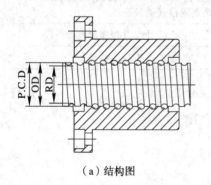 

（a）结构图　　　　　（b）内部实物图　　　　　（c）外部实物图

图 2.2-3　滚珠丝杠结构图及实物图

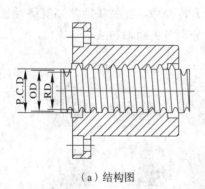 

（a）结构图　　　　　　　（b）实物图

图 2.2-4　梯形丝杠结构图及实物图

滚珠丝杠是将回转运动转化为直线运动，或将直线运动转化为回转运动的理想产品。

滚珠丝杠由螺杆、螺母和滚珠组成，它的功能是将旋转运动转化成直线运动，这是滚珠螺丝的进一步延伸和发展，这项发展的重要意义就是将轴承从滚动动作变成滑动动作。由于具有很小的摩擦阻力，滚珠丝杠被广泛应用于各种工业设备和精密仪器中。

滚珠丝杠按常用的循环方式分为外循环和内循环两种类型。滚珠在循环过程中有时与丝杠脱离接触的称为外循环；始终与丝杠保持接触的称为内循环。

滚珠丝杠和梯形丝杠在很多情况下不能互换，应用时需要在精度、刚度和负载容量之间进行权衡，规格和性能之间不一定完全对应。滚珠丝杠和梯形丝杠的应用有一些区别。原始设备制造商的应用系统很多时候需要"正合适"的产品，而梯形丝杠往往是一个正确的选择。梯形丝杠产品很容易结合具体的应用来进行调整，以达到预期性能，同时可将成本控制在最低限度。在某些情况下，需要在设计阶段进行寿命测试，不过对于原始设备制造商来说，在前期进行此类的额外工作有助于降低产品成本。滚珠丝杠可以连续运行，承受高强度负载，运动效率高，为此而增加成本是值得的。对于最终用户来说，滚珠丝杠具有良好的可预测性，因而是确保快速集成和可靠性的最佳选择。比如，工厂自动化系统在很大程度上就依赖于滚珠丝杠技术。当然，有很多原始设备制造商应用系统也需要用到滚珠丝杠，比如机床行业。对于原始设备制造商来说，决定技术的是性能和成本，而不是可预测性。

2.2.3　导轨

导轨（Guide rail）是由金属或其他材料制成的槽或脊，可承受、固定、引导移动装置或设备并减少其摩擦的一种装置。导轨表面上的纵向槽或脊用于引导、固定机器部件、专用设备、仪器等。导轨又称滑轨、线性导轨、线性滑轨，用于直线往复运动场合，拥有比直线轴承更高的额定负载，同时可以承担一定的扭矩，可在高负载情况下实现高精度的直线运动。图 2.2-5 为常见的直线导轨。

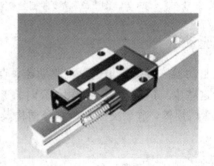

图 2.2-5　常见的直线导轨

2.2.4　步进电机

步进电机是将电脉冲信号转变为角位移或线位移的开环控制元件。在非超载情况下，电机的转速、停止的位置只取决于脉冲信号的频率和脉冲数，而不受负载变化的影响。当步进驱动器接收到一个脉冲信号时，将驱动步进电机按设定的方向转动一个固定的角度，这个角度称为步距角。步进电机的旋转是以固定的角度一步一步运行的。可以通过控制脉冲个数来控制角位移量，从而达到准确定位的目的；同时可以通过控制脉冲频率来控制电机转动的速度和加速度，从而达到调速的目的。图2.2-6为常见的步进电机。

图2.2-6 常见的步进电机

2.2.5 交流伺服电机

交流伺服电机是将电能转变为机械能的一种机器，其结构主要可分为定子部分和转子部分。目前市面上交流伺服电机多为三相永磁同步电机。图2.2-7为常见的交流伺服电机及其驱动器。

图2.2-7 常见的交流伺服电机及其驱动器

2.2.6 驱动器

电机驱动器一般是指步进电机驱动器、直流伺服驱动器和交流伺服驱动器。使用驱动器是因为这些电机的运动需要换相、换向、变流等。不是所有电机都需要用到驱动器，例如部分水泵、风扇等，这取决于电机本身结构及其使用场合。图2.2-8为常见的驱动器。

图2.2-8 常见的驱动器

2.2.7　光栅尺

　　光栅尺位移传感器(简称光栅尺)是利用光栅的光学原理工作的测量反馈装置。光栅尺经常应用于机床与加工中心以及测量仪器等方面,可用作直线位移或者角位移的检测。光栅尺测量输出的信号为数字脉冲,具有检测范围大、检测精度高、响应速度快的特点。例如,光栅尺在数控机床中常用于对刀具和工件的坐标进行检测,来观察和跟踪走刀误差,以起到补偿刀具运动误差的作用。图2.2-9为常见的光栅尺。

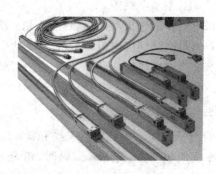

图 2.2-9　常见的光栅尺

2.2.8　编码器

　　编码器(Encoder)是将信号(如比特流)或数据进行编制,转换为可用以通信、传输和存储的信号形式的设备。市面上用得最多的编码器全称为"光电式增量式正交旋转编码器"。图2.2-10为常见的编码器。

图 2.2-10　常见的编码器

2.3　认知实验(二)

　　本节主要介绍实验室组成及运动控制系统发展史(教师讲解,学生观看挂图),认识主要零部件。

1. 实验目的

　　了解目前工业上常用的几种电机与驱动装置的构造和使用方法,掌握它们的特点、性能和选用方法。

2. 实验原理

　　对照图1.2-1中的运动控制系统的典型结构,认识实验设备各部分的组成、功能。

3. 实验设备

平台配套设备：XY平台、电控箱、计算机。

4. 实验内容

(1) 观察平台的结构组成，对照图1.2-1了解实验设备各部分所属结构类型和接口关系。

(2) 查找并观察联轴器、滚珠丝杠、光栅尺、电磁阀、限位开关、原点开关、缓冲器、同步带的位置、形状等。

(3) 对步进电机参数(铭牌步距角、功率等)进行记录。

(4) 对交流伺服电机参数(品牌、功率、电流、电压、转速、编码器分辨率等)进行记录。

(5) 观察电机对应的驱动器，并根据型号查找相关参数。

(6) 查找并了解GT-400-SG-PCI、GT-400-SV-PCI运动控制卡的参数、性能。

5. 实验结论

自行依据实验内容上网查找资料，写一份认识报告。以表格形式列出所观察的运动控制卡、伺服驱动器、电机、编码器、光栅尺、机械部件的主要参数。

2.4　演示实验

直线一级倒立摆、磁悬浮、SCARA机器人(平面关节型机器人)及示教功能演示。

1. 实验目的

(1) 了解目前工业上常用机器人的电机与驱动装置的构造，掌握各自的特点、性能和选用方法；

(2) 了解倒立摆的控制方法以及磁力悬浮装置的应用，培养学生对运动控制系统的兴趣。

2. 实验原理

倒立摆、磁悬浮的动态稳定；SCARA机器人的组成、示教功能。

3. 实验设备

配套设备：电控箱、计算机、四自由度机器人、倒立摆装置、磁悬浮装置。

4. 实验内容

(1) 对SCARA机器人的结构组成、关节运行、接口及其控制电机的方法进行记录。

(2) 仔细观察机器人示教功能的动作过程，了解并掌握机器人动作是如何执行的。

(3) 对倒立摆的运行情况进行记录，待系统平衡后手动增加少许干扰，观察现象，并能完成一定的操作。

(4) 对磁悬浮装置的动作过程进行观察和记录，待系统平衡后可在悬浮钢球下增加几枚硬币，观测现象；在电脑上设定球的高度，并观察现象。

(5) 观察各装置对应的控制器，并根据动作的方式方法加以判断解释。

5. 实验结论

自行依据实验记录内容写一份演示实验的观后报告，上网查找资料验证自己的判断。

2.5 运动控制平台初步调试实验

1. 实验目的

了解 XY 平台实验软件的启动与关闭，熟悉实验界面，了解"系统测试"部分的卡初始化、轴开启、轴关闭、选择轴、回零、点动(寸动)、卡复位等功能，了解"参数设置"选项。

2. 实验设备

(1) XY 平台一套。

(2) GT－400－SV 或 GT－400－SG 运动控制卡一块。

(3) PC 机一台。

3. 实验内容

在运动控制平台实验软件中完成实验，步骤如下：

(1) 双击鼠标左键打开"固高运动控制平台实验软件"。

(2) 选择卡类型：SG——步进系统，SV——伺服系统。

(3) 打开伺服驱动器电控箱电源。

(4) 依次选择卡初始化→轴开启(伺服驱动器使能)→IN0～15→OUT0～15，测试 OUT1，观测电磁阀是否动作。

(5) X 轴、Y 轴回零。

(6) X 轴、Y 轴点动，观看 X、Y 坐标以及 X＋、X－、Y＋、Y－ 运转方向，观察屏幕界面的位置数值显示。

(7) 轴关闭、卡复位。

(8) 解读脉冲当量参数设置：2000 PULSE/mm。

(9) 熟悉实验软件。

2.6 单轴 PID 控制实验

1. 实验目的

了解数字 PID 调节器的基本控制作用，掌握调整 PID 调节器参数的一般步骤和方法，调节运动控制器的 PID 调节器参数，使电机运动达到要求的性能。

需要注意的是，本节实际进行的是位置环 PID 实验，速度环与电流环已由伺服驱动器完成。

2. 实验设备

(1) 交流伺服 XY 平台一套。

(2) GT－400－SV 运动控制卡一块。

(3) PC 机一台。

(4) 实验用工具一套。

3. 实验步骤

实验过程中要特别小心,遇到意外须立即按下"急停"按钮。注意两轴可能有不同的极限参数。

在运动控制平台实验软件中完成实验,步骤如下:

(1) 松开 XY 平台各电机轴与丝杠间的联轴器,使 XY 平台处于不加负载的工作状态。

(2) 检查系统电气连线是否正确,确认后,给实验平台上电。

(3) 双击桌面上的"MotorControlBench.exe" 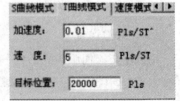 按钮,进入运动控制平台实验软件,点击界面下方"单轴电机实验"选项按钮,进入如图 2.6-1 所示界面。

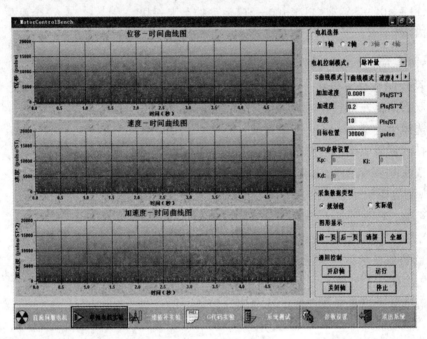

图 2.6-1 系统界面

(4) 选取实验电机,例如选取"1 轴"即实验平台中的 X 轴为当前轴。

(5) "电机控制模式"栏将根据实际电机的配置情况自动设置,"脉冲量"表示控制信号为脉冲信号,"模拟电压"表示控制信号为模拟电压。

(6) 设置位置环 PID 参数,PID 参数在"电机控制模式"为"模拟电压"下有效,"脉冲量"下无效。为了防止电机振动,调节参数 Kp 时应在教师指导下逐步增大;先设置 Ki＝0 进行实验,做完再试 Ki 逐步增加的情况。(注意:对于 GXY-2020 平台,Kp 参数不得大于 20,15 以上就要逐步增加,点击"运行"按钮前请确认。)

(7) 选择速度规划模式为"T 曲线模式"。

(8) 在"T 曲线模式"参数输入页面中设置各运动参数,加速度、速度参数建议采用默认数值,为使平台运动不至于超限,"目标位置"设置值可正负交替使用,如本次"目标位置"为 20000,下次改为 -20000,再下次改为 20000,如此交替进行。参考设置如图 2.6-2 所示。

图 2.6-2 运动参数

（9）在教师指导下，设置 PID 参数值，参考设置如图 2.6-3 所示。

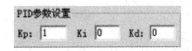

图 2.6-3　PID 参数

（10）将"数据采集设置"设置为全部。

（11）点击"开启轴"按钮，将 PID 参数载入运动控制器中，点击"运行"按钮，电机开始转动。同时程序读取板卡对编码器采样得到的数据，位于程序界面左侧的绘图区域中的三个坐标轴分别显示采集到的位移、速度、加速度。

（12）单轴运动停止。用户设置运动停止后，程序停止读取采样数据，显示曲线不再更新。

（13）运动完成后，可将采集数据或图形保存（具体操作方法见软件使用说明书）。

（14）逐步增大 Kp 参数值，重复执行第（11）步，直到电机发生震颤，观察平台的响应情况及绘图区域中的显示图形。

（15）电机若发生震颤，则立即点击"关闭轴"按钮使伺服关闭，将 Kp 参数稍微调小，再点击"开启轴"按钮使伺服开启，直到电机不发生震颤。

（16）分析并理解 Kp 参数对电机运行的影响。

（17）在教师指导下，改变 Kd 的值，观察平台的响应情况。

（18）分析理解 Kd 参数对电机运行的影响。

（19）设置 PID 参数为：Kp=1（小），Kd=0；Kp=19（大），Kd=0，控制电机分别得如图 2.6-4 和图 2.6-5 所示的运行结果。

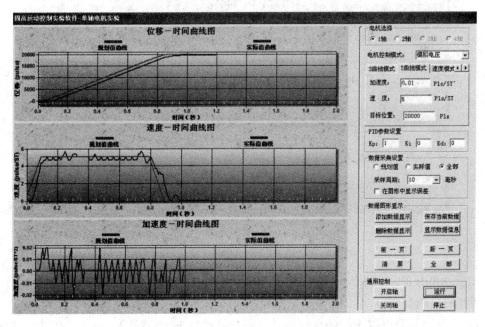

图 2.6-4　仅 Kp（小）实验运行结果图

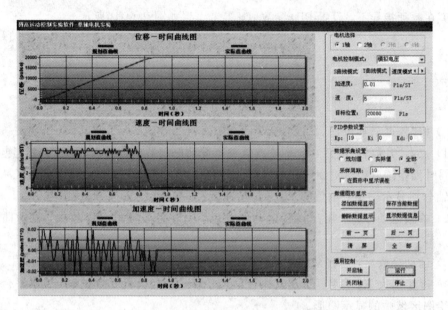

图 2.6-5　仅 Kp(大)实验运行结果图

实验结果分析：由图 2.6-4 和图 2.6-5 的对比实验来看，可以明显地发现随着 Kp 值的增大，系统的超调量加大，系统响应速度加快。

（20）设置 PID 参数为：Kp＝19(大)，Kd＝200(大)，控制电机得到如图 2.6-6 所示的运行结果。

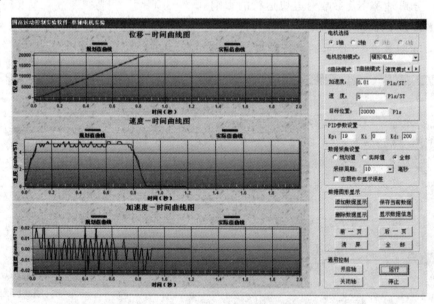

图 2.6-6　Kp(大)、Kd(大)实验运行结果图

实验结果分析：由图 2.6-5 和图 2.6-6 的对比来看，在 Kd 范围内，随着 Kd 值的增大，系统的超调量变小。

（21）设置 PID 参数为：Kp＝1(小)，Kd＝10(小)；Kp＝1(小)，Kd＝200(大)，控制电机分别得到如图 2.6-7 和图 2.6-8 所示的运行结果。

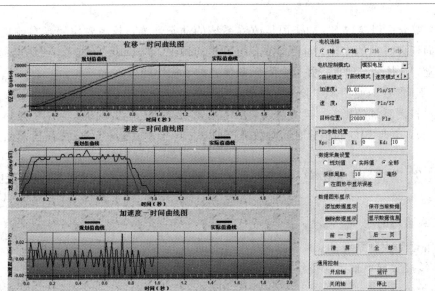

图 2.6 - 7　Kp(小)、Kd(小)实验运行结果图

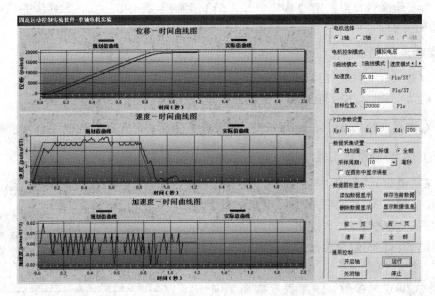

图 2.6 - 8　Kp(小)、Kd(大)实验运行结果图

实验结果分析：由图 2.6 - 7 和图 2.6 - 8 的对比来看，在 Kd 范围内，随着 Kd 值的增大，系统的超调量变小，抗干扰性能降低。

4. 实验总结

PID 参数的整定就是合理地选择 Kp、Ki、Kd 三个参数。从系统运行的稳定性、响应速度、超调量和稳态精度等各方面考虑问题，参数的作用如下：

(1) 比例参数 Kp 的作用是加快系统的响应速度，提高系统的调节精度。随着 Kp 的增大，系统的响应速度越快，系统的调节精度越高，但是系统易产生超调，系统的稳定性变差，甚至会导致系统不稳定。Kp 取值过小，调节精度降低，响应速度变慢，调节时间加长，使系统的动静态性能变差。

（2）微分作用参数 Kd 的作用是改善系统的动态性能，其主要作用是在响应过程中抑制偏差向任何方向的变化，对偏差变化进行提前预报。但 Kd 不能过大，否则会使响应过程提前制动，延长调节时间，并且会降低系统的抗干扰性能。

（3）Ki 参数的使用本实验未有体现，原因是本节位置环 PID 实时性强，更改 Ki 参数看不出其对控制系统的影响。读者可以参照本书第 3.7 节（具体见图 3.7～图 3.14 及其对应文字部分），更改 PID 的积分时间常数 TI 加以体会，TI 的变化与 Ki 成反比关系。

2.7　单轴电机运动控制实验——速度规划

1. 实验目的

理解运动控制系统加、减速控制的基本原理及其常见的实现方式（T 曲线模式、S 曲线模式），掌握实现单轴运动各种运动模式的方法和设置参数的含义。

2. 实验设备

（1）XY 平台一套。

（2）由实验平台类型决定的 GT - 400 - SV（伺服）卡或 GT - 400 - SG（步进）卡一块。

（3）PC 一台。

3. 实验步骤

（1）检查实验平台电气是否正常。

（2）确认正常后，按下电控箱上的电源按钮，使实验平台上电。

（3）双击桌面"MotorControlBench. exe" ⟳ 图标，打开运动控制平台实验软件，点击界面下方的"单轴电机实验"按钮，进入单轴运动控制实验界面。

（4）在"电机选择"栏中，选择"2 轴"为当前轴，"电机控制模式"栏将根据实际电机的配置情况自动设置。"脉冲量"表示控制信号为脉冲信号，"模拟电压"表示控制信号为模拟电压。

（5）在控制模式选项卡中点击"S 曲线模式"，设置 S 曲线模式的参数，参考设置如图 2.7 - 1 所示。

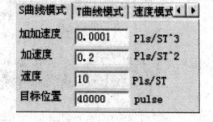

图 2.7 - 1　S 曲线模式参数

（6）将"数据采集设置"设置为全部。

（7）点击"开启轴"按钮，使电机伺服上电。

（8）确认参数设置无误后，点击"运行"按钮，此时将观察到运动控制平台上电机开始运动。

（9）单轴运动停止后，观察界面左侧显示区中电机运行速度、加速度及位移曲线（见图 2.7 - 2），结合基础知识中的内容理解并分析 S 曲线运动模式的特点。

（10）运动完成后，将图形数据进行保存。

（11）在教师指导下，合理改变加加速度和加速度参数值，运行电机。观察并分析不同参数设置对 S 曲线运动模式的影响。

（12）比较并分析在 S 曲线模式和 T 曲线模式下，速度和加速度曲线的异同，理解 S 曲线和 T 曲线加减速的应用范围。

实验分析：由 S 曲线模式图 2.7-2 和 T 曲线模式图 2.6-5 对比可以明显地看出 S 形加减速相对于 T 曲线加减速时，在任何一点的加速度都是连续变化的，从而避免了柔性冲击，速度的平滑性很好，运动精度高；而 T 曲线加减速时加速度有突变，运动存在柔性冲击，速度的过渡不够平滑，运动精度低。

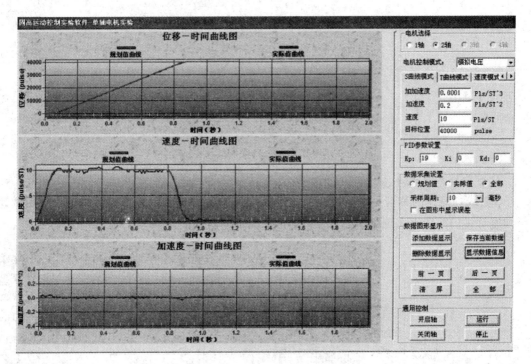

图 2.7-2 S 曲线模式图

4. 实验总结

加、减速控制是运动控制系统插补器的重要组成部分，是运动控制系统开发的关键技术之一。常见的加、减速控制方式有直线加减速（T 曲线加减速）、三角函数加减速、指数加减速、S 曲线加减速等。其中，在运动控制器中应用最广泛的为直线加减速和 S 曲线加减速算法。

1）直线加减速（T 曲线加减速）算法

如图 2.7-3 所示，当前指令进给速度 v_{i+1} 大于前一指令进给速度 v_i 时，处于加速阶段。瞬时速度计算如下：

$$v_{i+1}=v_i+aT \tag{2.7-1}$$

式中：a 为加速度；T 为插补周期。此时系统以新的瞬时速度 v_{i+1} 进行插补计算，得到该周期的进给量，对各坐标轴进行分配。这是一个迭代过程，该过程一直进行到 v_i 为稳定速度为止。

同理，处于减速阶段时，$v_{i+1} = v_i - aT$。此时系统以新的瞬时速度进行插补计算，这个过程一直进行到新的稳定速度为零为止。

直线加减速算法的优点是算法简单、占用机时少、响应快、效率高。但其缺点也很明显，从图 2.7-3 中可以看出，在加减速阶段的起点 A、C，终点 B、D 处加速度有突变，运动存在柔性冲击。另外，速度的过渡不够平滑，运动精度低。因此，直线加减速方法一般用于起停、进退刀等辅助运动中。

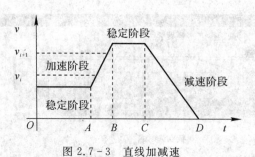

图 2.7-3　直线加减速

2）S 曲线加减速算法

S 曲线加减速的称谓是由系统在加减速阶段的速度曲线形状呈 S 形而得的，采用减速与加速对称的曲线来实现加减速控制。正常情况下的 S 曲线加减速如图 2.7-4 所示。

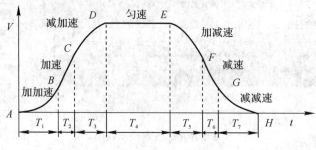

图 2.7-4　S 曲线加减速

以下给出 S 曲线加减速的插补递推公式，在此处设插补周期为 T，则在第 i 个插补周期结束时，位移 $S_i = S_{i-1} + v_{i-1}T + \frac{1}{2}a_{i-1}T^2 + \frac{1}{6}JT^3$；加速度 $a_i = a_{i-1} + \frac{1}{3}JT$；速度 $v_i = v_{i-1} + \frac{1}{2}a_iT$。

上述递推公式中 J 是分区适应的，即

$$J = \begin{cases} J, & t \in T_1 \bigcup T_7 \\ 0, & t \in T_2 \bigcup T_4 \bigcup T_6 \\ -J, & t \in T_3 \bigcup T_5 \end{cases} \qquad (2.7-2)$$

插补时只需判断当前插补周期所在区间，即可按插补迭代公式计算出与速度规划适应的位移增量，从而实现其加减速。

S 形加减速在任何一点的加速度都是连续变化的，从而避免了柔性冲击，速度的平滑性很好，运动精度高，但是其算法较复杂，一般用于高速、高精度加工中。

2.8　二维插补原理及其实现实验

1. 实验目的

掌握逐点比较法、数字积分法、数据采样法等常见直线插补、圆弧插补原理和实现方法；通过利用运动控制器的基本控制指令实现直线插补和圆弧插补，掌握基本数控插补算法的软件实现原理。

2. 实验原理

数控系统加工的零件轮廓或运动轨迹一般由直线、圆弧组成，对于一些非圆曲线轮廓则用直线或圆弧去逼近。插补计算就是数控系统根据输入的基本数据，通过计算，将工件的轮廓或运动轨迹描述出来，边计算边根据计算结果向各坐标发出进给指令。数控系统常用的插补计算方法有：逐点比较法、数字积分法、时间分割法、样条插补法等。下面介绍逐点比较法。

1) 逐点比较法直线插补

逐点比较法是使用阶梯折线来逼近被插补直线或圆弧轮廓的方法，一般是按偏差判别、进给控制、偏差计算和终点判别四个节拍来实现一次插补过程。

(1) 偏差函数构造。

以第一象限为例，取直线起点为坐标原点，如图 2.8-1 所示，对于第一象限直线 OA，其方程可表示为 $\dfrac{X}{Y}-\dfrac{X_e}{Y_e}=0$，可改写为 $YX_e-XY_e=0$。

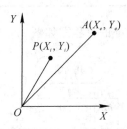

图 2.8-1　逐点比较法直线插补

若刀具加工点为 $P_i(X_i,Y_i)$，则该点的偏差函数 F_i 可表示为

$$F_i=Y_iX_e-X_iY_e \tag{2.8-1}$$

若 $F_i=0$，则加工点位于直线上；若 $F_i>0$，则加工点位于直线上方；若 $F_i<0$，则加工点位于直线下方。

(2) 偏差函数字的递推计算。

为了简化式(2.8-1)的计算，通常采用偏差函数的递推式(迭代式)。

若 $F_i\geqslant0$，规定向 $+X$ 方向走一步，若坐标单位用脉冲当量表示，则有

$$\begin{cases} X_{i+1}=X_i+1 \\ F_{i+1}=X_eY_i-(X_i+1)Y_e=F_i-Y_e \end{cases} \tag{2.8-2}$$

若 $F_i<0$，规定向 $+Y$ 方向走一步，则有

$$\begin{cases} Y_{i+1}=Y_i+1 \\ F_{i+1}=X_e(Y_i+1)-X_iY_e=F_i+X_e \end{cases} \tag{2.8-3}$$

因此插补过程中用式(2.8-2)和式(2.8-3)代替式(2.8-1)进行偏差计算,可使计算大为简化。

(3) 终点判别。

直线插补的终点判别可采用三种方法:

① 判断插补或进给的总步数:$N = X_e + Y_e$;

② 分别判断各坐标轴的进给步数;

③ 仅判断进给步数较多的坐标轴的进给步数。

直线插补计算过程分四个节拍:偏差判别、坐标进给、偏差计算和终点判别。其他三个象限的计算方法可以通过相同的原理获得,表2.8-1为四个象限插补时,其偏差计算公式和进给脉冲方向。

表 2.8-1　逐点比较法直线插补象限处理

直线所在象限	$F \geqslant 0$ 时的进给	$F < 0$ 时的进给
第一象限	$+\Delta X$	$+\Delta Y$
第二象限	$-\Delta X$	$+\Delta Y$
直线所在象限	$F \leqslant 0$ 时的进给	$F > 0$ 时的进给
第三象限	$-\Delta X$	$-\Delta Y$
第四象限	$+\Delta X$	$-\Delta Y$
偏差计算公式	$F_{i+1} = F_i - Y_e$	$F_{i+1} = F_i + X_e$

第一象限内逐点比较法直线插补的流程图如图2.8-2所示。

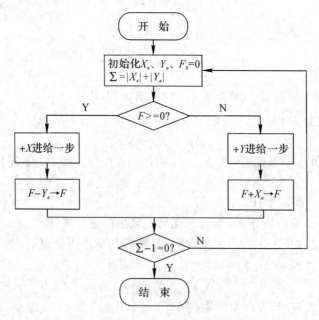

图 2.8-2　第一象限逐点比较法直线插补流程图

2）逐点比较法圆弧插补

（1）偏差函数的构造。

以第一象限逆圆为例，若加工半径为 R 的圆弧 AB，将坐标原点定在圆心上，如图 2.8-3 所示。对于任意加工点 $P_i(X_i，Y_i)$，其偏差函数 F_i 可表示为

$$F_i = X_i^2 + Y_i^2 - R^2 \qquad (2.8-4)$$

显然，若 $F_i = 0$，则加工点位于圆上；若 $F_i > 0$，则加工点位于圆外；若 $F_i < 0$，则加工点位于圆内。

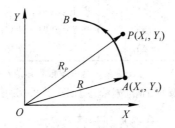

图 2.8-3　逐点比较法圆弧插补

（2）偏差函数的递推计算。

为了简化式（2.8-4）的计算，需采用其递推式或迭代式。圆弧加工可分为顺时针加工或逆时针加工，与此相对应的便有逆圆插补和顺圆插补两种方式，下面就第一象限圆弧，对其递圆插补公式加以推导。

若 $F_i \geqslant 0$，规定向 $-X$ 方向走一步，则有

$$\begin{cases} X_{i+1} = X_i - 1 \\ F_{i+1} = (X_i - 1)^2 + Y_i^2 - R^2 = F_i - 2X_i + 1 \end{cases} \qquad (2.8-5)$$

若 $F_i \geqslant 0$，规定向 $+Y$ 方向走一步，则有

$$\begin{cases} Y_{i+1} = Y_i + 1 \\ F_{i+1} = X_i^2 + (Y_i + 1)^2 - R^2 = F_i + 2Y_i + 1 \end{cases} \qquad (2.8-6)$$

（3）终点判别。

终点判别可采用与直线插补相同的方法。

① 判断插补或进给的总步数：$N = |X_A - X_B| + |Y_A - Y_B|$。

② 分别判断各坐标轴的进给步数：$N_X = |X_A - X_B|$，$N_Y = |Y_A - Y_B|$。

逐点比较法圆弧插补轨迹示意图如图 2.8-4 所示，各象限偏差计算公式和进给脉冲方向见表 2.8-2。

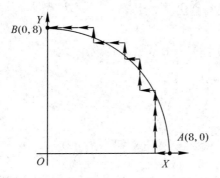

图 2.8-4　逐点比较法圆弧插补轨迹示意图

表 2.8 - 2　逐点比较法圆弧插补象限处理

圆弧类型	$F \geqslant 0$ 时的进给	$F < 0$ 时的进给	计算公式
SR1	$-\Delta Y$	$+\Delta X$	
SR3	$+\Delta Y$	$-\Delta X$	当 $F \geqslant 0$ 时，计算 $F_{i+1}=F_i-2Y_i+1$、Y_i 坐标修正；
NR2	$-\Delta Y$	$-\Delta X$	当 $F < 0$ 时，计算 $F_{i+1}=F_i+2X_i+1$、X_i 坐标修正
NR4	$+\Delta Y$	$+\Delta X$	
NR1	$-\Delta X$	$+\Delta Y$	
NR3	$+\Delta X$	$-\Delta Y$	当 $F \geqslant 0$ 时，计算 $F_{i+1}=F_i-2X_i+1$、X_i 坐标修正；
SR2	$+\Delta X$	$+\Delta Y$	当 $F < 0$ 时，计算 $F_{i+1}=F_i+2Y_i+1$、Y_i 坐标修正
SR4	$-\Delta X$	$-\Delta Y$	

注：SR1 代表顺圆、第一象限；NR1 代表逆圆、第一象限，其他类似。

第一象限内逐点比较法逆圆插补的流程图如图 2.8 - 5 所示。

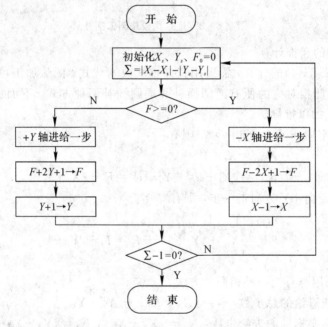

图 2.8 - 5　第一象限逐点比较法逆圆插补流程图

采用基本点位运动控制指令进行直线和圆弧插补存在很大的局限性，为了满足工业应用的需求，需要开发高速插补算法。

3. 实验设备

（1）XY 平台设备一套。

（2）GT - 400 - SV 卡一块。

（3）PC 一台。

（4）配套笔架。

（5）绘图纸若干。

（6）VC 软件开发平台。

4. 实验内容

实验要点如下：

（1）在进行以下实验时，应注意 XY 平台的行程范围。实验前，先将 X 轴、Y 轴回零或手动调整至合适位置，以避免运动中触发限位信号。XY 平台 X 轴、Y 轴回零操作以及位置手动调整的具体方法请参阅运动控制平台软件使用说明书。

（2）当采用步进平台进行下列实验时，应注意合成速度和加速度值不宜设置过大，否则有可能由于步进电机启动频率过高，导致失步。

1）二维直线插补实验

二维直线插补实验的步骤如下：

（1）检查实验平台是否正常，打开电控箱面板上的电源开关，使系统上电。

（2）双击桌面"MotorControlBench. exe"图标 ，打开运动控制平台实验软件，点击界面下方"二维插补实验"按钮，进入如图 2.8 - 6 所示的二维插补实验界面。

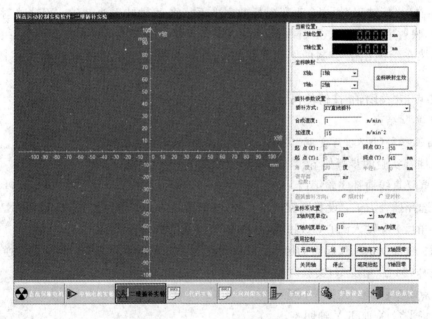

图 2.8 - 6　二维插补实验界面

（3）输入"合成速度"和"加速度"；参考设置合成速度为 1 m/min，加速度为 15 m/min^2。

（4）在"插补方式"的下拉列表中选择"XY 直线插补（逐点比较法）"，输入"终点（X）"和"终点（Y）"的数值；参考示例如图 2.8 - 6 所示，设置终点（X）为 30 mm，终点（Y）为 40 mm。

（5）点击"开启轴"使伺服上电。

（6）将平台 X 轴和 Y 轴回零。

回零方法如下：点击"X 轴回零"按钮，X 轴将开始回零动作，待 X 轴回零完成，点击"Y 轴回零"按钮，使 Y 轴回零。

(7) 在 XY 平台的工作台面上，固定实验用绘图纸张，点击"笔架落下"按钮，使笔架上的绘图笔尖下降至纸面。

(8) 确认参数设置无误且 XY 平台各轴回零后，点击"运行"按钮。

(9) 观察 XY 平台上对应电机的运动过程及界面中图形显示区域实时显示的插补运动轨迹。在"坐标系设置"中选择 X 轴和 Y 轴的坐标系刻度单位，以使图形显示处于合适大小。

注意：坐标系刻度单位应与设置的 X、Y 终点值保持相同的数量级，以便观察。

(10) 点击"笔架抬起"按钮，将笔架上的绘图笔抬起，根据需要调整 XY 平台上的绘图纸位置或更换绘图纸。

(11) 在教师指导下，改变运动参数或设置(合成速度、加速度、终点坐标、步长 5 mm 和 0.5 mm 比较、插补方法等)，重复执行(2)~(8)步，观察不同运动参数下 XY 平台的电机运动过程，笔架的绘图和界面中的显示图形及位置值，记录各实验数据和观察到的实验现象。

(12) 在"坐标映射"栏中，改变坐标映射关系，将 X 轴映射为 2 轴，Y 轴映射为 1 轴，点击"坐标映射生效"按钮。重新执行(2)~(9)步，观察平台的运动情况，记录并比较不同设置时笔架在绘图纸上绘制的图形、界面中的显示图形及位置值与映射关系改变前的异同。

(13) 点击"关闭轴"按钮使伺服断电。

(14) 实验结束。

2) 圆弧插补(圆心/角度型)实验

圆弧插补实验的步骤如下：

(1) 重复直线插补实验第(1)~(2)步。

(2) 选择插补方式，设置圆弧插补参数；在"插补方式"的下拉列表中选择"XY 圆弧插补(圆心/角度)"，输入圆心(X)和圆心(Y)的值以及圆弧角度。

注意：软件默认圆弧起点为原点；圆弧角度为负表示顺时针方向，为正表示逆时针。进入圆弧插补(圆心/角度型)实验时的缺省参数值为提供的参考设置。

(3) 点击"开启轴"按钮使伺服上电。

(4) 将平台 X 轴和 Y 轴回零。

(5) 在 XY 平台的工作台面上，固定实验用绘图纸张，点击"笔架落下"按钮，使笔架上的绘图笔尖下降至纸面。

(6) 确认参数设置无误且 XY 平台各轴正确回零后，点击"运行"按钮。

(7) 观察 XY 平台上对应电机的运动过程和界面中图形显示区域中实时显示的圆弧插补运动轨迹。

(8) 点击"笔架抬起"按钮，将笔架上的绘图笔抬起，根据需要调整 XY 平台上的绘图纸位置或更换绘图纸。

(9) 在教师指导下改变参数或设置(合成速度、加速度、圆心坐标、步长 5 mm 和 0.5 mm 比较、插补方法等)，重复执行(2)~(8)步，观察不同运动参数下 XY 平台的电机运动过程、笔架的绘图和界面中的显示图形及位置值，记录各实验数据和观察到的实验现象。

(10) 在"坐标映射"栏中，改变坐标映射关系，将 X 轴映射为 2 轴，Y 轴映射为 1 轴，点击"坐标映射生效"按钮。重新执行(2)～(9)步，观察 XY 平台的运动情况，记录并比较不同设置时笔架在绘图纸上绘制的图形、界面中的显示图形及位置值与映射关系改变前的异同。

(11) 点击"关闭轴"按钮使伺服断电。

(12) 实验结束。

5. 实验思考与结论

(1) 根据实验结果，完成实验报告，实验报告中应包含以下内容：各实验中 XY 平台绘制的插补轨迹图，实验体会，包括实验中碰到的问题、解决办法和有关该实验的改进建议和收获；

(2) 简述常见的插补算法，根据实验现象，分析逐点比较法和数字积分法的精度和局限性；

(3) 根据实验结果说明寄存器位数对数字积分法插补精度和速度的影响并分析起因；

(4) 列出直线插补和圆弧插补运动所需参数，结合实验记录，分析不同映射设置对插补轨迹的影响，并理解其在实际应用中的意义；

(5) 根据实验现象，分析数据采样法中插补周期对加工轮廓误差的影响；

(6) 给出数据采样法中二阶近似 DDA 法——割线法的算法流程；

(7) 指出圆心角度型和终点半径型圆弧插补的异同及各自应用场合。

2.9　数控代码编程实验

1. 实验目的

了解数控代码的基本指令和开放式运动控制器数控代码库的使用方法，理解基于 PC 数控编程的实现过程，掌握简单数控程序的编制方法。

2. 基础知识

在数控系统上加工零件时，要把加工零件的全部工艺过程、工艺参数和位移数据，以信息的形式记录在控制介质上，用控制介质上的信息来控制机床，实现零件的全部加工过程，这就是数控编程。

为了简化编制程序的方法和保证程序的通用性，国际标准化组织在 ISO 841：2001 中规定了数控机床坐标系的统一标准，即以右手法则确定的笛卡儿直角坐标系(the Right-handed Rectangular Cartesian Coordinate System)作为编程的标准坐标系，规定直线进给运动的坐标轴用 X、Y、Z 表示，称为基本坐标轴，围绕 X、Y、Z 轴旋转运动的圆周进给坐标轴分别用 A、B、C 表示。坐标轴的正方向为假定工件不动、刀具相对于工件作进给运动的方向。

编程坐标用来指定刀具的移动位置。运动轨迹的终点坐标是相对于起点计量的坐标，称为相对坐标(增量坐标)；所有坐标点的坐标值均从编程原点计量的坐标，称为绝对坐标。相对坐标和绝对坐标分别应用于数控编程的增量编程方式(G91)和绝对编程方式(G90)。

数控加工程序是由一个个程序段组成，而一个程序段则由若干个指令字组成。每个指令字是控制系统的一个具体指令，由指令字符（地址符）和数值组成。例如：

％1000

N01 G91 G00 X50 Y60

N02 G01 X1000 Y5000 F150 S300 T12 M03

程序段中不同的指令字符及其后续数值确定了每个指令字的含义，以下对准备功能基本 G 指令做一简要介绍。准备功能用字母 G 后面跟两位数字来编程。表 2.9-1 是基本 G 指令的功能表。

表 2.9-1　基本 G 指令的功能

G 代码	组　别	功　能
G00		定位（快速进给）
G01	01	直线插补（切削进给）
G02		圆弧插补 CW（顺时针）
G03		圆弧插补 CCW（逆时针）
G17 *		X(U)Y(V)平面选择
G18	02	Z(W)X(U)平面选择
G19		Y(V)Z(W)平面选择
G28	00	返回参考点
G29		从参考点返回
G90 *	03	绝对坐标编程
G91		增量坐标编程
G92	00	设定工件坐标系

注：① 除 00 组外的指令为模态指令，即当该 G 功能被编程后，就一直有效，直至被同一组其他不相容的 G 功能代替。

② 在 G 功能后面标有"＊"号的指令，是指开机时，CNC 所具有的工作状态。00 组的指令为一次性指令，它只在其指令的程序段中有效。

③ 如果不相容的 G 功能被编在同一程序段中，则 CNC 认为后写入的那个 G 功能有效。

1) G00 快速定位

指令格式：G00 X(U)_ Y(V)_。

G00 指令用于快速点定位，两个轴同时进给，合成速度为最大位移速度。指令中的 X(U)和 Y(V)值确定终点坐标，起点为当前点。

2) G01 直线插补

指令格式：G01 X(U)_ Y(V)_ F_。

G01 为直线插补运动，即两个轴以当前点为起点，以 F 指令指定的速度同时进给，终点位置由 X(U)和 Y(V)确定。速度字 F 具有模态性，即由 F 指令的进给速度直到变为新的值之前均有效，因此不必每个程序段均指定一次，其单位为 mm/min。

3) G02/G03 圆弧插补

使两轴以当前点为起点，按照给定的参数走出一段圆弧，其指令格式可以有两种形式。

(1) G02/G03 X(U)_ Y(V)_ I_ J_ F_。

X(U)、Y(V)：确定终点坐标；

I、J：分别对应 X、Y 方向上圆弧起点到圆心的距离(有符号)；

F：插补速度。

(2) G02/G03 X(U)_ Y(V)_ R_ F_。

X(U)、Y(V)：确定终点坐标；

R：圆弧半径；

F：插补速度。

G02：顺时针圆弧；

G03：逆时针圆弧。

圆弧方向的规定如图 2.9 - 1 所示。

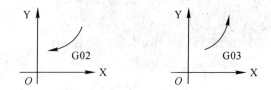

图 2.9 - 1　圆弧方向示意图

3. 实验设备

(1) XY 平台一套。

(2) GT - 400 - SV 卡一块。

(3) PC 一台。

4. 实验步骤

实验要点：

(1) 在进行以下实验时，应注意 XY 平台行程范围。实验前，先进入二维插补实验界面将 X 轴、Y 轴回零或手动调整其位置，以避免运动中超出行程触发限位信号。回零及位置手动调整的具体方法请参阅运动控制平台软件说明书。

(2) 本实验软件中，M03 指令对应"笔架下落"，M05 指令对应"笔架抬起"，可根据需要在 G 代码文件中加入相应的 M 指令。

1) 数控代码认知实验

(1) 检查 XY 平台电气连接是否正常，打开电控箱面板上的电源开关，使系统上电。

(2) 在 XY 平台的工作台面上，固定好实验用绘图纸张。可先回零操作，调整好笔架，使得回零后笔架所夹持笔在平台中央位置附近。

(3) 双击桌面的"MotorControlBench. exe" ⊘ 图标，打开运动控制平台实验软件，点击界面下方的"G 代码实验"按钮，进入如图 2.9 - 2 所示的界面。

(4) 点击"打开文件"按钮，在打开的对话框中选择 example 目录下的数控代码 GAO. txt 文件，点击对话框中"打开"按钮。

(5) 观察出现在界面右侧 G 代码编辑区中的 G 代码文件，理解 G 代码程序段的组成，

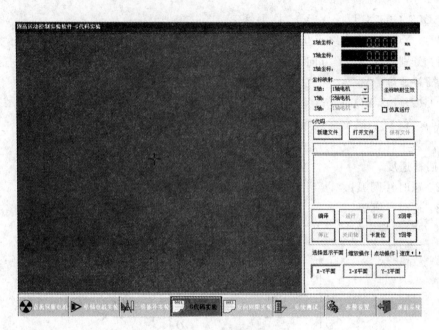

图 2.9-2 实验界面

如图 2.9-3 所示。从图 2.9-3 中可以看出该字轨迹均用 G00 快速行进空行程、G01 直线
插补微小线段完成。

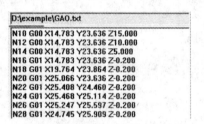

图 2.9-3 "GAO.txt"程序段

（6）点击"编译"按钮，界面左侧将出现"GAO.txt"文件执行的模拟轨迹，如图 2.9-4
所示。

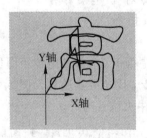

图 2.9-4 "GAO.txt"轨迹

（7）点击"坐标映射生效"按钮，使各轴伺服上电。"坐标映射生效"功能为将数控代码
以 mm 为单位的数字转换成数控系统内部脉冲当量。

（8）在 XY 平台的工作台面上，固定实验用绘图纸张，调整好笔架位置。

（9）点击"运行"按钮，XY 平台电机开始运动，笔架上的画笔将在 XY 平台上的白纸上绘制字，同时软件界面显示区内将实时绘制红色的 G 代码运行实际轨迹。

(10) 观察实际运动轨迹与模拟轨迹是否一致，观察平台上电机的运动情况；在运动过程中，可根据观察需要对显示图形进行缩放或平移操作（具体操作方法请参阅运动控制平台软件使用说明书）。

(11) 运动完成，点击"关闭轴"按钮。

(12) 实验结束。

2) 编写数控代码(G00/G01/G02 /G03/G04 指令)实验

注意： 由于厂家提供软件的限制，本实验中编写的数控代码必须以 M30 或 M02 指令结束，且其后须加 1 个回车符，否则，系统将不会运行程序并有可能导致异常错误！

以下代码仅供参考。读者可以自行设计难度适中、含有直线与圆弧元素的简化图形，比如花鸟虫鱼、松树、刀枪、房子、汉字、汽车、奥迪标志、奥运五环等图形，编程并验证。图形范围最好控制在 X、Y 轴±80 mm 内。

(1) 熟悉 G 代码程序段。阅读以下 G 代码程序段，并在纸上绘制各自的运行轨迹图。

数控代码文件 Test1. txt

```
N10 M03 G01 X10
N20 G01 Y10
N30 G01 X0 Y0
N40 M05 M30
```

数控代码文件 Test2. txt

```
N01 M03 G90 G01 X20
N02 G03 X-20 Y0 I-20 J0
N03 M05 M30
```

数控代码文件 Test3. txt

```
N10 G00 X10 Y10
N20 M03 G01 X20 Y20
N30 G02 X80 Y20 R30
N40 G03 X70 Y57.32 R20
N50 G01 X20 Y55
N60 M05
N70 G00 X0 Y0
N80 M30
```

数控代码文件 Test4. txt

```
N01 M03 G01 X10 Y10
N02 G01 X0
N03 G01 X30 F100
N04 G03 X40 Y20 I0 J0
N05 G02 X30 Y30 I0 J0
N06 G01 X10 Y20
N07 Y10
N08 M05 G00 X-10 Y-10
N09 M30
```

（2）执行数控代码，熟悉以下实验步骤。

① 在打开的 G 代码运行界面中，点击"新建文件"按钮，此时 G 代码编辑框中将清除原有代码。

② 在 G 代码编辑区中键入数控代码文件 Test1.txt 代码段。

N10 M03 G01 X10

N20 G01 Y10

N30 G01 X0 Y0

N40 M05 M30

③ 检查确认代码输入无误后，点击"保存文件"按钮。

④ 在打开的保存文件对话框中，将文件保存在 example 目录下，保存文件名为"Test1.txt"，点击"保存"。

⑤ 点击"编译"按钮，左侧显示区中将出现图示的"Test1.txt"文件 G 代码模拟运行轨迹。

⑥ 对应 G 代码文件，仔细观察显示区中的图形，找出各程序段所对应的直线段或圆弧段，理解基本数控指令的含义，并对照比较步骤（1）中绘制的图形是否正确。

⑦ 点击"坐标映射生效"按钮，此时系统坐标映射设置生效，同时各轴伺服上电。

⑧ 更换实验绘图纸张，调整好笔架位置。

⑨ 先后点击"X 回零"和"Y 回零"按钮，使各轴回到编程原点。

⑩ 点击"运行"按钮，运动控制平台上电机将开始运动，同时界面显示区将实时绘制红色的 G 代码运行轨迹，并对照比较步骤（1）中绘制的图形是否正确。

⑪ 运动完成，点击"关闭轴"按钮。

⑫ 重复执行①～⑪步，依次编写并运行 Test2.txt～Test4.txt 的 G 代码文件，观察实际运行情况，并检查步骤（1）中绘制的图形是否正确。

⑬ 待各轴完成运动，实验完成，点击"退出系统"按钮，退出实验软件，关闭 XY 平台电源，实验结束。图 2.9-5 为四个 G 代码文件执行时的运动轨迹。

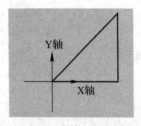

（a）Test1.txt文件G代码运行轨迹

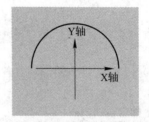

（b）Test2.txt文件G代码运行轨迹

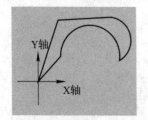

（c）Test3.txt文件G代码运行轨迹

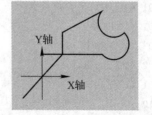

（d）Test4.txt文件G代码运行轨迹

图 2.9-5　各 G 代码文件执行时的运行轨迹

5. 学生作业展示

1）忙趁东风放纸鸢

忙趁东风放纸鸢的仿真图和实物图如图 2.9－6 所示。

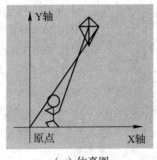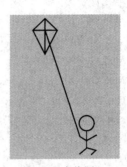

（a）仿真图　　　　　（b）实物图

图 2.9－6　忙趁东风放纸鸢

代码如下：

N01 M05 G00 X10 Y0	N12 G01 X30 Y50
N02 M03 G01 X8 Y2	N13 G01 X30 Y55
N03 G01 X12 Y3	N14 G01 X25 Y50
N04 G01 X15 Y0	N15 G01 X30 Y40
N05 M05 G00 X12 Y3	N16 G01 X35 Y50
N06 M03 G01 X12 Y10	N17 G01 X30 Y55
N07 G02 X12 Y16 I0 J3	N18 G01 X30 Y40
N08 G02 X12 Y10 I0 J－3	N19 G01 X25 Y50
N09 M05 G00 X8 Y8	N20 G01 X35 Y50
N10 M03 G01 X12 Y6	N21 M05 G00 X0 Y0
N11 G01 X15 Y8	N22 M30

2）惊鸿一瞥

惊鸿一瞥的仿真图和实物图如图 2.9－7 所示。

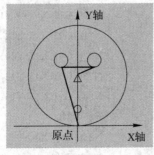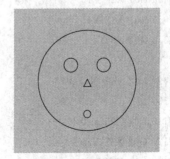

（a）仿真图　　　　　（b）实物图

图 2.9－7　惊鸿一瞥

代码如下：

N010 M03 G03 X0 Y60 R30	N080 M05 G00 X10 Y35
N011 G03 X0 Y0 R30	N090 M03 G02 X10 Y43 R4
N020 M05 G00 X0 Y12	N091 G02 X10 Y35 R4
N030 M03 G02 X0 Y8 R2	N100 M05 G00 X－10 Y35
N031 G02 X0 Y12 R2	N110 M03 G02 X－10 Y43 R4
N040 M05 G00 X0 Y30	N111 G02 X－10 Y35 R4
N050 M03 G01 X2 Y26	N120 M05 G00 X0 Y0
N060 G01 X－2 Y26	N130 M30
N070 G01 X0 Y30	

3）一箭双心

一箭双心的仿真图和实物图如图 2.9-8 所示。

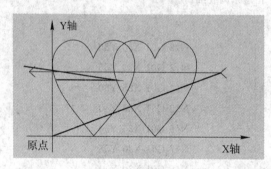 

（a）仿真图　　　　　　　　　　　　　（b）实物图

图 2.9-8　一箭双心

代码如下：

N010 M05 G00 X0 Y16	N150 G02 X23 Y4 I－2 J0
N020 M03 G01 X0 Y20	N160 G01 X15 Y16
N030 G02 X10 Y20 I5 J0	N170 M05 G00 X－8 Y20
N040 G02 X20 Y20 I5 J0	N180 M03 G01 X－10 Y18
N050 G01 X20 Y16	N190 G01 X－8 Y16
N060 G01 X12 Y4	N200 G01 X－10 Y18
N070 G02 X8 Y4 I－2 J0	N210 G01 X45 Y18
N080 G01 X0 Y16	N220 G01 X47 Y20
N090 M05 G00 X15 Y16	N230 G01 X45 Y18
N100 M03 G01 X15 Y20	N240 G01 X47 Y16
N110 G02 X25 Y20 I5 J0	N250 M05
N120 G02 X35 Y20 I5 J0	N260 G00 X0 Y0
N130 G01 X35 Y16	M270 M30
N140 G01 X27 Y4	

4）勇敢者的运动

勇敢者的运动的仿真图和实物图如图 2.9-9 所示。

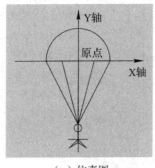

（a）仿真图　　　　　　　（b）实物图

图 2.9-9　勇敢者的运动

代码如下：

```
N01 M03 G90 G01 X20          N13 G02 X00 Y－40 R2.5
N02 G03 X－20 Y0 I－20 J0     N14 G01 X00 Y－50
N03 G01 X00 Y00              N15 G01 X05 Y－55
N04 G01 X－20 Y00            N16 G01 X00 Y－47.5
N05 G01 X00 Y－40            N17 G01 X－05 Y－55
N06 G01 X－10 Y00            N18 G01 X00 Y－50
N07 G01 X00 Y00              N19 G01 X00 Y－47.5
N08 G01 X00 Y－40            N20 G01 X5 Y－47.5
N09 G01 X10 Y00              N21 G01 X－5 Y－47.5
N10 G01 X20 Y00              N22 M05 G00 X0 Y0
N11 G01 X00 Y－40            N23 M30
N12 G02 X00 Y－45 R2.5
```

5）电池

电池的仿真图和实物图如图 2.9-10 所示。

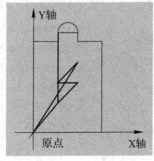
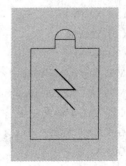

（a）仿真图　　　　　　　（b）实物图

图 2.9-10　电池

代码如下：

N01 M03 G01 X30 Y0	N09 M05 G00 X20 Y35
N02 G01 X30 Y45	N10 M03 G01 X10 Y25
N03 G01 X20 Y45	N11 G01 X20 Y25
N04 G01 X20 Y50	N12 G01 X10 Y15
N05 G01 X10 Y50	N13 M05 G00 X10 Y50
N06 G01 X10 Y45	N14 M03 G02 X20 Y50
N07 G01 X0 Y45	N15 M05 G00 X0 Y0
N08 G01 X0 Y0	N16 M30

6）智能手机

智能手机的仿真图和实物图如图 2.9-11 所示。

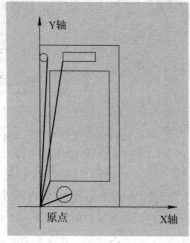 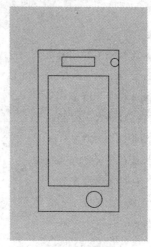

（a）仿真图　　　　　　　　（b）实物图

图 2.9-11　智能手机

代码如下：

N010 M05 G00 X0 Y0	N130 M03 G03 X10 Y3.75 I2.5 J0
N020 M03 G01 X25 Y0	N140 M05 G00 X0 Y0
N030 G01 X25 Y50	N150 M05 G00 X2.5 Y46.25
N040 G01 X0 Y50	N160 M03 G03 X2.5 Y46.25 I1.25 J0
N050 G01 X0 Y0	N165 M05 G00 X0 Y0
N060 M05 G00 X2.5 Y7.5	N170 M05 G00 X7.5 Y45
N070 M03 G01 X22.5 Y7.5	N180 M03 G01 X17.5 Y45
N080 G01 X22.5 Y42.5	N190 G01 X17.5 Y47.5
N090 G01 X2.5 Y42.5	N200 G01 X7.5 Y47.5
N100 G01 X2.5 Y7.5	N210 G01 X7.5 Y45
N110 M05 G00 X0 Y0	N220 M05 G00 X0 Y0
N120 M05 G00 X10 Y3.75	M230 M30

7) 寺庙

寺庙的仿真图和实物图如图 2.9-12 所示。

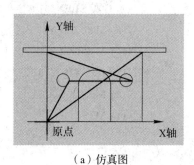

（a）仿真图　　　　　　　　（b）实物图

图 2.9-12　寺庙

代码如下：

N010 M05 G00 X10 Y0	N150 M05 G00 X28 Y12
N020 M03 G01 X20 Y0	N160 M03 G01 X28 Y12
N030 G01 X20 Y10	N170 G02 X24 Y12 R2
N040 G03 X10 Y10 R5	N180 G02 X28 Y12 R2
N050 G01 X10 Y0	N190 M05 G00 X0 Y20
N060 M05 G00 X0 Y0	N200 M03 G01 X0 Y20
N070 M03 G01 X30 Y0	N210 G01 X－5 Y20
N080 G01 X30 Y0	N220 G01 X－5 Y22
N090 G01 X0 Y20	N230 G01 X35 Y22
N100 G01 X0 Y0	N240 G01 X35 Y20
N110 M05 G00 X8 Y12	N250 G01 X30 Y20
N120 M03 G01 X8 Y12	N260 M05 G00 X0 Y0
N130 G02 X4 Y12 R2	N270 M30
N140 G02 X8 Y12 R2	

8) 相机

相机的仿真图和实物图如图 2.9-13 所示。

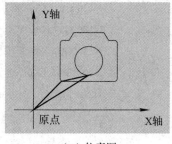

（a）仿真图　　　　　　　　（b）实物图

图 2.9-13　相机

代码如下：

N10 M05 G00 X10 Y13   N80 G01 X30 Y13

N20 M03 G01 X10 Y27   N90 G01 X10 Y13

N30 G01 X13 Y27   N100 M05 X20 Y15

N40 G01 X15 Y30   N110 M03 G02 X20 Y25 R5

N50 G01 X25 Y30   N120 G02 X20 Y15 R5

N60 G01 X27 Y27   N130 M05 G00 X0 Y0

N70 G01 X30 Y27   N140 M30

9）斯是陋室，惟吾德馨

"斯是陋室，惟吾德馨"的仿真图和实物图如图 2.9-14 所示。

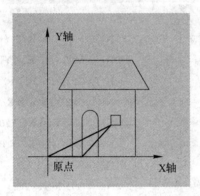

（a）仿真图   （b）实物图

图 2.9-14　斯是陋室，惟吾德馨

代码如下：

N10 M05 G00 X10 Y0   N120 M03 G01 X25 Y15

N20 M03 G01 X40 Y0   N130 G03 X15 Y15 R5

N30 G01 X40 Y30   N140 G01 X15 Y0

N40 G01 X5 Y30   N150 M05 G00 X30 Y15

N50 G01 X10 Y50   N160 M03 G01 X35 Y15

N60 G01 X40 Y50   N170 G01 X35 Y20

N70 G01 X45 Y30   N180 G01 X30 Y20

N80 G01 X40 Y30   N190 G01 X30 Y15

N90 M05 G00 X10 Y30   N200 M05 G00 X0 Y0

N100 M03 G01 X10 Y0   N210 M30

N110 M05 G00 X25 Y0

10）明月照窗前

明月照窗前的仿真图和实物图如图 2.9-15 所示。

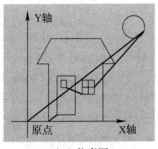

（a）仿真图　　　　　　　（b）实物图

图 2.9 - 15　明月照窗前

代码如下：

N010 M05 G00 X0 Y0	N170 G01 X16 Y34
N020 M03 G01 X10 Y50	N180 G01 X14 Y34
N030 G01 X5 Y50	N190 G01 X14 Y30
N040 G01 X10 Y70	N200 M05 G00 X25 Y25
N050 G01 X35 Y70	N210 M03 G01 X31 Y25
N060 G01 X40 Y50	N220 G01 X31 Y35
N070 G01 X35 Y50	N230 G01 X25 Y35
N080 G01 X35 Y0	N240 G01 X25 Y25
N090 G01 X10 Y0	N250 G01 X28 Y25
N100 M05 G00 X13 Y4	N260 G01 X28 Y35
N110 M03 G01 X13 Y40	N270 M05 G00 X25 Y30
N120 G01 X17 Y40	N280 M03 G01 X31 Y30
N130 G01 X17 Y4	N290 M05 G00 X60 Y80
N140 G01 X13 Y4	N300 M03 G02 X60 Y80 I-5 J0
N150 M05 G00 X14 Y30	N310 M05 G00 X0 Y0
N160 M03 G01 X16 Y30	N320 M30

11）大禹锹

大禹锹的仿真图和实物图如图 2.9 - 16 所示。

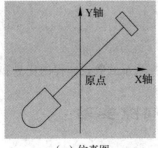
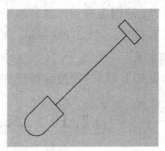

（a）仿真图　　　　　　　（b）实物图

图 2.9 - 16　大禹锹

代码如下：

N010 M03 G90 G01 X20 Y20　　　　N080 G01 X－25 Y－15

N020 G01 X25 Y15　　　　　　　　N090 G01 X－35 Y－25

N030 G01 X30 Y20　　　　　　　　N100 G03 X－25 Y－35 R8

N040 G01 X20 Y30　　　　　　　　N110 G01 X－15 Y－25

N050 G01 X15 Y25　　　　　　　　N120 G01 X－20 Y－20

N060 G01 X20 Y20　　　　　　　　N130 M05 G00 X0 Y0

N070 G01 X－20 Y－20　　　　　　N140 M30

12）葫芦里卖的啥药

"葫芦里卖的啥药"仿真图和实物图如图 2.9 - 17 所示。

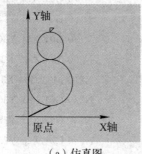
（a）仿真图
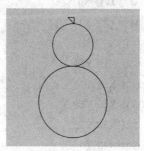
（b）实物图

图 2.9 - 17　葫芦里卖的啥药

代码如下：

N10 M05 G00 X10 Y5　　　　　　　N60 G01 X10 Y35

N20 M03 G02 X10 Y25 R10　　　　　N70 G02 X10 Y25 R5

N30 G02 X10 Y35 R5　　　　　　　N80 G02 X10 Y5 R10

N40 G01 X12 Y37　　　　　　　　　N90 M05 G00 X0 Y0

N50 G01 X10 Y37　　　　　　　　　N100 M30

6. 实验报告与总结

（1）认真完成以上实验，记录实验步骤和结果，包括：设计草图、屏幕截图、绘制的实物图、代码及注释、绘图名称和标志寓意等。

（2）分析说明 G00、G01、G02、G03、G04、G17、G18、G19、G90、G91 和 G92 等基本 G 指令的功能和含义。

（3）分析比较基于 PC 的数控编程与专用数控系统的数控编程的优势和缺点。

2.10　反向间隙实验

1. 实验目的

掌握几种位置检测装置(码盘、光栅尺)的使用方法及信号处理方法。理解半闭环控制系统误差的测量；理解丝杠反向间隙的概念及其测量和补偿的方法。

2. 实验原理

当丝杠向其相反方向运动时，由于丝杠反向间隙的存在会造成一段空运转，这时丝杠转动，由于各坐标轴进给传动链上驱动部件(如伺服电机、步进电机等)的反向死区、各机械运动传动轴的反向间隙等误差的存在，各坐标轴在由正向运动转为反向运动时形成反向偏差，通常也称为反向间隙或失动量。图 2.10 - 1 为滚珠丝杠传动间隙示意图。

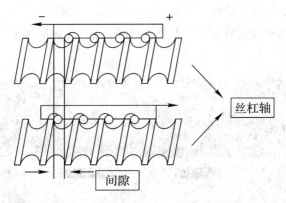

图 2.10 - 1　滚珠丝杠传动间隙示意图

对于采用半闭环伺服系统的数控机床，反向偏差的存在就会影响机床的定位精度和重复定位精度，从而影响产品的加工精度。同时，随着设备投入运行时间的增长，反向偏差还会随磨损造成运动副间隙的逐渐增大而增加，因此，反向间隙的测量和补偿非常重要，需要定期对机床各坐标轴的反向偏差进行测定和补偿。

反向间隙的测定方法如下：在所测量坐标轴的行程内，预先向正向或反向移动一个距离并以此停止位置为基准，再在同一方向给予一定移动指令值，使之移动一段距离，然后再往相反方向移动相同的距离，测量此时停止位置与先前基准位置之差。在靠近行程的中点及两端的三个位置分别进行多次测定(一般为七次)，求出各个位置上的平均值，以所得平均值中的最大值为反向间隙测量值。在测量时一定要先移动一段距离，否则不能得到正确的反向间隙值。测量直线运动轴的反向偏差时，测量工具通常采有千分表或百分表，若条件允许，则可使用双频激光干涉仪进行测量。当采用千分表或百分表进行测量时，表座和表杆不要伸出过高过长，因为测量时由于悬臂较长，表座易受力移动，造成计数不准，使补偿值出现偏差。需要注意的是，在工作台不同的运行速度下测出的结果会有所不同。一般情况下，低速的测出值要比高速的大，特别是在机床轴负荷和运动阻力较大时。低速运动时工作台运动速度较低，不易发生过冲超程(相对"反向间隙")，因此测出值较大；在高速时，由于工作台速度较高，容易发生过冲超程，使测得值偏小。

3. 实验设备

(1) XY 平台设备一套。

(2) GT - 400 - SV 卡一块。

(3) PC 一台。

4. 实验步骤

实验过程中要注意以下几点:

(1) 给定起点＋行程模式和当前点＋行程模式中,给定起点/当前点和行程的符号都要相同,即同正同负。

(2) 给定起点＋终点模式中,终点坐标值的绝对值要大于起点坐标值。

实验步骤如下:

(1) 按下电控箱上的电源按钮,使实验平台上电。

(2) 打开运动控制平台实验软件,点击界面下方的"反向间隙实验"按钮,进入反向间隙实验窗口,如图 2.10 - 2 所示。

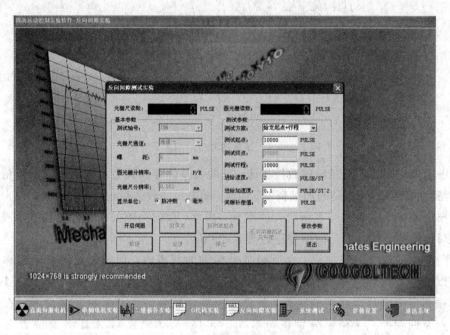

图 2.10 - 2 反向间隙实验界面图

(3) 检查基本参数框中设置的参数是否与实验平台一致,如不一致,点击"修改参数"按钮,并根据实验平台的实际情况,进行参数设置,设置"显示单位"为脉冲数。

(4) 分别选择测试方案为"当前点＋行程""给定起点＋行程""给定起点＋终点"。

(5) 在"测试参数"栏中输入测试起点和测试行程等参数,比如:设置测试起点为 10000 PULSE,测试终点为 18000 PULSE,进给速度为 2 PULSE/ST,将测试参数中的间隙补偿值设置为 0 PULSE。

(6) 点击"开启伺服"按钮,使轴伺服上电,此时反向间隙实验窗口如图 2.10 - 3 所示。

(7) 点击"回零点"按钮,使轴回零。

(8) 点击"到测试起点"按钮,使轴运行到测试起点位置。

(9) 点击"反向间隙测试及补偿"按钮,进行给定测试区域内的丝杠反向间隙测试,轴将自动从测试起点运动到测试终点,再从测试终点返回测试起点。

(10) 测试完成后,将出现信息框,给出测试中的各种数据,并计算反向间隙值。

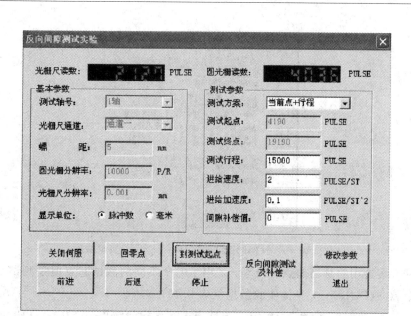

图 2.10-3 反向间隙实验窗口

（11）记录测试的反向间隙值 n。

（12）按照要求重复（4）～（11）步，并记录 n 值，重复执行七次实验，将实验数据记录在表格中，取其平均值 $\bar{n}$。

5. 实验结果

1）反向间隙实验：当前点＋行程

反向间隙实验（当前点＋行程）的窗口如图 2.10-4 所示，实验结果窗口如图 2.10-5 所示。

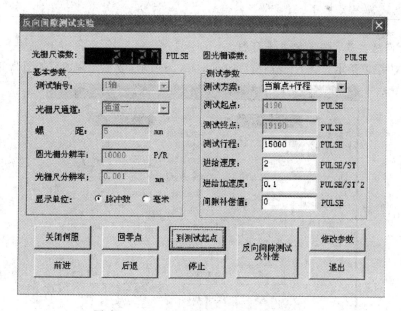

图 2.10-4 反向间隙实验（当前点＋行程）

图 2.10 - 5　反向间隙实验(当前点＋行程)实验结果

　　本测试方案选用的是当前点＋行程,采用了七个不同的测试起点但是测试行程都保持为 15000 个脉冲(PULSE),具体实验数据见表 2.10 - 1。

表 2.10 - 1　当前点＋行程实验结果　　　　　　　　　　PULSE

次数 \ 结果	测试起点	测试行程	反向间隙
1	323	15000	30
2	553	15000	49
3	2046	15000	41
4	3720	15000	47
5	4190	15000	66
6	5064	15000	111
7	6074	15000	113

2) 反向间隙实验：给定起点＋行程

反向间隙实验(给定起点＋行程)窗口如图 2.10 - 6 所示,实验结果窗口如图 2.10 - 7 所示。

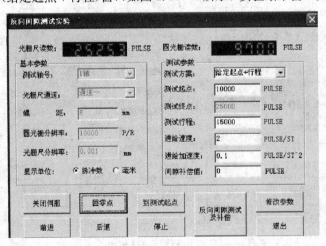

图 2.10 - 6　反向间隙实验(给定起点＋行程)

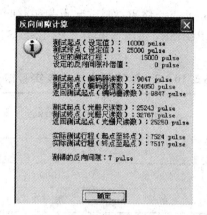

图 2.10-7　反向间隙实验(给定起点＋行程)实验结果

本测试方案选用的是给定起点＋行程，测试起点为 10000 PULSE，测试行程为 15000 PULSE，测试终点为 25000 PULSE，进给速度为 2 PULSE/ST，间隙补偿值为 0 PULSE。具体实验数据见表 2.10-2。

表 2.10-2　给定起点＋行程实验结果　　　PULSE

次数 \ 结果	给定起点	给定行程	反向间隙
1	10000	15000	13
2	10000	15000	7
3	10000	15000	17
4	10000	15000	27
5	10000	15000	10
6	10000	15000	15
7	10000	15000	20

3）反向间隙实验：给定起点＋终点
反向间隙实验(给定起点＋终点)窗口如图 2.10-8 所示。

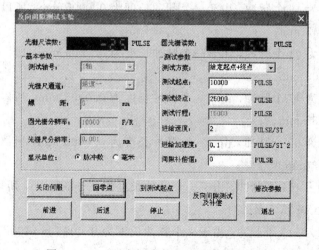

图 2.10-8　反向间隙实验(给定起点＋终点)

本测试方案选用的是给定起点＋终点，测试起点为 10000 PULSE，测试行程为 15000 PULSE，测试终点为 25000 PULSE，进给速度为 2 PULSE/ST，间隙补偿值为 0 PULSE。具体实验数据见表 2.10-3。

表 2.10-3　给定起点＋终点实验结果　　　　PULSE

次数 \ 结果	给定起点	给定终点	反向间隙
1	10000	15000	7
2	10000	15000	6
3	10000	15000	14
4	10000	15000	19
5	10000	15000	11
6	10000	15000	7
7	10000	15000	18

6. 实验分析

反向间隙形成是因为丝杠和丝母之间存在一定的间隙，所以在正转后变换成反转的时候，在一定的角度内，尽管丝杠转动，但是丝母还要等间隙消除（受力一侧的）以后才能带动工作台运动，这个间隙就是反向间隙。

本实验所选的圆光栅（即编码器）每一圈设定分辨率为 10000 个脉冲，螺距为 5 mm，所以每一个脉冲的长度为 0.0005 mm。

1）反向间隙实验（当前点＋行程）的结果分析

根据测得的结果进行计算分析：

测得反向间隙为 30 个脉冲，由于一个脉冲长度为 0.0005 mm，所以 30 个脉冲长度为 $30 \times 0.0005 = 0.015$ mm。

测得反向间隙为 49 个脉冲，由于一个脉冲长度为 0.0005 mm，所以 49 个脉冲长度为 $49 \times 0.0005 = 0.0245$ mm。

测得反向间隙为 41 个脉冲，由于一个脉冲长度为 0.0005 mm，所以 41 个脉冲长度为 $41 \times 0.0005 = 0.0205$ mm。

测得反向间隙为 47 个脉冲，由于一个脉冲长度为 0.0005 mm，所以 47 个脉冲长度为 $47 \times 0.0005 = 0.0235$ mm。

测得反向间隙为 66 个脉冲，由于一个脉冲长度为 0.0005 mm，所以 66 个脉冲长度为 $66 \times 0.0005 = 0.033$ mm。

测得反向间隙为 111 个脉冲，由于一个脉冲长度为 0.0005 mm，所以 111 个脉冲长度为 $111 \times 0.0005 = 0.0555$ mm。

测得反向间隙为 113 个脉冲，由于一个脉冲长度为 0.0005 mm，所以 113 个脉冲长度为 $113 \times 0.0005 = 0.0565$ mm。

求 7 个反向间隙值的平均值：

$$\bar{n}=(0.015+0.0245+0.0205+0.0235+0.033+0.0555+0.0565)\div7=0.0326 \text{ mm}$$

所以，以当前点＋行程测试方案测得的反向间隙为 0.0326 mm。

2) 反向间隙实验(给定起点＋行程)的结果分析

根据测得的结果进行计算分析：

测得反向间隙为 13 个脉冲，由于一个脉冲长度为 0.0005 mm，所以 13 个脉冲长度为 $13\times0.0005=0.0065$ mm。

测得反向间隙为 7 个脉冲，由于一个脉冲长度为 0.0005 mm，所以 7 个脉冲长度为 $7\times0.0005=0.0035$ mm。

测得反向间隙为 17 个脉冲，由于一个脉冲长度为 0.0005 mm，所以 17 个脉冲长度为 $17\times0.0005=0.0085$ mm。

测得反向间隙为 27 个脉冲，由于一个脉冲长度为 0.0005 mm，所以 27 个脉冲长度为 $27\times0.0005=0.0135$ mm。

测得反向间隙为 10 个脉冲，由于一个脉冲长度为 0.0005 mm，所以 10 个脉冲长度为 $10\times0.0005=0.005$ mm。

测得反向间隙为 15 个脉冲，由于一个脉冲长度为 0.0005 mm，所以 15 个脉冲长度为 $15\times0.0005=0.0075$ mm。

测得反向间隙为 20 个脉冲，由于一个脉冲长度为 0.0005 mm，所以 20 个脉冲长度为 $20\times0.0005=0.01$ mm。

求 7 个反向间隙值的平均值：

$$\bar{n}=(0.0065+0.0035+0.0085+0.0135+0.005+0.0075+0.01)\div7=0.0078 \text{ mm}$$

所以，以给定起点＋行程测试方案测得的反向间隙为 0.0078mm。

3) 反向间隙实验(给定起点＋终点)的结果分析

根据测得的结果进行计算分析：

测得反向间隙为 7 个脉冲，由于一个脉冲长度为 0.0005 mm，所以 7 个脉冲长度为 $7\times0.0005=0.0035$ mm。

测得反向间隙为 6 个脉冲，由于一个脉冲长度为 0.0005 mm，所以 6 个脉冲长度为 $6\times0.0005=0.003$ mm。

测得反向间隙为 14 个脉冲，由于一个脉冲长度为 0.0005 mm，所以 14 个脉冲长度为 $14\times0.0005=0.007$ mm。

测得反向间隙为 19 个脉冲，由于一个脉冲长度为 0.0005 mm，所以 19 个脉冲长度为 $19\times0.0005=0.0095$ mm。

测得反向间隙为 11 个脉冲，由于一个脉冲长度为 0.0005 mm，所以 11 个脉冲长度为 $11\times0.0005=0.0055$ mm。

测得反向间隙为 7 个脉冲，由于一个脉冲长度为 0.0005 mm，所以 7 个脉冲长度为 $7\times0.0005=0.0035$ mm。

测得反向间隙为 18 个脉冲，由于一个脉冲长度为 0.0005 mm，所以 18 个脉冲长度为 $18\times0.0005=0.009$ mm。

求 7 个反向间隙值的平均值：

$$\overline{n}=(0.0035+0.003+0.007+0.0095+0.0055+0.0035+0.009)\div 7=0.0059\ \text{mm}$$

所以，以给定起点＋终点测试方案测得的反向间隙为 0.0059 mm。

2.11　电子齿轮实验

1. 实验目的

实验中采用的运动控制器允许一个主动轴带多个从动轴，或者从动轴作为主动轴再带动从动轴运动的情况。但是由于本实验的控制对象 XY 平台只有两个轴，所以，本实验中只进行两个轴(本实验中分别称之为 1 轴和 2 轴)的电子齿轮设置。

本实验主要对在 S 曲线模式下的电子齿轮的速度进行研究。

2. 实验原理

电子齿轮实际上是一个多轴联动模式，其运动效果与两个机械齿轮的啮合运动类似。电子齿轮可以实现多个运动轴按设定的齿轮比同步运动。

3. 实验设备

(1) XY 平台设备一套。

(2) GT－400－SV 卡一块。

(3) PC 一台。

4. 实验步骤

实验步骤如下：

(1) 在打开的运动平台演示软件中，点击界面下方的"单轴电机实验"按钮，进入实验界面。

(2) 在"电机选择"栏中，选择"1 轴"为当前轴，此轴将自动设置为电子齿轮中的从动轴。

(3) 在控制模式选项卡中点击"电子齿轮模式"，设置电子齿轮模式参数，如主轴为 2，从轴为 1，电子齿轮比为－1。

(4) 在控制模式选项卡中点击"S 曲线模式"，设置主动轴"2 轴"的 S 曲线模式的运动参数。

(5) 设置参数加加速度为 0.0001 PULSE/ST^3，加速度为 0.2 PULSE/ST^2，速度为 5 PULSE/ST，目标位置为 30000 PULSE。

(6) 点击"开启轴"按钮，使电机伺服上电。

(7) 确认参数设置无误后，点击"运行"按钮。

(8) 观察并记录运动控制平台上各轴的运动。

(9) 改变电子齿轮比，例如将电子齿轮比设置为 2，步骤如下：

① 再次执行(2)～(8)步，将第(3)步中的电子齿轮比更改为 2。

② 观察并记录运动控制平台上各轴的运动情况。

（10）改变主动轴将主动轴设置为"1 轴"，步骤如下：

① 在电子齿轮模式页面中点击"取消设定"按钮，将原有的电子齿轮设置取消。

② 再次执行（2）～（9）步，其中第（2）、（4）步中将主动轴设置为"1 轴"，第（3）步中电子齿轮参数设置主动轴为"1 轴"，从轴为"2 轴"，电子齿轮比为－1。

（11）观察并记录运动控制平台上各轴的运动情况；将以上步骤中观察到的电机运动情况记录在表 2.11－1 中，比较不同设置时的运行情况，进一步理解电子齿轮的含义。

5. 实验结果

本次试验分别做了四个不同参数下的实验，实验结果记录在表 2.11－1 中。

表 2.11－1 电子齿轮实验结果

实验序号	主动轴号	从动轴号	电子齿轮比	运 动 情 况
1	2	1	－1	2 号轴顺时针反向运动，1 号轴逆时针反向运动，两个轴的速度没有明显区别
2	2	1	2	2 号轴顺时针反向运动，1 号轴顺时针反向运动，2 轴的速度明显较快
3	1	2	－1	1 号轴顺时针反向运动，2 号轴逆时针反向运动，两个轴的速度没有明显区别
4	1	2	2	1 号轴顺时针反向运动，2 号轴顺时针反向运动，1 轴的速度明显较快

6. 实验分析

通过四个实验表明：在主轴号相同从轴号相同的情况下，不同的电子齿轮比、主轴和从轴的运动速度和方向都会不同。如果电子齿轮比为负数，两个轴的运动方向相反；电子齿轮比为正数，两个轴的运动方向相同。如果电子齿轮比越大，主轴的运动速度就会越大。在本实验中，电子齿轮比就是主轴的速度与从轴的速度之比。

7. 常用数控系统的位置测量装置

常用旋转编码器作为常用数控系统的位置测量装置。旋转编码器是一种角位移传感器，分为光电式、接触式和电磁式三种，光电式旋转编码器是闭环控制系统中最常用的位置传感器。旋转编码器也可分为增量式编码器和绝对式编码器两种。

8. 反向间隙与电子齿轮的应用

反向间隙实验可以在全闭环平台上进行检测，而检测的间隙值用于半闭环的控制系统中进行间隙补偿，能节约成本、提高精度。

电子齿轮实验是无级调速，而传统的齿轮调速是有级调速，电子齿轮实验结构简单、体积较小，设置比传统的齿轮调速方便，理论上可以设置任意的电子齿轮比。电子齿轮功能也可以实现多个运动轴按设定的电子齿轮比同步运动。另外，电子齿轮功能还可以实现一个运动轴以一定速比跟随其他几个运动轴运动，而这个速比是其他几个运动轴速度的函数；一个轴也可以按设定的比例跟随其他几个轴矢量合成速度的大小运动，这就是电子凸轮，也就是说电子齿轮是电子凸轮的特例。

电子凸轮广泛应用在诸如汽车制造、冶金、机械加工、纺织、印刷、造纸、食品包装和水利水电等各个领域。例如：在印刷行业，其控制大致是将旋变安装在传动电动机轴上，旋变将电动机的位置和速度信息反馈给电子凸轮，电子凸轮输出传动电动机的速度和凸轮信号给送纸电动机驱动器，实现送纸和传动之间的同步，此外，由于电子凸轮有速度感应的功能，所以它可以像伺服电机一样实现恒速送纸。另外，控制器可以和电脑通信，从而使得控制更加智能化。

2.12 西门子 MM420 变频器的初步使用实验

1. 实验目的

了解变频器原理；掌握变频器的初步设置和操作；能进行变频器控制电机调速的初步应用，掌握西门子 MM420 变频器的 BOP 控制、端子排控制和 PROFIBUS（现场总线）控制。

2. 实验设备

西门子 MM420 变频器（含基本操作面板 BOP、PROFIBUS 模板等）、三相异步电动机、导线、0～10 V 直流电源（带数字电压显示）、0～20 mA 数字电流表、S7 - 300 PLC、SM334 模拟量输入/输出模块等。

3. 预备知识

1）关于变频器

理解两个公式：

$$n = n_0(1-s) = \frac{60f_1}{p}(1-s), \ U_1 \approx E_1 = 4.44f_1N_1K_1\Phi$$

式中：n 为异步电动机转速；n_0 为电动机同步转速；s 为转差率；p 为定子极对数；f_1 为电源频率；U_1 为电源电压；E_1 为定子反电动势；N_1 为定子每相绕组的匝数；K_1 为定子的绕组系数；Φ 为气隙磁通。

变频器组成框图如图 2.12-1 所示。

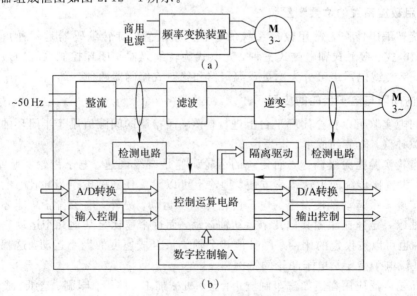

（a）

（b）

图 2.12-1 常用变频器组成框图

变频器的基础知识如下：

(1) 变频是"变压变频"的简称，供电机的动力电压与频率必须联调。

(2) 控制原理上，常见的有恒压频比(U/f)变频和矢量变频。

(3) 变频器只会降压，不能升压。

(4) 通常在基频以下调速，即减速；在基频以上调速，即弱磁升速，但功率降低。

(5) 变频器本身不是节能器，其节能是建立在原来不能调速造成浪费电能的基础上的。

(6) 变频器是强电及弱电的结合体，是一部电磁干扰器，应用时注意远离易受干扰仪器等电子设备，可采取屏蔽等措施。

(7) 变频器 IGBT 模块、主控板无法大规模国产化，价格居高不下。

(8) 变频技术是伺服技术的基础。

2) 变频器参数

变频器参数通常有只读参数、可编程参数等，各品牌变频器参数设置大同小异，变频器的参数设置与伺服驱动器的设置也类似。

西门子 MM420 变频器参数由 1 位参数种类(r、P 分别对应只读、可编程参数)和 4 位数字(0000～9999，r 和 P 参数统一编码)组成，实际使用参数约为 350 个，而最常用的"快速调试"参数仅 14 个。报警和故障信息由 1 位参数种类(A 或 F)加 4 位数字组成，A 和 F 信息代号统一编码可进行对照查询。

4. 注意事项

使用变频器时的注意事项如下：

(1) 发生故障须立即关闭电源总开关。

(2) 防止触电，防止电机等运动部件伤人。

(3) 输入接 2 相或 3 相市电交流电，输出为 3 相交流电与电机相连，不可在变频器输出端接入交流电源。

(4) 注意保持变频器散热良好，接线可靠。

(5) 电机参数按铭牌设置，特别注意电机的接线方式是三角形还是星形；对应输入电压、电流、功率和转速等，否则会出现变频器控制运行不正常，甚至出现烧坏故障等。

注意：以下为三个基本实验，详细应用可参考《西门子 PLC 高级培训教程》第 12 章和 MM420 变频器使用大全(用户手册)。

5. 实验一：BOP 控制电机运行

采用基本操作面板(BOP)控制变频器虽然比较简单，但该示例可以训练 BOP 的基本操作，使学生对变频器的操作有一大致了解。实验步骤如下：

(1) BOP 的使用。BOP 的操作并不难，正如新买一部手机后，经过半天操作，自然就熟悉了。表 2.12-1～表 2.12-3 是 BOP 操作的相关表格和说明，可供参考。

表 2.12 - 1　基本操作面板(BOP)上的按钮

显示/按钮	功　能	功能的说明
`r0000`	状态显示	LCD 显示变频器当前的设定值
(I)	启动电动机	按此键启动变频器，默认值运行时此键是被封锁的。为了使此键的操作有效，应设定 P0700＝1
(O)	停止电动机	OFF1：按此键，变频器将按选定的斜坡下降速率减速停车；默认值运行时此键被封锁；为了允许此键操作，应设定 P0700＝1。 OFF2：按此键两次(或一次，但时间较长)，电动机将在惯性作用下自由停车。 此功能总是"使能"的
(方向)	改变电动机的转动方向	按此键可以改变电动机的转动方向。电动机的反向用负号表示或用闪烁的小数点表示。默认值运行时此键是被封锁的，为了使此键的操作有效，应设定 P0700＝1
(jog)	电动机点动	在变频器无输出的情况下按此键，将使电动机启动，并按预设定的点动频率运行。释放此键时，变频器停车。如果变频器/电动机正在运行，按此键将不起作用
(Fn)	功能	此键用于浏览辅助信息，变频器运行过程中，在显示任何一个参数时按下此键并保持不动 2 s，将显示以下参数值： 1.直流回路电压(用 d 表示，单位：V)； 2.输出电流(A)； 3.输出频率(Hz)； 4.输出电压(用 o 表示，单位：V)； 5.由 P0005 选定的数值(如果 P0005 选择显示上述参数中的任何一个(3、4、5)，这里将不再显示)； 连续多次按下此键，将轮流显示以上参数。 跳转功能，在显示任何一个参数(rXXXX 或 PXXXX)时短时间按下此键，将立即跳转到 r0000，如果需要的话，用户可以接着修改其他参数。跳转到 r0000 后，按此键将返回原来的显示点。 退出，在出现故障或报警的情况下，按此键可以将操作板上显示的故障或报警信息复位
(P)	访问参数	按此键即可访问参数
(▲)	增加数值	按此键即可增加面板上显示的参数数值
(▼)	减少数值	按此键即可减少面板上显示的参数数值

表 2.12 - 2 更改参数 P0004 数值的步骤

操作步骤	显示的结果
1. 按 P 访问参数	r0000
2. 按 ▲ 直到显示出 P0004	P0004
3. 按 P 进入参数数值访问级	0
4. 按 ▲ 或 ▼ 达到所需要的数值	7
5. 按 P 确认并存储参数的数值	P0004
6. 使用者只能看到电动机的参数	

表 2.12 - 3 更改参数 P0719 数值的步骤

操作步骤	显示的结果
1. 按 P 访问参数	r0000
2. 按 ▲ 直到显示出 P0719	P0719
3. 按 P 进入参数数值访问级	in000
4. 按 P 显示当前的设定值	0
5. 按 ▲ 或 ▼ 选择运行所需要的数值	12
6. 按 P 确认和存储这一数值	P0719
7. 按 ▼ 直到显示出 r0000	r0000
8. 按 P 返回标准的变频器显示(由用户定义)	

说明：忙碌信息修改参数的数值时，BOP 有时会显示：busy 或 P ____，表明变频器正忙于处理优先级更高的任务。

为了快速修改参数的数值，可以一个个地单独修改显示出的每个数字，操作步骤如下：
确信已处于某一参数数值的访问级（参看"用 BOP 修改参数"）。

① 按 **Fn**（功能键），最右边的一个数字闪烁。

② 按 **▲** 或 **▼**，修改这位数字的数值。

③ 再按 **Fn**（功能键），相邻的下一位数字闪烁。

④ 执行②、③步，直到显示出所要求的数值。

⑤ 按 **P**，退出参数数值的访问级。

提示：功能键 **Fn** 也可以用于确认已发生的故障。

（2）恢复出厂设置。使用变频器前，由于不知道该变频器此前被作何种操作设置，故首先应恢复成出厂设置，该功能由 P0010＝30 和 P0970＝1 两参数先后配合设置完成，见表 2.12－4。

表 2.12－4　复位为出厂设置时变频器的默认、设置值

参 数 号	出厂默认值	设 置 值	说　　明
P0010	0	30	出厂默认值
P0970	0	1	参数复位

（3）开启快速调试，电动机参数设置，命令源、频率设定值，结束快速调试等（见表 2.12－5）。

注意：电动机参数务必按所使用电机铭牌设置。

表 2.12－5　快速调试示例

参 数 号	出厂默认值	设 置 值	说　　明
P0003	1	1	用户访问级为标准级
P0010	0	1	开始快速调试
P0100	0	0	选择工作地区，功率以 kW 表示，频率为 50 Hz
P0304	230	380	根据铭牌设定电动机额定电压(V)
P0305	7.4	1.00	根据铭牌设定电动机额定电流(A)
P0307	1.5	0.25	根据铭牌设定电动机额定功率(kW)
P0310	50	50	电动机的额定频率(Hz)
P0311	1425	1400	电动机的额定速度(r/min)
P0700	2	1	选择命令源为 BOP(键盘)设置，使能 BOP 的启动/停止按钮
P1000	2	1	由键盘(电动电位计)输入设定值
P3900	0	1	结束快速调试，进行电动机计算和复位为工厂设置值。变频器自动进入"运行准备就绪"状态，P0010＝0

关于命令源的设置见表 2.12-6。

表 2.12-6　命令源常用设置

P0700	P1000	P0700 命令源参数，电动机的启动停止、正反转等，类同于 DI 信号源。P1000 频率设定值，电动机运行频率设定，类同于 AI 信号源，设置值通常与 P0700 一致
2	2	默认值，命令源选择"由端子排输入"，选择端子排模拟设定值
1	1	选择命令源为 BOP(键盘)设置，由键盘(电动电位计)输入频率设定值
6	6	选择命令源为 COM 链路的通信板(CB)设置，频率设定值的选择为通过 COM 链路的 CB 设定，比如 PROFIBUS 模板

（4）运行调试。用基本操作面板 BOP 对电动机进行基本操作控制。在变频器基本操作面板 BOP 上按"I"键，变频器将驱动电动机增速，最终平稳运行在 P1040 所设定的 25 Hz 频率对应的速度上；按 BOP"O"键，电动机降速至停止；运行期间，按"转向"键，电动机将改变旋转方向。按"增/减"键，电动机速度改变，可能会改变转向，新的转速设定值被存储；按住 BOP 上"jog"键，电动机以 P1058 或 P1059 电动频率运行，松开"jog"键，电动机停止运行，停止期间按一次"转向"键，方向将改变一次，再次按"jog"键，则点动方向将改变。BOP 控制按键功能见表 2.12-7。

表 2.12-7　BOP 控制按键功能

BOP 按键	功　能
I	启动电动机
O	停止电动机
转向	改变电动机的转动方向。电动机启动连续运行期间，按下此键，电动机立即反向运行；电动机停止期间按下此键，在启动后或点动后电机运行方向与停止前相反
jog	电动机点动，按下此键电动机按点动速度运行(默认 5 Hz)，松开停止
增	增速，通过按此键，增大电动机运行频率值，也可能改变电动机的旋转方向，方向由频率值的正负决定
减	减速，通过按此键，减小电动机运行频率值，也可能改变电动机的旋转方向，方向由频率值的正负决定

6. 实验二：端子排控制

实验步骤如下：

（1）恢复出厂设置，开启快速调试，电动机参数设置，命令源、频率设定值，结束快速调试(见表 2.12-8)。

表 2.12 - 8　端子排控制快速调试示例

参数号	出厂默认值	设置值	说　　明
P0010	0	30	出厂默认值
P0970	0	1	参数复位
P0010	0	1	开始快速调试
P0100	0	0	选择工作地区，功率以 kW 表示，频率为 50 Hz
P0304	230	380	根据铭牌设定电动机额定电压(V)
P0305	7.4	1.00	根据铭牌设定电动机额定电流(A)
P0307	1.5	0.25	根据铭牌设定电动机额定功率(kW)
P0310	50	50	电动机的额定频率(Hz)
P0311	1425	1400	电动机的额定速度(r/min)
P0700	2	2	命令源选择"由端子排输入"
P1000	2	2	选择模拟设定值
P3900	0	1	结束快速调试，进行电动机计算和复位为工厂设置值。变频器自动进入"运行准备就绪"状态，P0010＝0

（2）信号连接，如图 2.12 - 2 所示。2 号端子与 4 号端子可以不连接，8 号端子接 24 V 直流电源，12、13 号端子可不接出，观看 BOP 显示值和电动机转速即可。

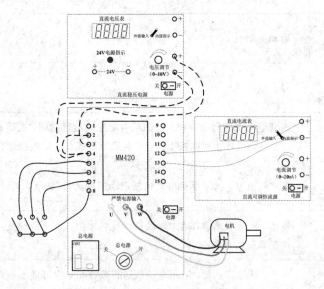

图 2.12 - 2　端子排控制接线图

（3）运行调试。打开直流稳压电源的"电源开关"，直流电压表"内接指示"，电压调节旋钮旋转至比较小的位置，比如 2 V 左右。将电动机三相输入线接入变频器输出"U、V、W"，变频器 5 号端子与 8 号端子连接则电动机运转，调节电压(0～10 V)电动机将变速运行；变频器 6 号端子与 8 号端子连接，电动机将反向运行；变频器 5 号端子与 8 号端子断开，电动机停止；变频器 7 号端子与 8 号端子连接为故障复位。

端子排控制实验也可用 PLC 数字量和模拟量进行控制。模拟量设定值可利用变频器 1 号和 2 号端子加电位器进行，如图 2.12 - 3 所示。

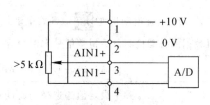

图 2.12 - 3　模拟量输入之一方法

7. 实验三：PROFIBUS 现场总线控制

实验步骤如下：

（1）恢复出厂设置，开启快速调试，电动机参数设置，命令源、频率设定值，变频器 PROFIBUS 从站地址设置等（见表 2.12 - 9）。

表 2.12 - 9　PROFIBUS 控制快速调试等

参 数 号	出厂默认值	设 置 值	说　　明
P0010	0	30	恢复变频器工厂默认值。复位过程约需几秒至几分钟才能完成，BOP 显示：P ____ 或 busy。MM420 和 MM440 有不同
P0970	0	1	
P0003	1	1	用户访问级为标准级
P0010	0	1	开始快速调试
P0100	0	0	选择工作地区，功率以 kW 表示，频率为 50 Hz
P0304	230	380	根据铭牌设定电动机额定电压（V）
P0305	7.40	1.00	根据铭牌设定电动机额定电流（A）
P0307	1.5	0.25	根据铭牌设定电动机额定功率（kW）
P0310	50	50	电动机的额定频率（Hz）
P0311	1425	1400	根据铭牌设定电动机的额定速度（r/min）
P0700	2	1	选择命令源为 BOP（键盘）设置，使能 BOP 的启动/停止按钮
P1000	2	1	频率设定值的选择为 BOP 设定，使能电动电位计的设定值
*P1080	0	0	电动机最小频率（Hz）
*P1082	50	50	电动机最大频率（Hz）
*P1120	10	5	斜坡上升时间（s）
*P1121	10	5	斜坡下降时间（s）
P0003	1	2	用户访问级为扩展级
P0300	1	1	选择电动机类型为异步电动机
P0308	0.000	0.81	根据铭牌设定电动机额定功率因数（cosφ）
P1910	0	1	报警码 A0541 激活电动机数据自动检测功能
P3900	0	3	结束快速调试，进行电动机计算，不进行 I/O 复位

参 数 号	出厂默认值	设 置 值	说　明
出现 A0541，接通电动机，按下 BOP 启动电动机键 ![], 开始电动机数据的自动检测，电动机出现低啸叫声属正常。在完成电动机数据的自动检测以后报警信号 A0541 消失			
P0700	2	6	选择命令源为 COM 链路的通信板(CB)设置
P1000	2	6	频率设定值的选择为通过 COM 链路的 CB 设定
P0335	0	0	设定电动机的冷却方式为自冷
P0640	150	400	设定电动机的过载因子(%)
P0918	3	4	指定 CB(通信板)地址。本例变频器指定 4。可设定地址 1~125，不能与总线上其他站点地址冲突，比如 PLC 地址默认是 2 就不能设。 **注意**：PROFIBUS 模板 DIP 需设定全 0
P0927	15	15	指定可以用于更改参数的接口，此为可以通过任何一种接口来修改
＊P1135	5	3	OFF3 的斜坡下降时间
P1300	0	20	变频器控制方式设为无传感器的矢量控制，MM440

注：表中带"＊"的参数可以根据用户的需要改变。

(2) 电气接线及数据流向示意如图 2.12-4 所示。

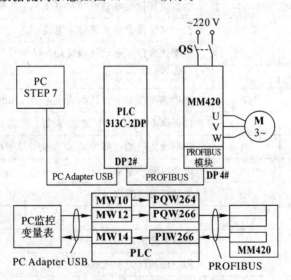

图 2.12-4　PROFIBUS 控制变频器调试连接及数据流

(3) 建立 PLC 项目，步骤如下：

① 新建一个 PLC 项目，如图 2.12-5 所示。

② 单击鼠标右键插入一个 SIMATIC 300 站点，如图 2.12-6 所示。

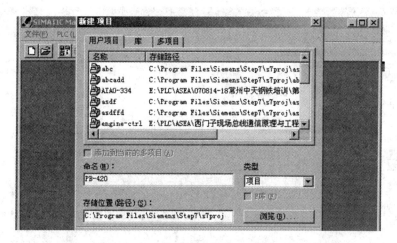

图 2.12 - 5　新建一个 S7 - 300 PLC 项目

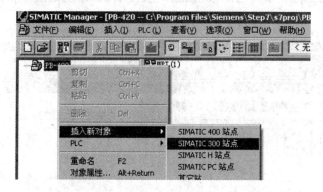

图 2.12 - 6　插入一个 SIMATIC 300 站点

③ 硬件组态，插入 CPU 313C - 2 DP，PLC 的 PROFIBUS 地址为 2，如图 2.12 - 7
所示。

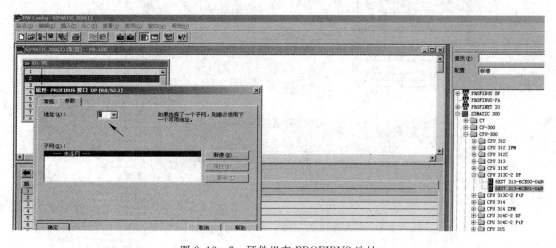

图 2.12 - 7　硬件组态 PROFIBUS 地址

④ 新建 PROFIBUS 网络(见图 2.12 - 8 和图 2.12 - 9)。

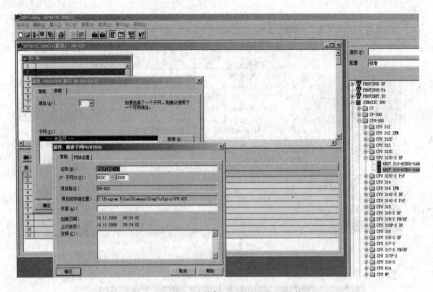

图 2.12 - 8　新建 PROFIBUS 网络

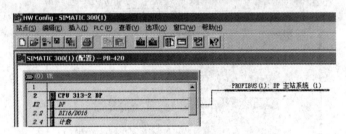

图 2.12 - 9　建立 PROFIBUS 之后硬件组态图

⑤ 选择"PROFIBUS DP"→"SIMOVERT"→"MICROMASTER 4"，挂接从站（见图 2.12 - 10）。

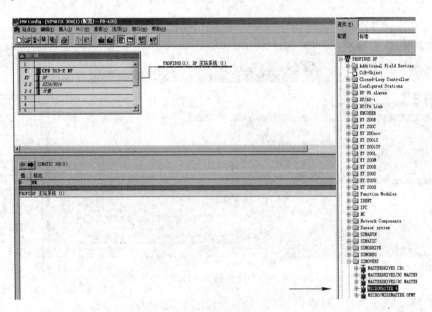

图 2.12 - 10　挂接 MICROMASTER 4 从站

⑥ 从站(MM420)PROFIBUS DP 地址设为 4（与变频器设置一致），如图 2.12-11
所示。

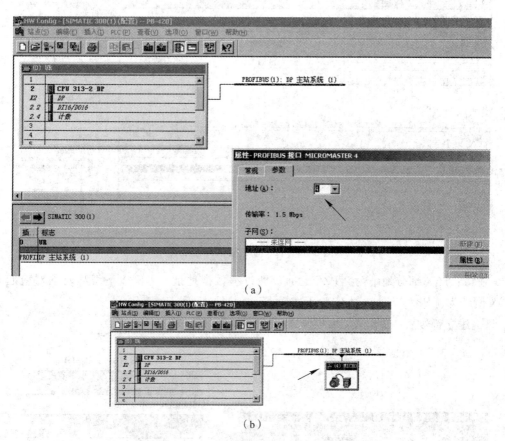

（a）

（b）

图 2.12-11　设置 PROFIBUS 从站地址

⑦ 插入变频器传输数据格式，格式为 PPO 1 型格式（见图 2.12-12）。

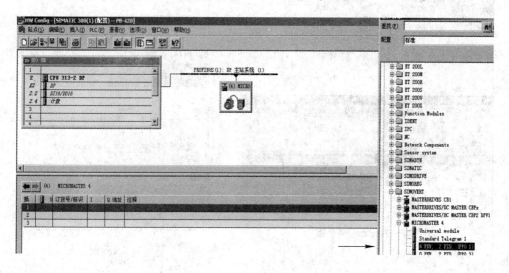

（a）

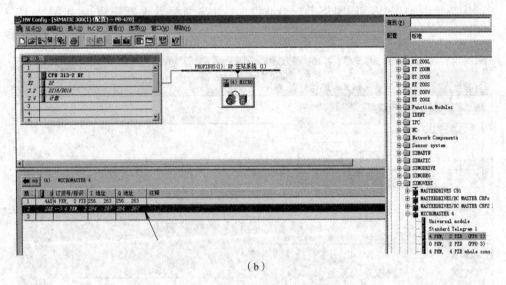

（b）

图 2.12 - 12　插入数据传输格式

注意：2AX 部分地址为 2 PZD 地址，即过程数据地址，本例以下编程时须对应起来。4AX 地址为 4 PKW 地址，本实验不使用。

⑧ 建立符号表、变量表，编程调试（见图 2.12 - 13～图 2.12 - 15）。

图 2.12 - 13　符号表

图 2.12 - 14　变量表

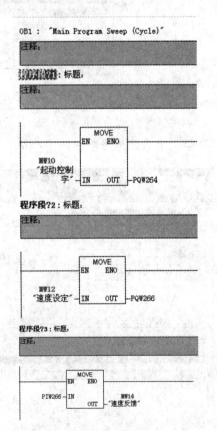

图 2.12 - 15　程序

数据传输格式如图 2.12 - 16 所示，对于本例：

  PLC(主站)→MM420：STW——PQW264，HSW——PQW266；

  PLC(主站)←MM420：ZSW——PIW264，HIW——PIW266。

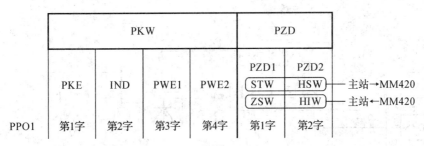

  PKW—参数标识数值； STW—控制字； PZD—过程数据；

  ZSW—状态字； PKE—参数标识符； HSW—主设定值；

  IND—索引； HIW—主实际值； PWE—参数值

图 2.12 - 16 数据传输格式

（4）运行调试。通常按默认设定再编程就可以控制、监测变频器了。在线时，用变量表设定速度设定值 MW12(0～16384)，设定启动控制字 MW10(47E—47F—C7F)对应"停止—正转—反转"，则变频器按设定方式运转，并且可以看到速度反馈值 MW14 的变化。

HSW：PZD 任务报文的第 2 个字是主设定值(HSW)。这就是主频率设定值，是由主设定值信号源提供的(参看参数 P1000)。该数值是以十六进制数的形式发送，即 4000H(16384)规格化为由 P2000 设定的频率(比如本例为默认值 50 Hz)，那么 2000H(8192)即规格化为 25 Hz，负数则反向。

8. 课外实践与思考题

（1）选取一款常用变频器，比如三菱、台达、森兰品牌某型号，通过阅读其用户手册，仿本实验实例学会初步使用。

（2）通过网络资源，实践 MM420 变频器的 USS 通信应用；变频器(比如三菱 F740)作 Modbus 从站，如何进行控制？

（3）MM420 变频器结合 PLC 进行恒压供水、水位控制的闭环控制系统设计(见本书 3.7 节)。

（4）多台变频器的同步控制如何进行？(参照《西门子 PLC 高级培训教程》第 12 章和《运动控制技术与应用》第 10.4 节内容)

2.13　双闭环不可逆直流调速系统实验

1. 实验目的

（1）了解双闭环不可逆直流调速系统的原理、组成及主要单元部件的原理。

（2）熟悉电机控制系统实验装置主控制屏的结构及调试方法。

（3）掌握双闭环不可逆直流调速系统的调试步骤、方法及参数的整定。

2. 实验系统组成及工作原理

双闭环不可逆直流调速系统由电流和转速两个调节器综合调节，由于调速系统调节的主要参量为转速，故转速环作为主环放在外面，电流环作为副环放在里面，这样可抑制电网电压扰动对转速的影响，实验系统的原理图如图 2.13 - 1 所示。

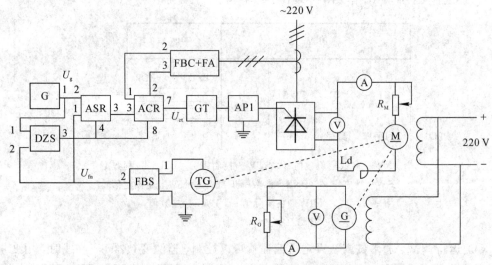

G—给定器；DZS—零速封锁器；ASR—速度调节器；ACR—电流调节器；
GT—触发装置；FBS—速度变换器；FA—过流保护器；FBC—电流变换；
AP1—1 组脉冲放大器；M—电动机；TG—测速电动机；G—发电机（负载）

图 2.13 - 1 双闭环不可逆直流调速系统原理图

系统工作时，先给电动机加励磁，改变给定电压 U_g（对应给定转速）的大小即可方便地改变电动机的转速。ASR、ACR 均设有限幅环节，ASR 的输出作为 ACR 的给定，利用 ASR 的输出限幅可达到限制启动电流的目的，ACR 的输出作为移相触发电路 GT 的控制电压，利用 ACR 的输出限幅可达到限制触发装置 GT 的最小触发角和电动机输出最大转换的目的。

当电动机启动时，加入给定 U_g 后，ASR 即饱和输出，使电动机以设定的最大启动电流加速启动，直到电动机转速（对应转速反馈电压 U_{fn}）达到给定转速（即 $U_g = U_{fn}$），并出现超调后，ASR 退出饱和，最后稳定运行在略低于给定转速的数值上。

3. 实验设备及仪器

（1）主控制屏 DK01。

（2）直流电动机－直流发电机－测速发电机组。

（3）DK02、DK03 挂箱。

（4）滑线电阻器。

（5）DK15 电容挂箱。

（6）TD4651 双踪慢扫描示波器。

（7）万用电表。

4. 实验内容及步骤

1）准备工作

将电路接成三相全控桥整流电路，经老师检查接线后，通电检查其工作是否正常。

2) 系统开环特性测试(接线如开环直流调速系统图)

$U_g = 0$，电动机绕组电阻 $R_d = R_{dmax}$，合上主电路，U_g 将缓慢上升。

(1) 分别使 $n_{01} = 800$ r/min，$n_{02} = 1200$ r/min。保持 U_g 不变，改变 R_d 得到不同的电机绕组电流 I_d，记录并填表 2.13-1 和表 2.13-2，并画出机械特性曲线 $n = f(I_d)$。

表 2.13-1　实验结果记录(一)

n_{01}/(r/min)	800			
I_d/A		0.3	0.4	0.5

表 2.13-2　实验结果记录(二)

n_{02}/(r/min)	1200			
I_d/A		0.3	0.4	0.5

(2) 定速度反馈极性和反馈系数，定电流反馈系数。当 $n_{02} = 1200$ r/min 时测 FBS 板上 2 号端子的极性，使其为负并调节 FBS 上电位器使其值为 6 V，同时调电动机负载阻值 R_G 使 $I_d = 0.6$ A，调 FBS 板上电流反馈电位器使其 2 号端子输出为 6 V。

3) 闭环系统调试

(1) 运放限幅值调整如下:

① ASR 正限幅为 0 V，负限幅为 6。

② ACR 正限幅为 6 V，负限幅为 0。

调节器限幅值调整见本节后面相关知识内容系统中限幅值调整方法。

(2) 系统特性的测试。在系统中接入 ASR、ACR 环节。接入转速反馈电压 U_{fn}，电流反馈电流 U_{fi} 信号，ASR、ACR 为 P 调节器(Kp=1~2 μF)，合上主电路增加 U_g 信号。观察系统是否正常运行，停机。再将系统中 ASR、ACR 接成 PI 调节器，其中 $C = 1~2$ μF。

测 $n_{01} = 800$ r/min 和 $n_{02} = 1200$ r/min 时，机械特性曲线 $n = f(I_d)$ 并记录结果，填入表 2.13-3 和表 2.13-4 中。

表 2.13-3　实验结果记录(三)

n_{01}/(r/min)	800				
I_d/A		0.3	0.4	0.5	0.6

表 2.13-4　实验结果记录(四)

n_{02}/(r/min)	1200				
I_d/A		0.3	0.4	0.5	0.6

4) 系统动态性能调试

(1) 在 $n_{01} = 800$ r/min 和 $n_{02} = 1200$ r/min 时，用示波器慢扫描观察并记录 $n(t)$、$I(t)$ 波形($n(t)$、$I(t)$ 分别为 FBS、FBC 上 2 号端子控制电源与地之间的输出)。

(2) 突增、突减负载时，记录 $n(t)$、$I(t)$ 波形(突增负载时不要使电流进入截止区域)。

5. 思考题

(1) 转速负反馈极性接反会有什么影响?

（2）为什么双环系统中 ASR、ACR 均为 PI 调节器？

（3）系统中哪些参数的变化会导致系统中电流及转速的变化？

6. 注意事项

（1）在系统开环运行时不能突加给定电压启动电动机。

（2）注意万用表量程挡位。

7. 相关知识

1）三相桥式整流电路

三相桥式整流电路图如图 2.13 - 2 所示。

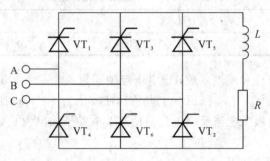

图 2.13 - 2　三相桥式整流电路

2）可逆与不可逆

对于直流调速系统的输出极性可变的为可逆系统，否则为不可逆系统。从现象上看，当电机调速系统运行时，电动机的转子旋转方向只能正转的为不可逆运行；若系统既可正方向旋转又可反方向旋转，则为可逆系统。

3）闭环与开环

开环系统指在一个控制系统中系统的输入信号不受输出信号影响的控制系统，即不将控制的结果反馈回来影响当前控制的系统。闭环系统比较复杂，输出量直接或间接地反馈到输入端，形成闭环参与控制的系统称为闭环控制系统，也叫反馈控制系统。

4）整流电路触发电路

对于触发电路脉冲的观察，输入三相电源要对称；对于整流需要的六个晶闸管触发电路，相位要求相互间隔绝对 60°；给定正信号有作用，负信号不起作用。

5）电机励磁要求

电机需 220 V 直流电源；电动机绕组连接方式为并励接法，连接及安装较方便。

6）系统工作要求

系统运行，在开环运行时，不能突加给定电压启动电动机，应逐渐增加给定电压，软启动避免电流冲击，导致保护电路工作。启动电动机时要轻载启动，防止带负载启动导致电流过大。

7）示波器使用要求

双踪示波器通道内的硬质电路板地线共地，因此在使用时要注意相对地线的选择，或在测试相同电位测试点时，只采用一根地线进行测试。

8）系统图各调节单元介绍

（1）G(给定器)：用于给定正负电压。

（2）DZS(零速封锁器)：电平检测及控制运放工作。

（3）FBS(速度变换器)：将电动机实时速度转换成电压信号。

（4）ASR(速度调节器)：将输入信号进行比较，最终输出合适的控制电压进行电动机的控制。

（5）ACR(电流调节器)：与速度调节器原理相同。

9）系统中限幅值调整方法

首先，各调节器调零，将运放输入接地，反馈网络短接使得调节器成为比例调节器，再将零速封锁器的输出接入网络，其控制开关拨到解除，让调节器解除封锁状态，测量输出是否为零。

其次，将限幅整定完毕。把调节器的输入端地线及反馈电路短接线去掉，构成比例积分调节器，输入接入给定电压，当正输入时，反向端输入，输出为负限幅，调节为零；当负输入时，输出为正电压，调节为 6 V。

10）系统通电测试

系统按图 2.13 - 1 接线，先观察开环状态工作是否正常，准确无误后测试开环实验内容。

系统开环测试完毕后，将闭环接入系统，加入给定电压，调节相关旋钮，调至起始状态，逐渐加载完成闭环测试内容，特别注意闭环的起始状态以及电流为 1 A 时的数据情况。

11）系统调试完断电顺序

系统调节完毕后，先将负载调至最低，再将电枢调节旋钮旋至最大，将电机速度降低，紧接着将给定电压调至 0，最后切断励磁电源及总电源。

第 3 章　运动控制课程设计类课题

3.1　课程设计总要求

如果说基本实验部分还可以"依样画葫芦",即学生按照实验步骤进行验证性实验,分析实验现象,对比理论知识稍作总结思考就基本满足要求了。课程设计则要更进一步,需要"真设计",即学生能够自己根据课题要求检索资料,进行软、硬件设计及试验等工作,如果达不到要求,就需要重新设计,在"走弯路"中学习,不断提高,最终达到训练的目的。应用型本科学生必须进行这样的转变,为后续更高难度、更接近工程实际的创新课题和毕业设计课题的完成打下良好基础,培养严谨、创新的工程师素质,增强解决实际工程问题的能力。

1. 目的

本实践环节的目的是综合运用运动控制知识结合已经掌握的专业知识,针对某工程上简化、典型的运动控制系统课题,综合运用检测、计算机控制、电子技术、现场总线与通信、监控技术等技术和运动控制行业背景知识,进行资料查阅、方案设计、硬件搭建操作或制作、软件设计、软硬件联合调试、课题展示汇报、报告撰写、团队分工合作等环节的训练,培养学生动脑动手、做人做事、综合创新、团队合作的能力或意识,能熟练应用常用的工控软件,在教师的指导下自学新知识,能发现、分析和解决工程实际问题,为毕业设计和走上工作岗位打下良好的基础。

2. 内容与要求

以计算机、PLC 或单片机为主控制器,可以增加监控组态软件、触摸屏、自行开发界面等,运动控制与现场总线、监控等相结合,设计包含硬件和软件,选择某一模块方向进行设计,时间为 1～3 周。

3. 考核标准

从学生出勤、态度、操作、悟性、报告、答辩、解决问题的思路和团队合作情况等几方面综合考核。

4. 提交报告要求

报告应包括课题名称、目的、任务、课题内容、过程描述(课题结果分析、课题中遇到的问题及体会);报告必须由学生独立书写完成;实验的描述必须条理清楚、层次分明、重点突出,并包含设计主要硬件连接图、实物图、数据流示意图、原理图、PCB 图、软件流程图和调试结果图等;主要程序正确,程序注解详细,杜绝形式主义。

3.2　运动控制卡的 VB 初步开发

3.2.1　基本要求

(1) 选择以下其中一个课题进行 VB 编程设计:

① 实现某个轴按输入参数进行寸动功能,至少包括初始化、位置显示、寸动量输入和寸动运行等功能;

② 实现两个轴的插补功能,至少包括初始化、坐标影射、直线或圆弧的绘制;

③ 两个轴插补轨迹的模拟动态图的实现。

(2) 描述硬件构成和主要参数,计算脉冲当量。

(3) 描述项目开发的主要步骤和注意点。

(4) 检索资料,探讨课题所用技术的工业应用。

(5) 完成课程设计报告,进行简单的汇报交流。

3.2.2　设计思路与提示

此单元的解答可参看本书第 4 章第 4.1 节运动控制平台的 VB 综合开发应用,以及参考文献[1]第 10.7.3 节。形式和难度上可参照本书第 3.4 节,并根据学时和工作量要求灵活调整。

3.3　较复杂图形的数控代码编程

3.3.1　基本要求

(1) 完成规定图形的数控代码编程。对于给出的较复杂零件图,能自行分析并编写出合理的数控代码指令,在平台上验证。

图 3.3-1 为钥匙轮廓轨迹,请编制数控程序代码。加工时主轴正转、速度为 500 r/min,进给速度为 100 mm/min,开切削液。

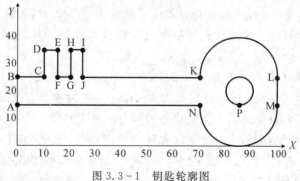

图 3.3-1　钥匙轮廓图

① 计算出图 3.3-1 中标出的 A~P 点的坐标值,图中栅格距离为 5 mm。

② 按 O(工件坐标系原点,Z=5 mm)—A—B—C—…—M—N—A,P—P(φ=10 mm 圆可分两个半圆加工)加工路径,按绝对坐标编制出加工程序。切深为 5 mm,抬刀 5 mm,

加工完毕回到 O 点。

（2）自选、规划一个有意义的图形，复杂度远高于以上图形，进行数控代码编程。

（3）描述设计过程、给出仿真图、实物图、图形意义、名称、代码及其注解。

（4）了解所用硬件主要参数，绘制硬件连接框图。

（5）搜索资料，讨论课题的工业应用，对比采用 VC/VB 直接调用厂家插补函数进行运动控制的异同点。

（6）思考如何进行数控代码到运动指令的编译，如何直接从 CAD 图和汉字库到数控代码。

3.3.2 设计思路与提示

此单元的解答可参看本书第 2.9 节、第 4 章第 4.1 节运动控制平台的 VB 综合开发应用，以及参考文献[1]第 10.7.3 节。

3.4 运动控制卡的 VC 初步开发

本节示例为运动控制卡初步开发过程，读者按照步骤完成后，可进一步丰富其功能。工业控制领域其他厂家设备、仪表的 VC 开发过程和本例基本相似，如数据采集卡、工业相机等。第 3.4.2 节讲解的是 VC 软件的初步使用，第 3.4.3 节为 GT-400 运动控制卡的 VC 开发初步应用。

基本要求：完成运动控制卡"寸动"功能的 VC 监控开发，按一下"寸动"按钮，按设定值运动一段距离；寸动数值可以修改，其正、负值分别对应着平台某轴的正、负向移动。完成卡初始化、轴开启、轴关闭功能。

选做功能：插补指令调用，实时显示当前坐标，绘制预设曲线和实时曲线图等。

3.4.1 VC 软件介绍

Microsoft Visual C++（简称 Visual C++、MSVC、VC++或 VC）是 Microsoft 公司推出的 Win32 开发环境程序，面向对象的可视化集成编程系统。它不但具有程序框架自动生成、灵活方便的类管理、代码编写和界面设计集成交互操作、可开发多种程序等优点，而且通过简单的设置就可使其生成的程序框架支持数据库接口、OLE2、WinSock 网络及 3D 控制界面等。

Microsoft Visual C++ 6.0 集成了 MFC 6.0，于 1998 年发行，发行至今一直被广泛地用于大大小小的项目开发。最新稳定版本 Visual C++被整合在 Visual Studio 之中，但仍可单独安装使用。Visual Studio 是微软公司推出的开发环境，Visual Studio 可以用来创建 Windows 平台下的 Windows 应用程序和网络应用程序，也可以用来创建网络服务、智能设备应用程序和 Office 插件。Visual Studio 是目前最流行的 Windows 平台应用程序开发环境。Visual C++集成开发环境使创建一个 Windows 程序变得很简单。通过软件中的工具和向导以及 MFC 类库，使用者可以在很短的时间里创建出一个程序。

VC 在仪器、仪表、工程、机械和自动化等方面有着广泛的应用，一般在控制系统中做上位机的监控。随着近年来自动化控制技术的迅猛发展，除以单片机、可编程控制器

(PLC)等为主要控制单元的自动化设备外，利用工业计算机所控制的设备越来越多，工业计算机在自动控制领域中得到了极为广泛的应用。

3.4.2　按钮触发内部变量增减并显示

本例关注工程建立过程、按钮动作和显示内部整形变量的 VC 开发步骤。本节所涉及的编程技巧在 3.4.3 节也会用到。注意控件 ID 名称修改后再保存；若保存后再修改，则会导致混乱，此时建议重新建立项目。本书采用基于 MFC 的 VC 编写运动控制界面，读者一开始可以按步骤进行，甚至可以"不求甚解"，后续可以深入系统地学习这方面的计算机专业应用知识。

1. 建立基于对话框的工程

打开 VC 应用程序，如图 3.4-1 所示。

程序出现如图 3.4-2 所示的画面。

图 3.4-1　打开 VC 应用程序

图 3.4-2　VC 开启画面

然后，进入 VC 开发环境界面，如图 3.4-3 所示。

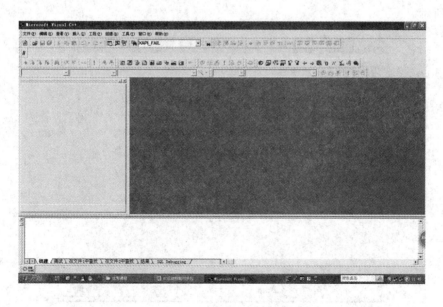

图 3.4-3　VC 开发环境界面

点击"文件"→"新建",如图 3.4-4 所示。

图 3.4-4 新建工程

新建 MFC AppWizard(exe)文件,输入工程名称,本例为"AddDec";选择存放位置,本例为桌面,点击"确定"按钮,如图 3.4-5 所示。

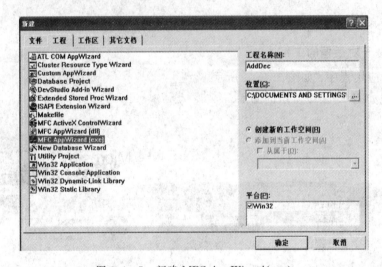

图 3.4-5 新建 MFC AppWizard(exe)

程序出现"MFC 应用程序向导"对话框,选择"基本对话框",点击"完成"按钮,如图 3.4-6 所示。

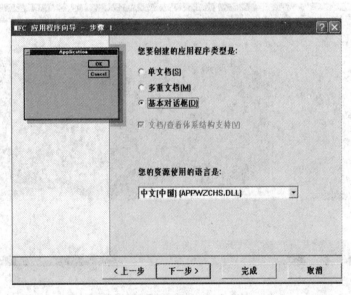

图 3.4-6 创建"基本对话框"类型

程序弹出"新建工程信息"对话框，如图 3.4 - 7 所示。

图 3.4 - 7　"新建工程信息"对话框

点击"新建工程信息"信息框的"确定"按钮，出现如图 3.4 - 8 所示的界面。

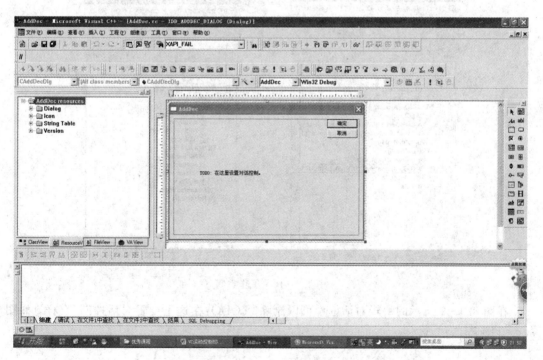

图 3.4 - 8　VC 集成编辑界面

在图 3.4 - 8 中，左边为工作空间，下方为输出窗口，中间为对话框编辑区域，右方为控件工具栏。开发过程中，点击"ResourceView"选项，展开"AddDec resources"→"Dialog"

→"IDD_ADDDEC_DIALOG",可以打开对话框进行编辑,如图3.4-9所示。

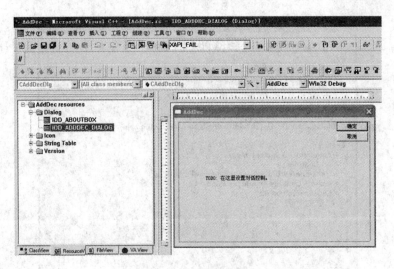

图 3.4-9 打开对话框

　　点击工作空间"ClassView"选项可以查看相关类,双击该选项可以查看相关程序;点击工作空间"FileView"选项可以查看相关文件,双击该选项可以查看相关文件内容,如图3.4-10所示。

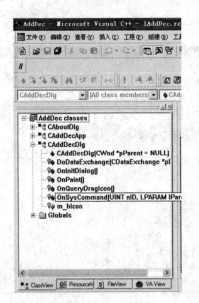

图 3.4-10 工作空间

　　在图3.4-9所示的编辑对话框中可以删除"TODO:在这里设置对话控制"字样,如图3.4-11所示。

图 3.4-11 删除 TODO

点击工具栏中的  "全部保存"按钮,关闭集成开发环境,如图 3.4-12 所示。

图 3.4-12　全部保存

关闭集成开发环境后,回到桌面可看到 AddDec 文件夹,如图 3.4-13 所示,打开文件夹可看到全部工程文件。如果未安装更高版本 VC 软件,双击 dsw 后缀文件(本例为 AddDec.dsw),可以进入 VC 集成开发环境进行该工程的编辑。

图 3.4-13　工程文件夹内容

2. 编辑对话框,增加控件

在 VC 集成编辑界面右方控件工具栏中选择 □ "按钮",拖入对话框编辑区域,产生按钮 Button1,如图 3.4-14 所示。

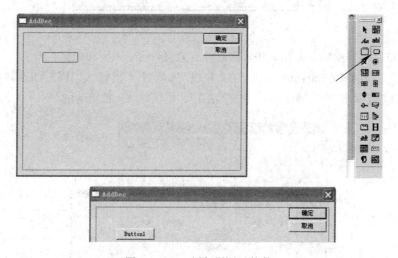

图 3.4-14　添加"按钮"控件

也可以点击 VC 集成编辑界面右边控件工具栏的 "按钮"后，鼠标放置于对话框编辑画面上，出现十字光标，按需要的位置和大小左键拖动形成按钮。同样的方法添加第 2 个按钮 Button2。在 Button1 按钮上单击鼠标右键选择"属性"，如图 3.4 - 15 所示。

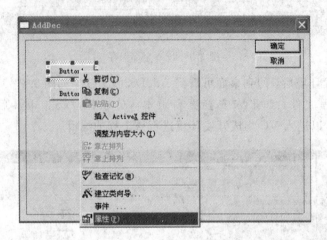

图 3.4 - 15　查看控件属性

出现 Button1 按钮"Push Button 属性"对话框，在"常规"选项"ID"栏输入"IDC_Add"，在"标题"栏输入"加 1"文字，则该按钮显示名称变成"加 1"，如图 3.4 - 16 所示。

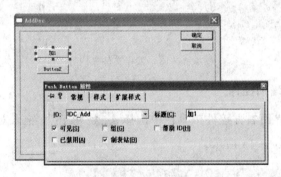

图 3.4 - 16　"加 1"按钮属性

注意：ID 是项目中唯一标签，其名称最好有意义，便于识别和记忆。

用同样的方式修改 Button2 属性，在"常规"选项"ID"栏输入"IDC_Dec"，在"标题"栏输入"减 1"文字，则该按钮显示名称变成"减 1"，如图 3.4 - 17 所示。

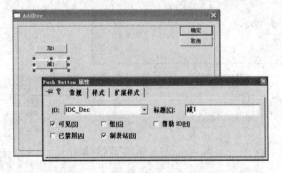

图 3.4 - 17　"减 1"按钮属性

这样，两个按钮添加完毕，如图 3.4 - 18 所示。

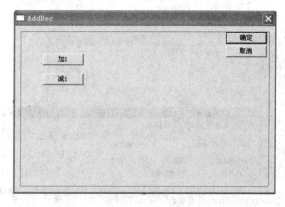

图 3.4 - 18　按钮控件添加完毕

用类似的方法，点击控件工具栏 **Aa** "静态文本"按钮，在适当位置添加静态文本，如图 3.4 - 19 所示。

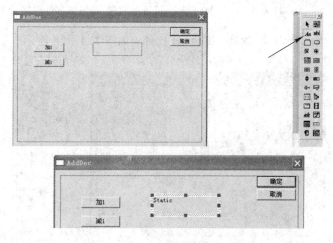

图 3.4 - 19　添加"静态文本"控件

类似地，在该静态文本属性对话框中，在"常规"选项"ID"栏中输入"IDC_Display"，"标题"栏不做修改，如图 3.4 - 20 所示。

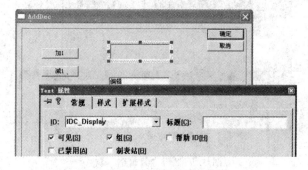

图 3.4 - 20　"静态文本"属性

在该静态文本属性对话框中，点击"扩展样式"选项，勾选"客户边缘"，则该静态文本出现凹陷的立体视觉感，如图 3.4 - 21 所示。

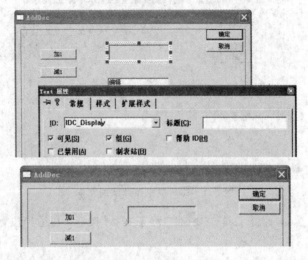

图 3.4 - 21　静态文本改"客户边缘"及其效果

类似地，在适当位置添加 **ab** "编辑框"控件，如图 3.4 - 22 所示。

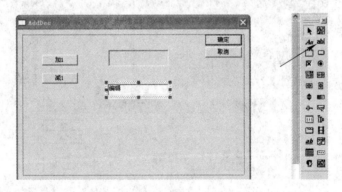

图 3.4 - 22　添加"编辑框"控件

在编辑框属性对话框中，"ID"栏输入"IDC_EDIT_Input"，如图 3.4 - 23 所示。

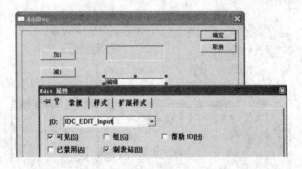

图 3.4 - 23　"编辑框"属性

点击 按钮全部保存。至此，全部控件添加完毕。

3. 对按钮控件添加触发响应的成员函数框架

双击添加好的"加 1"按钮，出现增加成员函数对话框，点击"OK"按钮，如图 3.4 - 24 所示。

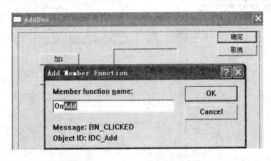

图 3.4 - 24　添加"加 1"按钮触发响应成员函数

从而跳至 AddDecDlg.cpp 源程序，自动产生 OnAdd( )响应函数框架，如图 3.4 - 25 所示。

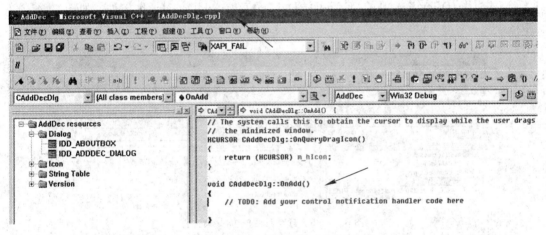

图 3.4 - 25　"加 1"程序框架

回到对话框编辑，同样双击添加好的"减 1"按钮，出现增加成员函数对话框，点击 "OK"按钮，如图 3.4 - 26 所示。

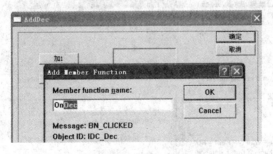

图 3.4 - 26　添加"减 1"按钮触发响应成员函数

从而跳至 AddDecDlg.cpp 源程序，自动产生 OnDec( )响应函数框架，如图 3.4 - 27 所示。按钮触发响应函数在程序运行时，点击鼠标左键 1 次，对应相应的函数执行 1 次并返回。

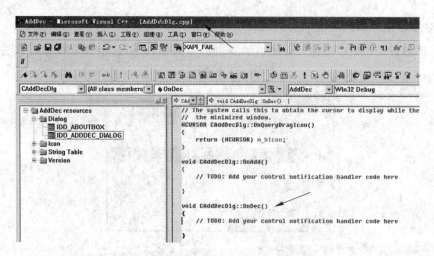

图 3.4 - 27　"减 1"程序框架

4. 增加 1 个全局变量

双击"ClassView"选项的"CAddDecDlg",打开 AddDecDlg. h 文件,如图 3. 4 - 28 所示。

图 3.4 - 28　打开对话框 * . h 头文件

在 class CAddDecDlg:public CDialog 的 public:后添加定义公共变量(long Number Display;),如图 3.4 - 29 所示。

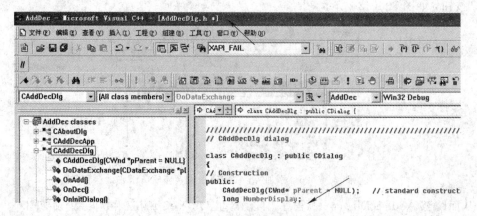

图 3.4 - 29　添加全局变量

在 AddDecDlg.cpp 文件 CAddDecDlg∷OnInitDialog( )函数中的// TODO：Add extra initialization here 语句之后，添加 NumberDisplay＝0；初始化变量，如图 3.4－30 所示。

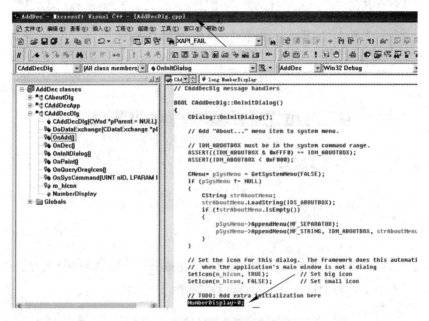

图 3.4－30 全局变量初始化

5. 各控件成员函数编程

在 AddDecDlg.cpp 文件 OnAdd( )函数中增加 NumberDisplay＋＋；语句，实现点击"加 1"按钮触发变量 NumberDisplay 加 1；在 OnDec( )函数中增加 NumberDisplay－－；语句，实现点击"减 1"按钮触发变量 NumberDisplay 减 1。

在 AddDecDlg.cpp 文件 CAddDecDlg∷OnInitDialog( )函数中，NumberDisplay＝0 后，以及 void CAddDecDlg∷OnAdd( )、void CAddDecDlg∷OnDec( )函数 NumberDisplay＋＋和"NumberDisplay－－后添上如下程序(该程序实现在静态文本(ID 号：IDC_Display)显示 NumberDisplay 变量的功能)：

```
UpdateData(TRUE);        //刷新控件值到对应的变量,通常用于输入时,该句可去除
CString Strtemp;
Strtemp.Format("%d", NumberDisplay);
                         //将加 1 或减 1 运算后的 NumberDisplay 变量转换成十进制字符
GetDlgItem(IDC_Display)->SetWindowText(Strtemp);
                         //在 IDC_Display 处输出显示
                         // 上句也可写成 SetDlgItemText(IDC_Display, Strtemp);
UpdateData(FALSE);       //将变量刷新到控件显示,通常用于输出
```

6. 调试运行与编辑框的编程应用

点击 ![!] 运行程序，如图 3.4－31 所示。点击"加 1"按钮，则 NumberDisplay 增加 1；点击"减 1"按钮，则 NumberDisplay 减少 1。NumberDisplay 值的变化如图 3.4－32 所示。

图 3.4 - 31　运行

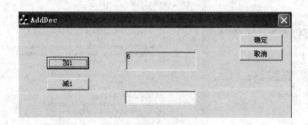

图 3.4 - 32　"加 1/减 1"运行结果

点击图 3.4 - 32 中的"确定"按钮或"取消"按钮或 ❌ 关闭 AddDec 程序。打开对话框编辑并双击编辑框,出现增加成员函数对话框,如图 3.4 - 33 所示。

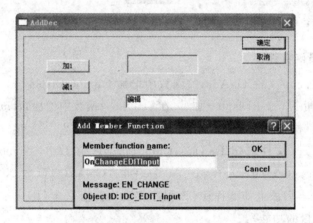

图 3.4 - 33　添加编辑框变化响应函数

点击图 3.4 - 33 中的"OK"按钮,转到 AddDecDlg. cpp 源程序,则会自动产生编辑框改变响应函数 OnChangeEDITInput( ),对应的程序及其注解如下:

```
void CAddDecDlg::OnChangeEDITInput( )
{
    CString Strtemp;                              //定义字符串变量
    UpdateData(TRUE);                             // 刷新控件值到对应的变量
    //从 IDC_EDIT_Input 编辑框获得字符给 Strtemp
    GetDlgItem(IDC_EDIT_Input)->GetWindowText(Strtemp);
    NumberDisplay=atoi(Strtemp);                  //Strtemp 转换成整数给 NumberDisplay
    //继续在静态文本 IDC_Display 处显示 NumberDisplay
    Strtemp.Format("%d",NumberDisplay);           //将变量转换成十进制字符
```

GetDlgItem(IDC_Display)->SetWindowText(Strtemp);

　　　　　　　　　　　　　　　　　　//在 IDC_Display 处输出显示

UpdateData(FALSE);　　　　　　　　　// 将变量刷新到控件进行显示

　}

　　再次点击 ❗ 运行程序,在编辑框内输入整数,编辑框内容变化;执行以上程序将编辑框字符串转换成整数并赋值给 NumberDisplay 变量,并同时在静态文本框显示出来。

　　注意:若输入不是合法整数,则程序运行可能出错。

　　至此,完成按钮触发内部变量增减并显示的功能。完成本节内容后,可以训练有关 VC 基于对话框的工程建立、按钮动作、变量的文本显示、编辑框修改变量等内容的初步应用。

3.4.3　运动控制卡单轴伺服(步进)的寸动实现

　　本例为 GT‐400‐SV‐PCI 或 GT‐400‐SG‐PCI 运动控制卡的初步应用,主要关注在 Windows 系统下 VC 调用运动控制卡库函数、VC 定时器(相当于定时中断)、初始化、点动、关闭卡和轴等功能。

　　对运动控制卡的详细使用,硬件部分可参照对应运动控制器用户手册,软件部分可参照对应运动控制器编程手册。

1. 硬件的连接及驱动程序的安装

　　在学校实验室里,硬件的连接及驱动程序的安装步骤大都在学生实验之前就已完成。参照《GT 系列运动控制器用户手册》"快速使用"部分,操作步骤如下:将运动控制卡插入计算机 PCI 插槽,安装控制器通信驱动软件(在配套光盘\T4VP‐CD‐100930\Windows\Driver 目录下),建立计算机与运动控制卡 PCI 总线通信,连接电机和驱动器,连接运动控制卡和端子板,连接驱动器及系统输入、输出和端子板等。系统框图如图 3.4‐34 所示(或参照图 4.1‐1)。

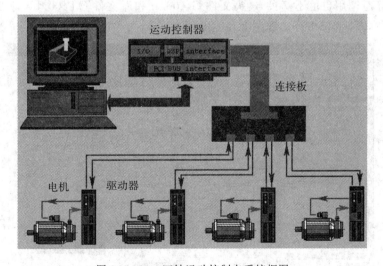

图 3.4‐34　四轴运动控制卡系统框图

2. 建立基于对话框的工程

参照本书 3.4.2 节建立基于对话框的工程，工程名为 GT400Inch，从而生成的文件夹也为 GT400Inch。在对话框编辑中增加"初始化"按钮（ID：IDC_BUTTON1_Initial）、"寸动"按钮（ID：IDC_BUTTON2_Inch）、用于显示实际位置的静态文本框（标题空白，ID：IDC_STATIC_PosDisplay；扩展式样：客户边缘勾选）、用于输入寸动数值的编辑框（ID：IDC_EDIT1_InchPos）、"关闭卡"按钮（ID：IDC_BUTTON3_Close）和静态文本"实际位置："等，如图 3.4-35 所示。

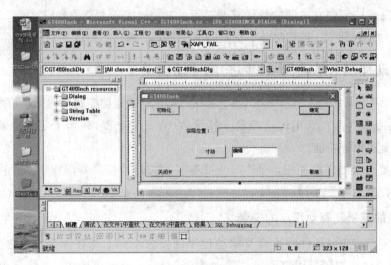

图 3.4-35　建立基于基本对话框的工程

3. Windows 系统下动态链接库的使用

以下是动态链接库的静态调用，动态调用请读者参考有关资料。

（1）将配套光盘 \ T4VP - CD - 100930 \ Windows \ VC 文件夹下的动态链接库文件 GT400.dll（静态调用也可不拷贝）、头文件 Gt400.h 和库文件 GT400.lib 等 3 个文件拷贝到工程文件夹 GT400Inch 下，如图 3.4-36 所示。

图 3.4-36　拷贝库文件

（2）在 GT400Inch 工程的 VC 开发环境中，选择菜单"工程"下的"设置"菜单项，出现
"Project Settings"对话框，切换到"连接"选项标签，在"对象/库模块"栏中输入库文件名
GT400.lib，如图 3.4 - 37 所示。

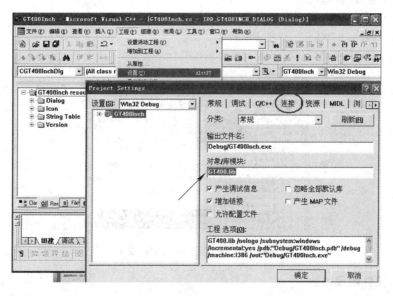

图 3.4 - 37　设置链接库

（3）在应用程序文件中加入函数库头文件的声明：# include "GT400.h"，如图 3.4 - 38
所示。

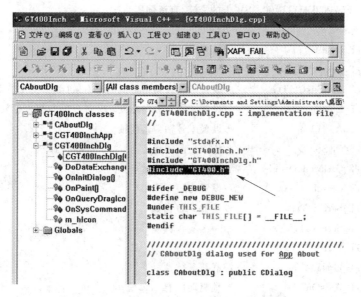

图 3.4 - 38　包含头文件

至此，用户就可以在 VC 中调用函数库中的任何函数，开始编写应用程序。函数如何调
用可查看运动控制器编程手册和 GT400.h 头文件等资料。动态链接库的静态调用步骤也
是许多硬件设备的 VC 开发通用步骤，具有普遍性。

4. 定义变量

定义 3 个整形变量，可与本书 3.4.2 节不同，这里直接在.cpp 文件中定义，如图 3.4－39 所示。定义整形变量的程序如下：

```
long DesPos=0;          //目标位置
long InchPos=1000;      //寸动位置
long ActualPos=0;       //实际位置
```

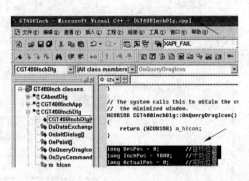

图 3.4－39　定义并初始化变量

5. 编写控件响应函数

编写初始化、关闭卡、编辑框输入改变和寸动响应函数。

1）初始化函数

在"CGT400InchDlg∷OnBUTTON1Initial( )"函数中编写如下代码：

```
//以下代码适用于 GT400－SV 卡的交流/直流伺服系统
short rtn;
rtn=GT_Open( );              //打开卡
rtn=GT_Reset( );             //复位卡
rtn=GT_LmtSns(255);          //设置限位开关信号低电平有效(要根据硬件实际情况确定)
rtn=GT_EncSns(0);            //设置编码器方向不变,反向设为1(要根据硬件实际情况确定)
rtn=GT_Axis(1);              //设置 1 号轴为当前轴
rtn=GT_ClrSts( );            //清除当前轴状态
rtn=GT_CtrlMode(0);          //设置输出模拟量
rtn=GT_CloseLp( );           //设置为闭环控制
rtn=GT_SetKp(3);             //设置 PID 参数
rtn=GT_SetKi(0);
rtn=GT_SetKd(10);
rtn=GT_Update( );            //刷新参数
rtn=GT_AxisOn( );            //轴驱动使能

//以下代码适用于 GT400－SG 卡的步进系统
//short rtn;
//rtn=GT_Open( );
//rtn=GT_Reset( );
```

```
//rtn=GT_LmtSns(255);
//rtn=GT_Axis(1);
//rtn=GT_ClrSts();
//rtn=GT_StepDir();          //设置输出为"脉冲＋方向"信号
//rtn=GT_Update();
//rtn=GT_AxisOn();
```

2）关闭卡函数

在 CGT400InchDlg∷OnBUTTON3Close( )函数中编写如下代码：

```
short rtn;
rtn=GT_Axis(1);            //设置 1 号轴为当前轴
rtn=GT_AxisOff();          //关闭轴驱动使能
rtn=GT_Close();            //关闭卡
```

关闭卡的这段程序也可在可执行程序关闭时调用，具体可参照以下第 6 步定时显示实际位置中添加 Windows 消息/事件句柄的步骤，如图 3.4 - 40 所示。

图 3.4 - 40　添加"程序关闭"响应函数

选择"WM_CLOSE"，点击"Add and Edit"按钮，自动产生 OnClose( )函数。在 CGT400InchDlg∷OnClose( )函数中，添加以上 CGT400InchDlg∷OnBUTTON3Close( ) 函数中所编写代码，或者直接调用 CGT400InchDlg∷OnBUTTON3Close( )函数即可。

```
void CGT400InchDlg∷OnClose()
{
    CGT400InchDlg∷OnBUTTON3Close();        //执行卡关闭
    CDialog∷OnClose();
}
```

3）编辑框输入改变数据的响应函数

在 CGT400InchDlg∷OnChangeEDIT1InchPos( )函数中编写如下代码：

```
CString Strtemp;
UpdateData(TRUE);          //更新控件值到变量
GetDlgItem(IDC_EDIT1_InchPos)->GetWindowText(Strtemp);
                           //从 IDC_EDIT1_InchPos 编辑框获得字符给 Strtemp
InchPos=atoi(Strtemp);     //Strtemp 转换成整数给 InchPos
UpdateData(FALSE);         //更新变量值到控件显示,可省略
```

4）寸动函数

在 CGT400InchDlg：:OnBUTTON2Inch（ ）函数中编写如下代码：

```
short rtn；
rtn＝GT_Axis(1)；
//rtn＝GT_PrflT( )；默认设置 T 形速度规划曲线，S 曲线 GT_PrflS( )
rtn＝GT_SetVel(5)；                 //设置速度
rtn＝GT_SetAcc(0.05)；             //设置加速度
rtn＝GT_GetAtlPos(&ActualPos)；   //获得实际位置赋给变量 ActualPos
DesPos＝ActualPos＋InchPos；      //求得目标位置
rtn＝GT_SetPos(DesPos)；          //设置目标位置
rtn＝GT_Update( )；
```

6. 定时显示实际位置

用鼠标右键单击"ClassView"中的"CGT400InchDlg"，选中"Add Windows Message Handler…"，如图 3.4－41 所示。

添加 Windows 消息/事件句柄，新建 WM_TIMER，如图 3.4－42 所示。

图 3.4－41　添加 Windows 消息句柄　　　　　图 3.4－42　添加定时器消息句柄

选择"WM_TIMER"，点击"Add and Edit"按钮，则会自动产生 OnTimer（UINT nIDEvent）函数，如图 3.4－43 所示。

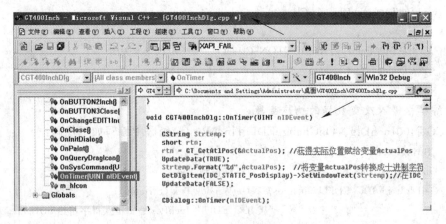

图 3.4－43　产生定时器响应函数

在 CGT400InchDlg∷OnTimer（UINT nIDEvent）函数 的 CDialog∷OnTimer（nIDEvent）；语句之前，添加以下代码：

```
CString Strtemp;

short rtn;

rtn＝GT_GetAtlPos(&ActualPos);          //获得实际位置赋给变量 ActualPos

UpdateData(TRUE);                       //更新控件值到变量，可省略

Strtemp. Format("%d",ActualPos);        //将变量 ActualPos 转换成十进制字符

//在 IDC_STATIC_PosDisplay 处输出显示

GetDlgItem(IDC_STATIC_PosDisplay)->SetWindowText(Strtemp);

UpdateData(FALSE);                      //更新变量值到控件显示
```

开启定时器需要在 CGT400InchDlg∷OnBUTTON1Initial（）函数（初始化）最后添加如下代码：

```
SetTimer(1, 200, NULL);                 //开启 1 号定时器，定时间隔 200 ms
```

定时间隔根据需要设定，数值大显示更新慢；数值太小计算机频繁与卡通信，占用过多资源。也可在 CGT400InchDlg∷OnInitDialog（）函数返回语句前// TODO：Add extra initialization here 处添加以上代码。

通常需要在适当的地方关闭定时器，本例可在 CGT400InchDlg∷OnBUTTON3Close（）函数（关闭卡）的最后添加如下代码：

```
KillTimer(1);                           //关闭 1 号定时器
```

7. 运行调试

点击 ❗ 运行程序，出现如图 3.4－44 所示画面。点击"初始化"按钮，对运动控制器执行相关初始化的工作；对于交流伺服系统，可以听到伺服驱动器使能的高频声音（音量很小）。在"寸动"按钮后的编辑框内输入寸动量，然后点击"寸动"按钮，则运动控制器 1 号轴（通常是平台 X 轴）移动所设定的距离后停止，寸动量是负值时则向相反方向移动。

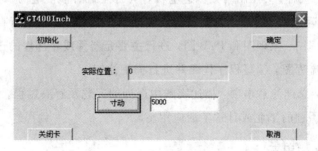

图 3.4－44   运行结果

3.4.4   拓展实践与思考题

（1）通过网络资源，搜索下载 VC 6.0 或 Visual Studio 软件并安装。

（2）通过网络查询资料，了解 VC 6.0 和最新 Visual Studio 在操作系统等方面有何区别。

（3）参照本书第 3.4.2 节，设计一个能完成计算器功能的应用程序。

（4）VC 编写监控界面和工控组态软件有何区别与联系？

（5）通过查阅资料，试完成菜单、多个不同时间间隔定时器、平面坐标图形实时绘制、变量的数码管显示、多线程、日志文件、消息框弹出、动态链接库 DLL 的创建与调用、密码分级管理、复选、指示灯、单选、下拉选择和打包发布安装文件等 VC 功能。

（6）查阅运动控制卡相关手册，试完成 1～4 轴的找参考点和错误处理等功能。

（7）利用 C 语言读文件函数编写应用程序，实现第 2.9 节的读数控代码就可以转换成运动控制程序的功能。

3.5　单片机实现步进电机的控制

步进电机的单片机控制是学习运动控制与单片机很好的载体，读者可以根据自己的情况选择系统集成编写软件、设计驱动器加软件控制和 2 轴插补控制等 3 个方案进行。

3.5.1　基本要求

步进电机的单片机控制基本要求如下：

（1）选择方案。

① 购买步进电机及其配套驱动器加单片机开发板构成硬件系统，软件编程实现步进电机的启动、停止、正反转、变速等控制。

② 设计步进电机驱动器，可采用 L297（环形分配器）＋L298、MC34932 或用电力 Mosfet 自行设计双 H 桥（放大器）方案，也可直接采用环形分配器与放大器集成的芯片如 TB6560，注意输入信号采用光电隔离；软件编程实现步进电机的启动、停止、正反转、调速等控制。

③ 在方案①的基础上，控制两只步进电机，从而控制简单带笔的 XY 平台（购置），单片机软件实现插补运算，可选择逐点比较法或数据采样法插补原理进行直线或圆弧插补。

（2）绘制硬件框图、原理图和 PCB 图，进行主要元器件或零部件的选型设计。

（3）绘制软件流程图，编写程序代码并进行详细注解。

（4）调试结果，总结注意事项，描述实践中遇到的问题及解决过程。

（5）探讨所做课题的工业或日常生活应用。

3.5.2　设计思路与提示

步进电机的单片机控制是学习运动控制与单片机很好的载体，这方面的参考资料非常之多，读者可以多参考几个方案，进行对比选择。

可采用常用 51 单片机控制、C 语言编程、定时器中断或延时脉冲。注意步进电机的启动频率和运行频率的匹配。

3.6　西门子 FM357 – 2 位控模块的初步应用

多轴运动控制在电子、半导体、医药制药、汽车、生活消费品等行业获得广泛应用。本设计的目的是：基于多轴定位模块 FM357 – 2 控制器，利用 STEP7 编程软件进行编程，继而通过电机驱动器对四台步进电机实现运行和控制。

FM357 – 2 的应用主要从硬件设计和软件设计两方面进行阐述。硬件部分对实验用到的主要控制模块进行介绍，包括连接框图及其说明，FM357 – 2 模块介绍，相应的固件模块介绍、安装等；软件设计方面包括：FM357 – 2 模块工具程序的下载，模块参数的配置，模块参数的测试与调试等。

3.6.1　硬件设计

1. 硬件连接示意图

FM357 – 2 定位模块应用硬件连接图如图 3.6 – 1 所示。

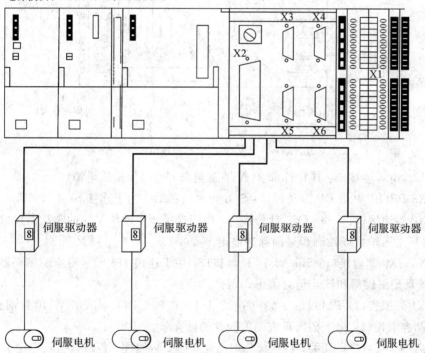

图 3.6 – 1　FM357 – 2 定位模块应用硬件连接图

硬件清单如下：

(1) 电源模块。

(2) PLC 模块选用 CPU315 – 2 PN/DP 一台。

(3) 4 轴伺服控制模块 FM357 – 2 一台。

(4) 光耦隔离伺服驱动器四台(实际采用自制步进电机驱动器)。

（5）24 V 直流电源一台。

（6）24 V 步进电机四台。

2．FM357－2 模块介绍

FM357－2 是一个基于微处理器的多轴伺服控制模块（模拟量或脉冲输出），有 4 个通道可控制多达 4 个轴，可以进行独立的或同步的轴定位，具有多种操作模式。

FM357－2 可用于简单的定位和复杂的高精度插补以及多轴同步控制等设备中，包括：输送设备、传输线、装配线、专用机械和食品行业的装卸设备等。

3．FM357－2 模板接口

FM357－2 模板接口示意图如图 3.6－2 所示。

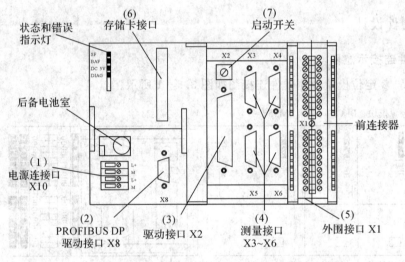

图 3.6－2　FM 357－2 模板接口示意图

（1）X10 电源连接口：连接外部 24 V 直流电源，给模板提供电源。

（2）X8 PROFIBUS DP 驱动接口：Sub－D9 针接口，用于连接 SIMODRIVE 611－U。

（3）X2 驱动接口：Sub－D50 针公接口，用于连接 4 个轴所对应的驱动器接口；控制伺服的±10 V 电压输出或控制步进的脉冲输出。

（4）X3～X6 测量接口：Sub－D15 针母接口，用于连接 4 个轴所对应的编码器反馈，支持 TTL 增量型编码器和 SSI 绝对值编码器。

（5）X1 外围接口：FM357－2 集成了 18 个 DI 和 8 个 DO，需要配置 40 针前连接器。

（6）储存卡接口：用于插入具有完整固件的储存卡。

（7）启动开关：选择开关，特殊操作时有用，如安装固件、备份数据到存储卡等操作。

4．固件说明

1）FM357－2 固件订货号

L 固件 6ES7 357－4AH03－3AE0；LX 固件 6ES7 357－4BH03－3AE0；H 固件 6ES7 357－4CH03－3AE0。40 针前连接器、驱动连接电缆和编码器连接电缆根据需要选订。

2）固件功能

FM357－2 包含 3 种固件：L、LX、H。3 种固件各自的功能不同，用户可以根据具体功能要求选择其中一种固件。3 种固件功能区别见表 3.6－1。

表 3.6－1　固件 L、LX 和 H 功能区别

FM357－2 功能	L	LX	H
龙门轴	—	X	X
前进到固定挡块处	—	X	X
振荡动能	—	X	X
进给插补	—	X	X
路径速度	—	—	X
同步运动中覆盖动作	—	X	X
样条插补	—	X	X
多项式插补	—	X	X
子程序动作	—	X	X
所有操作模式下静态同步动作	—	X	X
轴测量	—	X	X
同步动作中轴测量	—	X	X
最大通道数	4	4	1
通过程序重新定位	—	X	X
切向控制	—	X	X
电子齿轮	—	X	—
处理变换	—	—	X

注："—"代表无此项功能，"X"代表有此项功能。

概括来说，L 固件不支持同步、插补等功能，多用于单个轴的独立控制；LX 固件支持同步、插补功能，这两种固件使用较多。H 固件使用较少，相对于 LX 固件，支持手持设备 HPU、HT6 连接到 FM357－2。本实验采用 LX 固件。

3）固件的安装

3 种固件安装步骤是完全一样的，具体操作步骤如下：

（1）关闭系统电源，插入包含固件的存储卡到 FM357－2 存储卡插槽中。CPU 开关拨到 RUN 位置。

（2）设置 FM357－2 上的启动开关到位置 A。

（3）打开系统电源，系统软件和数据从存储卡传送到 FM357－2 模板。传输过程中，LED 状态：SF LED 亮，DIAG LED 闪烁 4 次，循环进行。

错误显示：如果 SF LED 以 2 Hz 频率闪烁，固件不能被传送。例如，部分系统软件已经被删除；如果 SF LED 亮，DIAG LED 快速闪烁 3 次，然后周期性闪烁 3 次，固件不能被传送。例如，存储卡上的系统软件已经损坏。

（4）当 DIAG LED 闪烁 5 次，循环进行，并且 SF LED 已经熄灭，数据传送已经完成。关闭系统电源。

（5）保留存储卡在 FM357-2 上，不要拔出。

（6）设置 FM357-2 上的启动开关到位置 1。

（7）打开系统电源，等待 FM357-2 使用默认值启动，DIAG LED 以 3 Hz 速度闪烁，时间大约 1 min。

（8）关闭系统电源。

（9）设置 FM357-2 上的启动开关到位置 0。

（10）打开系统电源，FM357-2 使用新的固件启动。

通过上面 10 个步骤，固件传送完成。需要注意的是，FM357-2 正常工作时，存储卡必须插在 FM357-2 插槽上。FM357-2 每次启动时都会检查存储卡中的授权与 FM 中装载的固件版本是否一致。

3.6.2 FM357-2 模块软件安装

1. 软件下载

FM357-2 配置软件包可以从 SIEMENS 网站下载，打开下载链接地址会发现，相关的软件有多个（见图 3.6-3）。

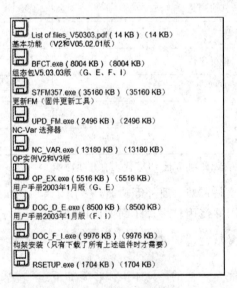

图 3.6-3　FM357-2 配置软件下载

2. 软件说明

（1）BFCT.exe：基本功能块，编写用户程序时需要，必须安装。

（2）S7FM357.exe：参数化工具，硬件组态，配置 FM357-2 参数需要，必须安装。

（3）UPD_FM.exe：模板固件更新工具，升级模板固件时需要。

（4）NC_VAR.exe：NC_VAR 变量加载工具，用于加载需要读写的变量到相应 DB 块中。

(5) OP_EX. exe：例子程序，建议安装。

(6) DOC_D_E. exe：用户手册，有德文、英文版。

(7) RSETUP. exe：构架安装工具。

3. 安装方法

1) 安装上述组件中的一个

下载相应的 exe 文件，首先解压缩，然后点击解压完成后文件夹中的 SETUP. exe 进行安装。

2) 安装所有组件

下载所有组件（将图 3.6 - 3 中所见 exe 文件下载并解压缩到同一文件夹），然后运行该文件夹下的 SETUP. exe 文件，这样就可以出现 FM357 - 2 组件安装选择的窗口，此时就可以根据需要选择需要安装的组件（见图 3.6 - 4）。

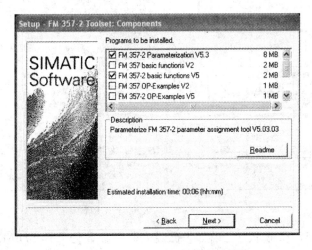

图 3.6 - 4　FM357 - 2 组件安装选择

3.6.3　模块参数配置

1. STEP7 项目组态

(1) 在 STEP7 新项目中插入新的 S7 - 300 站（见图 3.6 - 5）。

图 3.6 - 5　新建项目

（2）打开硬件配置窗口（见图 3.6－6）。

图 3.6－6　硬件配置窗口

（3）在硬件配置窗口中，插入机架、CPU 等（见图 3.6－7）。

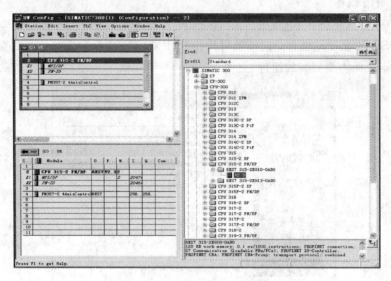

图 3.6－7　插入机架、CPU

（4）插入 FM357－2 模板。之前如果已经安装了参数化工具 S7FM357.exe，就可以在硬件列表找到"SIMAITC 300""FM－300""4－axis motion controls""FM357－2 4AxisControl"（见图 3.6－8）。

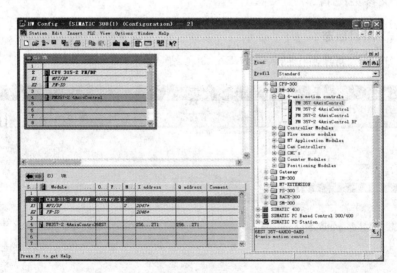

图 3.6－8　插入 FM357－2 模板

2. 进入机器数据编辑界面

（1）双击 FM357-2 模板，打开模板属性对话框，选择"Parameterize"标签，点击"Parameterize"按钮（见图 3.6-9）。

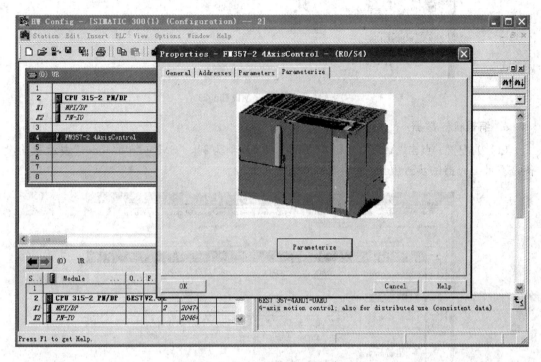

图 3.6-9　FM357-2 属性窗口

（2）如果 PG 与 PLC 通信连接已经建立，点击"Parameterize"按钮后直接进入 FM357-2 在线窗口（见图 3.6-10）。如果通信连接失败，则系统提示不能建立连接，只能工作在离线模式。

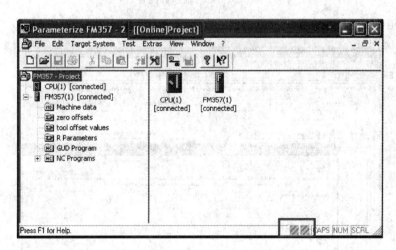

图 3.6-10　FM357-2 参数化在线

（3）进入机器数据编辑界面，选中"Machine data"，点击"MD Block1"（见图 3.6-11）。

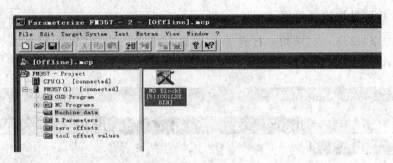

图 3.6 - 11　打开 MD Block1

3. 编辑机器数据

（1）轴配置。点击"Axis Configuration"，以 X 轴为例，"SM w/o encoder"表示驱动设备是不带编码器的步进电机（见图 3.6 - 12）。

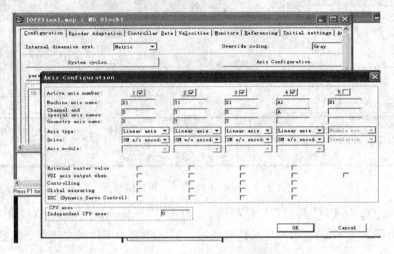

图 3.6 - 12　轴参数配置

（2）通道配置。FM357 - 2 可以配置 4 个通道，这里只使用通道 1（见图 3.6 - 13）。

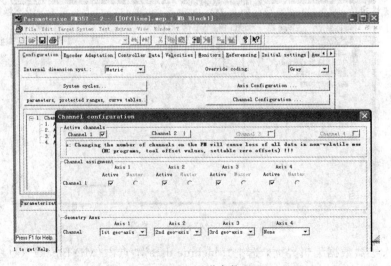

图 3.6 - 13　通道参数配置

（3）配置电机转 1 圈对应的脉冲数、电子齿轮比以及工件轴转 1 圈对应的位移。设置电子齿轮比为 1∶1，实际表示输出 1000 脉冲对应 10 mm 位移（见图 3.6－14）。

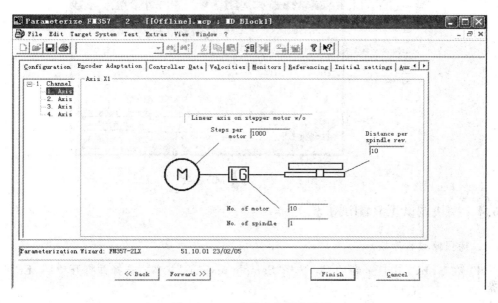

图 3.6－14　步进电机参数配置

（4）点击图 3.6－14 中的"Finish"按钮，装载并激活 MD 参数更新。由于是在线编辑，因此直接更新 FM357－2 模板中的 MD 参数（见图 3.6－15）。

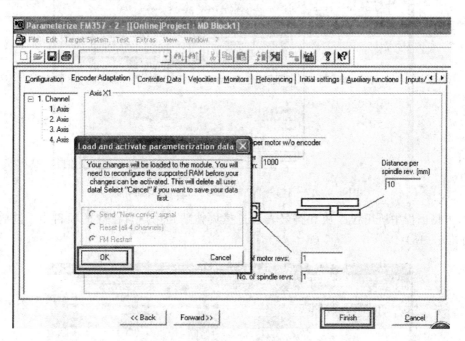

图 3.6－15　装载并激活 MD 参数

（5）为了便于以后离线修改和项目备份，可以通过"File"→"Save as"将 MD 参数保存为文件，文件格式为".mcp"（见图 3.6－16）。

图 3.6 - 16　保存 MD 参数

3.6.4　模块调试工具测试步骤

1. 拷贝修改程序块

（1）在 STEP7 中打开新项目，选择"Sample projects"标签，选择并打开项目 zEn16_01 _FM357 - 2_BF_EX（见图 3.6 - 17）。

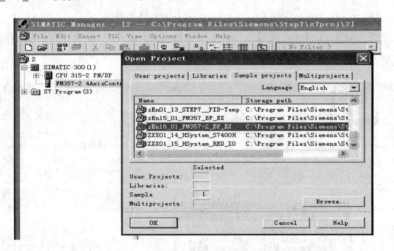

图 3.6 - 17　打开 FM357 - 2 "Sample projects"标签

（2）将例程中所用程序块和符号表通过拷贝粘贴到用户自己建的项目中，包括 UDT （见图 3.6 - 18）。

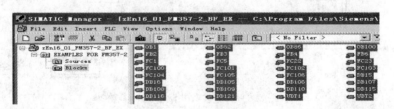

图 3.6 - 18　拷贝所有程序符号表

（3）打开 OB100，修改 FMLADDR 变量值，默认值为 256，需要按实际组态 FM357 - 2

模板地址修改，此处按图 3.6-8 中"I address"和"Q address"栏地址"256…271"修改，取其首地址，故为 256(见图 3.6-19)。

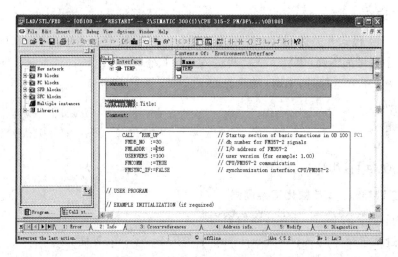

图 3.6-19　OB100 调用 FC1

(4) 打开 OB1，调用 FC100(见图 3.6-20)。

图 3.6-20　OB1 调用 FC100

2. 下载所有程序块

下载所有程序块(见图 3.6-21)。

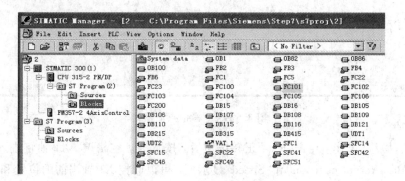

图 3.6-21　下载所有程序块

3.6.5 模块调试

1. CPU 运行

将 CPU 314 模式开关拨到"RUN"位置,运行 CPU。如果上述 FM357－2 固件安装、硬件配置和程序编写都正确,FM357－2 将进入运行状态。

FM357－2 正常运行时,LED 的状态如下:

(1) SF 灭;

(2) BAF 灭;

(3) DC 5V 亮;

(4) DIAG 3 Hz 闪烁。

2. 通过 FM357－2 参数化工具调试

(1) 重新打开 FM357－2 在线参数窗口。

(2) 通过菜单命令"Test"→"Start－up",进入 Start－up 界面。

(3) 激活 X1 轴点动模式(见图 3.6－22),具体操作步骤如下:

① 选中 X1 轴;

② 点击"TEST"按钮,激活测试模式;

③ 选择"Jogging"模式;

④ 激活"Pulse enable"和"Enable controller"。

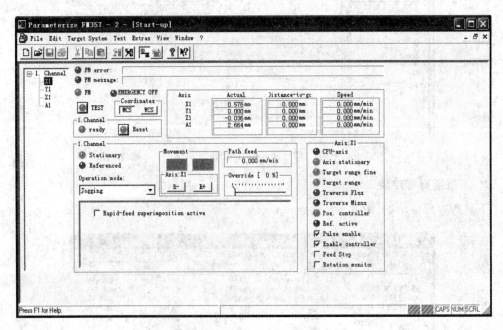

图 3.6－22 激活点动模式

(4) 启动点动操作。点击"R＋"正转按钮后,按下键盘空格键。X1 轴将进入点动模式。通过 X1 轴的"Actual position"和"Speed"显示框,可以监控 X1 轴当前的位置和速度;通过"Traverse Plus"指示灯可知轴当前是正方向运行(见图 3.6－23)。

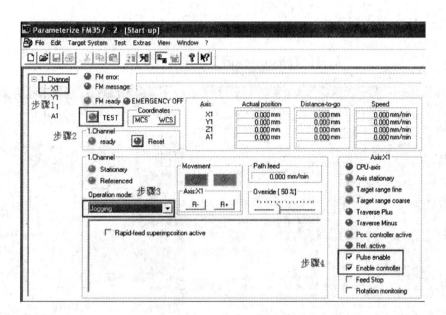

图 3.6 - 23　启动点动模式

3. 通过用户程序调试

说明：FC101 来自 FM357 - 2 标准例程，这里不对 FC101 程序代码做详细解释。

（1）通过程序控制运行，先不激活 Start - up 的测试功能。点击"TEST"按钮确认关闭测试功能。操作完成后"TEST"按钮左侧的指示灯熄灭（见图 3.6 - 24）。

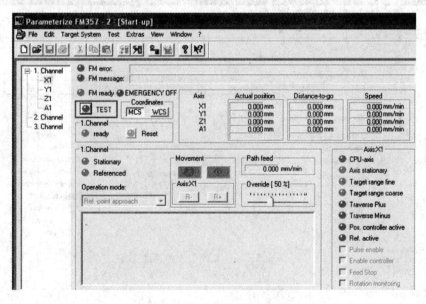

图 3.6 - 24　不激活测试功能

（2）为了便于监控和调试，建立变量表，并在线（见图 3.6 - 25）。

① 控制位：

DB115. DBX 0.1＝1 控制使能

DB115. DBX 0.3＝1 正向点动使能

② 状态位：

DB115. DBX 0.5＝1 执行没有错误，当前正方向运行

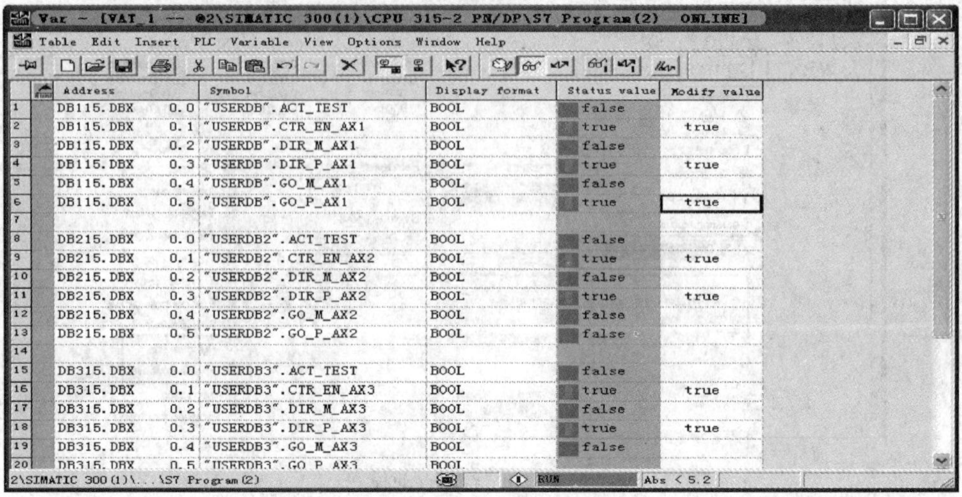

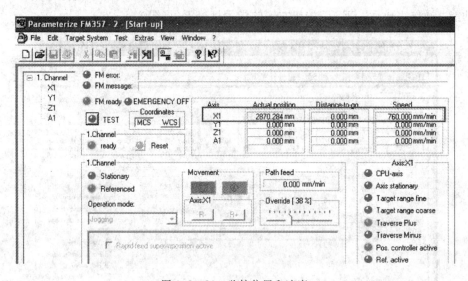

图 3.6－25　监控变量表

（3）同样，进入"Start－up"可以监控当前位置和速度。只是不能在 Start－up 中控制轴的运行，因为当前由用户程序控制（见图 3.6－26）。

图 3.6－26　监控位置和速度

4. 错误诊断

FM357－2 错误类型很多，并且不是每一种错误都会导致模板 SF 指示灯亮，通常可以通过 Error analysis 工具来读取具体的错误原因。

现在通过模拟一个错误来描述错误原因的读取步骤。模拟的错误是将 CPU 314 模式开关拨到"STOP"位置，即停止 CPU 运行。

（1）通过菜单命令"Test"→"Start - up"，进入 Start - up 界面。从图 3.6 - 27 上可以看到 FM 已经有错误显示"003000：Emergency stop"（见图 3.6 - 27）。

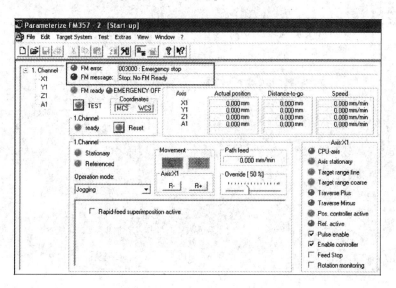

图 3.6 - 27　错误显示"003000：Emergency stop"

（2）通过菜单命令"Test"→"Error analysis"，进入 Error analysis 界面（见图 3.6 - 28）。从图 3.6 - 28 中可以看到，这里有两个错误。除了"003000：Emergency stop"，还有"002000：Sign - of - life monitoring：CPU not alive"。通过这两个错误的描述，可以发现实际模拟错误与此是一致的。因为 CPU 没有运行，所以在监控时间内，CPU 没有输出确认信号，导致 FM357 - 2 急停。

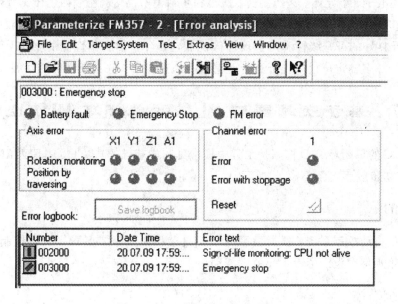

图 3.6 - 28　"Error analysis"窗口

西门子 FM357 - 2 位控模块的硬件连接运行实物图如图 3.6 - 29 所示。

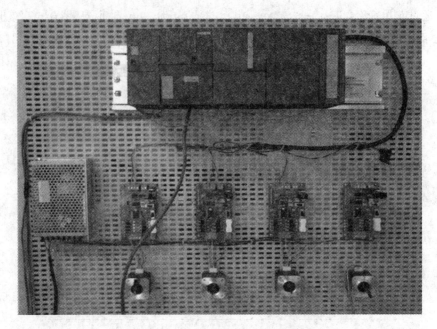

图 3.6 - 29　硬件连接运行实物图

3.6.6　后续工作

西门子 FM357 - 2 位控模块的设计及应用还有不少后续工作,包括进一步研究脉冲数目和速度的控制,进行伺服电机模拟量输出闭环控制以及数控编程控制等。

基于工业上的应用,许多情况下需要多个运动同时协调的进行控制才能达到加工要求,特别是在电子、半导体、医药制药、汽车和生活消费品等行业。西门子 FM357 - 2 多轴定位模块是多轴运动控制的典型,具有编程方便、精确度高、实时控制性能、较高的运动控制精度,以及良好的可升级性和可扩展性等优点,结合多轴工作性能的要求,可以实现西门子 FM357 - 2 多轴定位模块在上述行业精确的轨迹控制,并具有良好的发展和应用前景。

3.7　基于变频器与 PLC 的单闭环 PID 控制

基于 PLC 的单闭环 PID 控制是工程中最常见和最基础的,以下是基于西门子 S7 - 300 PLC 的 PID 初步应用实例。

3.7.1　目的

设计水位自动控制系统,根据检测的水位自动控制变频器转速,从而控制水泵排量,进而控制水箱水位在设定值上下小范围波动。

3.7.2　系统描述

通常,基于 S7 - 300 PLC 的单闭环控制系统框图可以用图 3.7 - 1 表示。

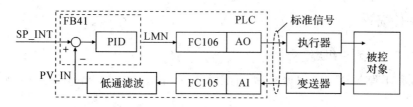

图 3.7 - 1　S7 - 300 PLC 单闭环控制系统框图

本例采用 S7 - 300 PLC 加模拟量输入/输出模块（SM334），将 0～10 V 电压模拟水位变送器信号，接入 SM334 的 AI 第一通道，数据被线性化为工程量（0～5 m），并经 PLC 低通数字滤波处理后用于显示和 PID（实际仅采用 PI 调节器）闭环控制，根据水位高度，通过模拟量输出 AO 控制变频器转速（水位高于设定值则转速降低，反之亦然），如图 3.7 - 2 所示。

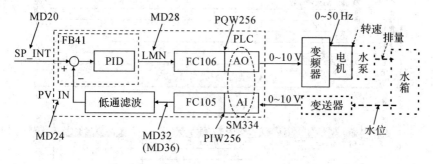

图 3.7 - 2　水位控制系统详细框图

水位自动控制实验硬件连接示意图如图 3.7 - 3 所示。

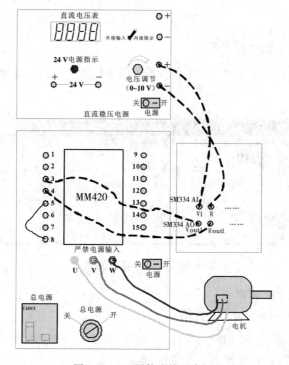

图 3.7 - 3　硬件连接示意图

3.7.3 软件编程

1. 建立工程、硬件组态

建立项目工程 PID300，根据实际硬件进行硬件组态，注意 AI/AO 地址，如图 3.7 - 4 所示。

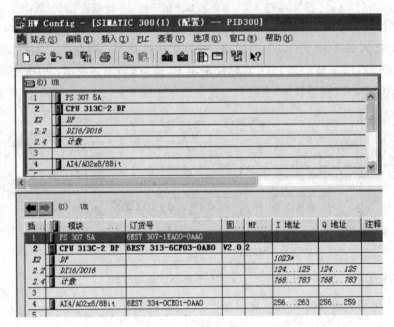

图 3.7 - 4　硬件组态

2. 变量地址分配，建立符号表

结合图 3.7 - 1～图 3.7 - 3 的系统框图和硬件连接图，建立变量地址分配符号表，如图 3.7 - 5 所示。

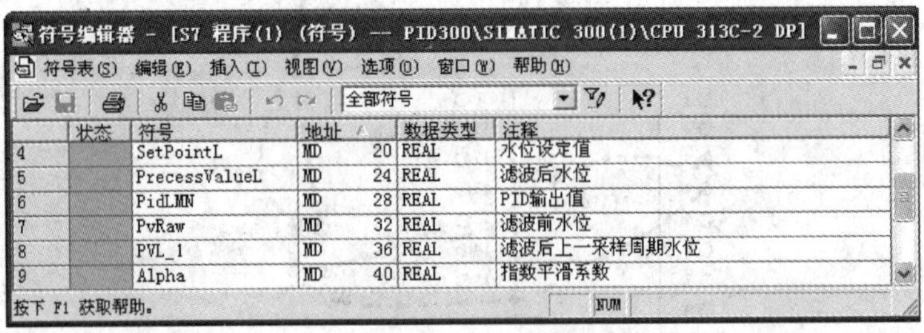

图 3.7 - 5　符号表

3. PID 模块 FB41 的调用

1) 设置定时中断时间间隔

在硬件组态中双击"CPU 313C - 2 DP"，选取"周期性中断"选项，根据实际控制对象更改 OB35 执行时间间隔，本例暂定 1000 ms，点击"确定"按钮，如图 3.7 - 6 所示。

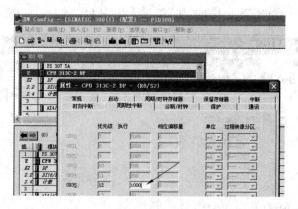

图 3.7－6　设置定时中断时间间隔

2）添加 OB35 组织块

回到"SIMATIC Manager"窗口，右击"块"→"插入新对象"→"组织块"，如图 3.7－7 所示。

图 3.7－7　插入组织块

出现"属性-组织块"对话框，选取"常规-第 1 部分"选项卡，在"名称"栏输入 OB35，点击"确定"按钮，如图 3.7－8 所示。

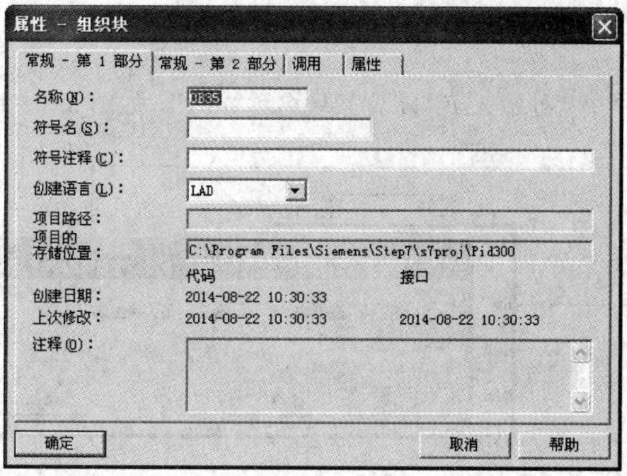

图 3.7－8　更改组织块名称为 OB35

在"SIMATIC Manager"窗口中的"块"选项下出现 OB35 块，如图 3.7－9 所示。

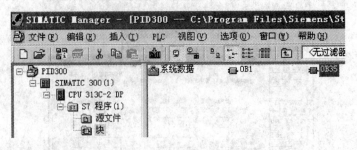

图 3.7－9　插入 OB35 后的块组成

3）OB35 中调用 FB41

双击"OB35"进入编程，展开"库"→"Standard Library"→"PID Control Blocks"，选择 FB41 拖动至程序段 1，如图 3.7－10 所示。

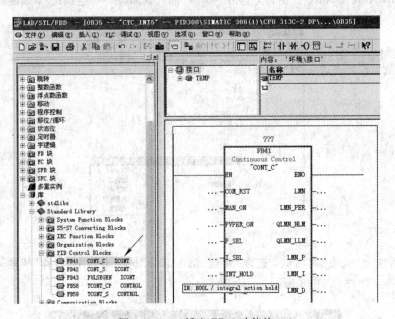

图 3.7－10　插入 FB41 功能块

在 FB41 模块上"???"处输入 FB41 背景块名称"db1"，如图 3.7－11 所示。

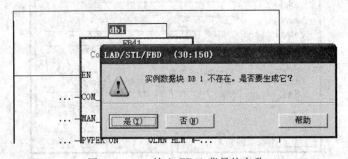

图 3.7－11　输入 FB41 背景块名称

点击图 3.7-11 中的"是"按钮,自动生成 FB41 背景块 db1。为便于查看更全的信息,点击"视图"→"显示方式"全部勾选,如图 3.7-12 所示。

图 3.7-12 视图显示方式

选中 FB41,按键盘上的 F1 键,即可查看 FB41 详细的使用帮助,如图 3.7-13 所示。

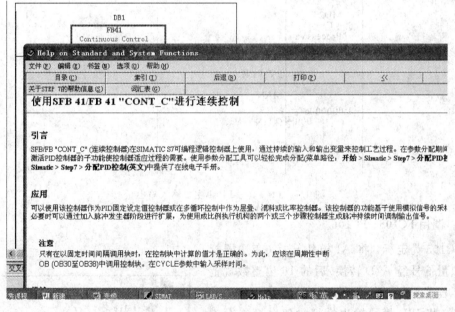

图 3.7-13 功能块 FB41 帮助文件

在 FB41 模块 SP_INT 引脚填写 MD20,PV_IN 引脚填写 MD24,LMN 引脚填写 MD28,MAN_ON 引脚填 M0.0,GAIN 引脚填 1.0,TI 引脚填 T♯5M,如图 3.7-14 所示。

GAIN 和 TI 仅为方便仿真调试而设置的数值,GAIN 即 PID 比例增益,数值越大,动态响应越快,但容易导致超调或系统不稳定;TI 为 PID 积分时间常数,以上设为 5 min,则变化缓慢,仿真观察方便。P_SEL、I_SEL 默认为 TRUE,D_SEL 默认为 FALSE,分别为 PID 功能使能位,本例均用默认值,故为 PI 调节器。MAN_ON 控制位 M0.0 为 FALSE 时设置为自动 PID 运算,为 TRUE 时将设置输入"启用手动值",并中断控制回路。手动值作为操作值进行设置。

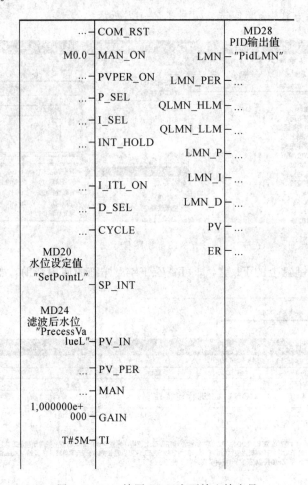

图 3.7-14　填写 FB41 主要输入输出量

4. 调用 FC105、FC106

FC105 为定标，将 AI 模块转换（变送器标准模拟量信号经 A/D 转换）后的 16 位整数规范化成工程量（浮点数，本例为 0～5 m）；FC106 为解标，将 PID 模块输出模拟量值转换成写入 AO 模块的 16 位整数，AO 模块经 D/A 转换成标准模拟量信号输出给执行器。FC105、FC106 均为线性变换数据处理功能。

在 OB1 中，展开"库"→"Standard Library"→"TI-S7 Converting Blocks"，选择 FC105 和 FC106 并拖动至程序段 1，如图 3.7-15 所示。在 FC105 和 FC106 对应引脚填上主要输入输出量，如图 3.7-16 所示。

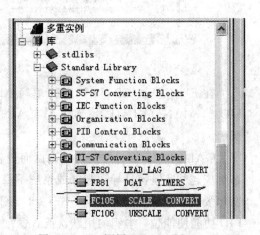

图 3.7-15　调用 FC105、FC106

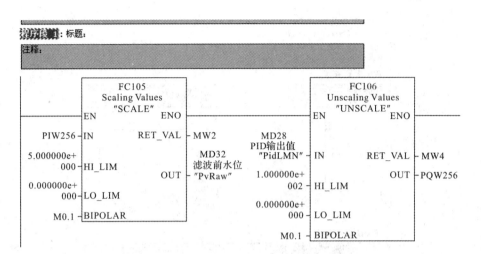

图 3.7 - 16　填写 FC105、FC106 输入输出量

图 3.7 - 16 中，M0.1 设置为 FALSE，单极性信号。图 3.7 - 16 中的该段程序也可放入 OB35，FC105 在 FB41 前调用，FC106 在 FB41 后调用。

5. 滤波程序编写

由于传感器采集信号通常含有高频干扰信号，可以使用软件进行滤波，滤波方法有指数平滑滤波、中值滤波和平均值滤波等。指数平滑滤波类似于一阶低通滤波，在工程中比较常用，其运算公式如下：

$$Y(k) = (1-\alpha)Y(k-1) + \alpha X(k) \qquad (3.7-1)$$

式中：$X(k)$ 为第 k 次采样值，本例对应 MD32；$Y(k)$ 为第 k 次滤波结构输出值，本例对应 MD24；$Y(k-1)$ 为第 $k-1$ 次滤波结构输出值，本例对应 MD36；α 为滤波平滑系数，本例对应 MD40，取值范围为 0～1，其值大，滤波平滑效果小，响应快，其值小，滤波平滑效果大，但所得过程值延时长，故需要根据实际情况折中处理。

打开 OB35，添加 REAL 型局部变量 temp1、temp2 和 temp3，如图 3.7 - 17 所示，并在 FB41 前插入如图 3.7 - 18 所示的程序。

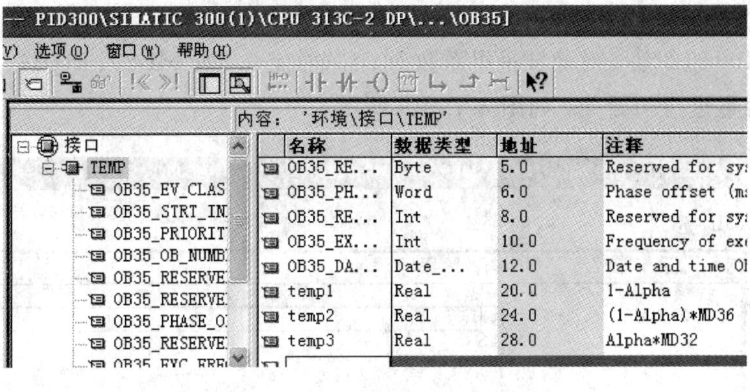

图 3.7 - 17　在 OB35 添加所需局部变量

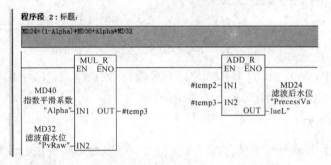

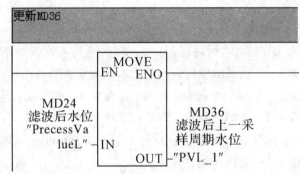

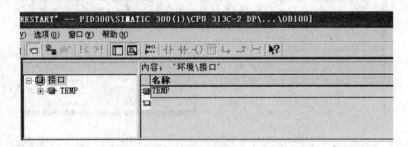

图 3.7-18　指数平滑滤波梯形图程序

插入 OB100 组织块，对滤波平滑系数 MD40（暂定 0.5）、MD20、MD24、MD28、MD32 和 MD36 等变量进行初始化，如图 3.7-19 所示。

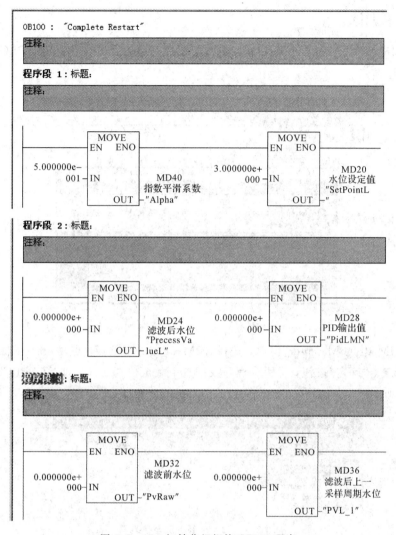

图 3.7－19　初始化组织块 OB100 程序

6. 添加变量表

为方便仿真调试，添加变量表，如图 3.7－20 所示。

	地址		符号	显示格式	状态值	修改数值
1	M	0.0		BOOL		
2	MD	20	"SetPointL"	FLOATING_POINT		
3	MD	24	"PrecessValue	FLOATING_POINT		
4	MD	28	"PidLMN"	FLOATING_POINT		
5	MD	32	"PvRaw"	FLOATING_POINT		
6	MD	36	"PVL_1"	FLOATING_POINT		
7	MD	40	"Alpha"	FLOATING_POINT		
8	M	0.1		BOOL		
9						

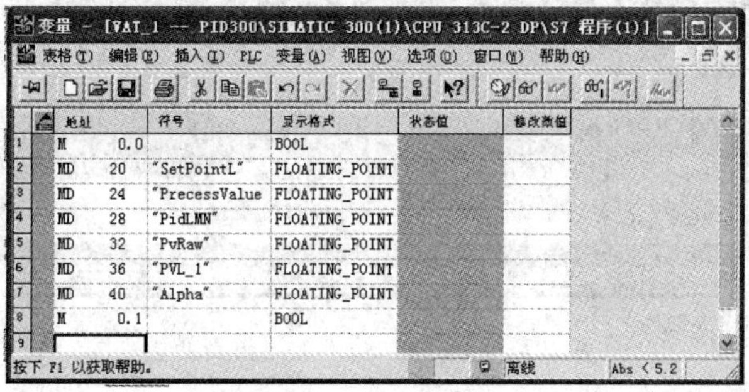

图 3.7－20　变量表

确认以上程序无误后全部保存，程序编写完成。

3.7.4 仿真调试

回到"SIMATIC Manager"窗口,点击 ▦ 图标开启仿真器,出现 S7 - PLCSIM1 画面,如图 3.7 - 21 所示。

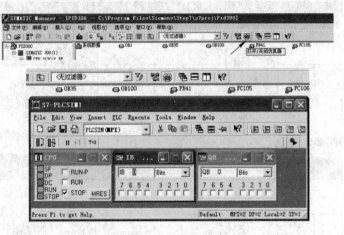

图 3.7 - 21　开启仿真器

回到"SIMATIC Manager"窗口,选择"SIMATIC 300(1)",点击 ▦ 图标,遇到弹出对话框时均点击"确定"按钮,将所有程序及配置下载至仿真 PLC,即 S7 - PLCSIM1 中,如图 3.7 - 22 所示。

图 3.7 - 22　全部下载至仿真器

在 S7 - PLCSIM1 窗口中点击 ▦ 图标,增加 MB0;点击 ▦ 图标,在变量编辑框处输入 PIW 256;点击 ▦ 图标,在变量编辑框处输入 PQW 256,如图 3.7 - 23 所示。

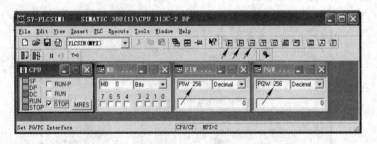

图 3.7 - 23　添加输入输出仿真变量

在 S7 - PLCSIM1 窗口中勾选"RUN-P",启动仿真 PLC 运行,若系统正常,"RUN"绿色指示灯闪烁后常亮;在 PIW 256 处输入 10000;打开变量表,点击 ▦ 监控,在 MD20"修改数值"栏输入设定水位为 3.0，点击 [图标] 图标修改变量，可观测到如图 3.7 - 24 所示的画面。

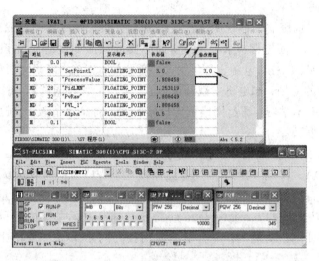

图 3.7 - 24　PI 调节器仿真运行结果

变量表监控显示滤波后水位 1.8 m(稳定后，5.0×10000/27648)左右，可观看到 PID 输出 MD28 缓慢增加；运行一段时间后，PIW 256 改成 16589(相当于实际检测水位 3.0 m 左右，5.0×16589/27648)则 PID 输出 MD28 基本保持不变；PIW 256 改成 20000(相当于实际检测水位 3.6 m 左右，5.0×20000/27648)则 PID 输出 MD28 缓慢减小，系统实现了自动调节。

3.7.5　软、硬件联合调试

按照图 3.7 - 3 连接各硬件，MM420 变频器按本书 2.12.6 节进行设置。运行后，调节模拟水位变送器信号 0~10 V 电压，当电压小于 6 V(相当于 3.0 m)时，变频器电机速度增加；当电压大于 6 V 时，变频器电机速度减小。

实际应用中，采样时间间隔、PID 参数等需要根据具体控制对象和控制要求确定。

3.7.6　拓展实践与思考题

(1) 可以采用触摸屏、监控组态软件等对 MD20、MD24、MD28、MD32 和 MD40 等实施监控；可以绘制实时曲线，进行 PID 整定；增加手动操作和无扰切换，更接近工程实际。

(2) 其他过程控制如测控量温度、流量、压力和物位均可参照本例进行，可以根据本例搭建硬件，实践效果将更好。

(3) 进行多回路 PID 的控制。当采样周期为 1 s 时，针对某型号 S7 - 300 PLC 完成 10 个 PID 运算所需时间估计和测试。所有定时中断的运算时间不能大于定时间隔时间(采样周期)，并留有余量。测试主循环扫描时间不能超过 200 ms，否则系统运行不正常。

(4) 进行串级控制(或双闭环控制)，比如本例流量作内环，水位作外环，控制效果将更好。

3.8　交流伺服驱动器的初步应用

交流伺服驱动器应用广泛，其调试与变频器类似，需要仔细阅读说明书，理解位置模式、速度模式、力矩模式和网络控制模式等，正确接线（注意电源要求）。交流伺服电机通常为永磁同步电动机。

与变频器一样，伺服驱动器说明书往往都有上百页，如何从中获取最有效的信息加以应用呢？可以从这几方面把握：第一，要掌握必要的伺服驱动理论知识；第二，浏览说明书，有一个总体把握；第三，电源、安全注意、接线必须正确，确认无误后才能通电；第四，选择一两个较简单的应用，如电机空载调试（通常都要先空载调试），循序渐进、逐步提高；第五，遇到问题向书本学习，通过网络资源搜索答案，向高手请教，自己琢磨、思考，知难而进，逐渐成为高手。

本节简要介绍安川∑-V系列伺服驱动器在柔性 PCB 补强板预贴机 XY 平台上的应用，以及台达 ASDA-B2 系列伺服驱动器速度模式下 VC 编程的 Modbus 控制。

本章 VC 编程部分涉及串口控件应用、Modbus 协议、控件成员变量（示例用于编辑框和静态文本显示）以及 PreTranslateMessage 虚函数捕获鼠标左键按下和抬起事件实现 Jog 按钮按下点动、松开停止功能等，部分新的应用技巧与本书 3.4 节相比有所增加或不同，读者可以对比学习。

3.8.1 安川∑-V系列位置模式及应用

1. 工程背景

柔性印刷电路板（FPCB）几乎在所有流行的电子产品当中都有使用，FPCB 补强板预贴是 FPCB 生产过程中不可或缺的工序，目前多为人工粘贴。由于人工粘贴工作单调、劳动量大，且质量不稳定，现在的年轻人普遍不愿意干，导致工厂劳动力成本上升，管理难度加大。所以，迫切需要实现该工序的自动化。

FPCB 补强板预贴机原理结构简图如图 3.8-1 所示。

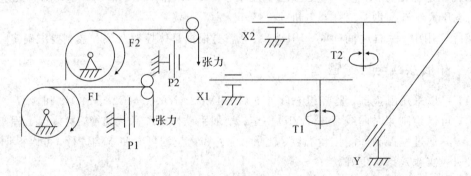

图 3.8-1 FPCB 补强板预贴机原理结构

机械传动系统为滚珠丝杠加导轨结构。将电机旋转运动转换成 X1、X2、Y 三轴（X 轴有 2 个）平面运动控制粘贴位置；T1、T2 轴旋转运动控制粘贴角度（姿态）；粘贴材料冲切 P1、P2 上下运动；供料 F1、F2 运动将要冲切的料带准确步进送料，一共 9 个伺服控制轴。

采用 CCD 工业相机可以拍摄视野中的目标图像，结合图像处理算法得到图像特征数据，可用于测量；结合运动控制系统确定粘贴材料和 FPCB 对象的形状、特征对象数据的绝对和相对坐标，这些坐标数据可以用来注册粘贴材料形状数据和 FPCB 标志点坐标、粘贴位置标记坐标和形状，也可以用于实际粘贴时目标捕获和位姿（位置和姿态）校正参照。

运动控制技术原理为：运行于工业计算机中的运动控制程序指令通过高速并行 PCI 总线发送给运动控制器(板卡)，运动控制器经过 DSP 和 FPGA 高速处理发出运动指令给各轴伺服驱动器，经伺服驱动器放大电压和电流信号从而控制各轴电机，电机带动机械部件运动。

控制系统技术原理为：采用上位机加下位机架构。上位机由工业控制计算机担任，负责设备动作调度、显示、通信、非实时任务监控、生产数据管理、机器视觉图像处理和人机交互任务等。下位机主要由基于 DSP＋FPGA 的多轴运动控制卡担任，负责运动控制位置环算法、安全性监控、加热控制和硬件开关量控制等实时性要求高的任务。

2. 硬件参数

以 X 轴为例，伺服驱动器型号为 SGDV－2R8A01B，功率为 400 W，电源电压为交流单相 200 V；伺服电机型号为 SGMJV－04ADE6S，转速为 3000 r/min，最高转速为 6000 r/min，采用 20 位增量型编码器；丝杠导程长为 20 mm，电机轴与丝杠直接相连；运动控制器型号为 GTS－800－PG－PCI，脉冲输出，最大频率为 1 MHz，8 轴，能接收四倍频后达 8 MHz 的编码器输入。

3. 硬件连接及要求

硬件接线可参照运动控制器和伺服驱动器手册进行，特别注意接地、屏蔽可靠，否则不能很好地控制。图 3.8－2 为运动控制器与伺服驱动器接线图，伺服驱动器输出正交编码器信号到运动控制器，供运动控制器读取实际位置；运动控制器输出高速脉冲和方向信号至伺服驱动器，控制电机运转。显然，这里伺服驱动器要配置成位置模式。伺服驱动器电源接线、电机及其编码器与伺服驱动器接线参照伺服驱动器手册进行。本机要求脉冲当量为 0.001 mm(1 μm)，X 轴移动最大速度为 1000 mm/s。

CN1～CN8			CN1	
运动控制器			伺服驱动器	
	OGND	1	32	ALM－
	ALM	2	31	ALM＋
	ENABLE	3	40	/S－ON
双绞线	A＋	17	33	PAO
	A－	4	34	/PAO
双绞线	B＋	18	35	PBO
	B－	5	36	/PBO
双绞线	C＋	19	19	PCO
	C－	6	20	/PCO
	GND	10	6	SG
双绞线	DIR＋	9	11	SIGN
	DIR－	22	12	/SIGN
双绞线	PULSE＋	23	7	PULS
	PULSE－	11	8	/PULS
	OVCC	14	47	＋24VIN
	RESET	15	44	/ALM－RST

图 3.8－2 运动控制器与伺服驱动器接线

4. 伺服驱动器设置

硬件连接好之后，需要根据所选硬件和要求确定好参数，根据伺服驱动器手册进行面板参数设定，试运行。

首先将 Pn00B.2＝1，支持单相电源输入；P000.1＝1 位置控制模式；确认 Pn200.0＝0 符号＋脉冲序列控制；确认 Pn216＝0、Pn217＝0 位置指令加减速时间参数，均设置为 0，加减速由运动控制器控制；确认 Pn218＝1 指令脉冲输入倍率；确认 Pn50A.3＝8、Pn50B.0＝8 使禁止正转、反转驱动功能无效。这些参数设定后，发送脉冲、方向和伺服使能等信号给伺服驱动器，电机即可运转，但脉冲当量、速度等不符合要求。

根据参考文献[9]的 5.4.4 节内容，进行电子齿轮比的设定，有

$$电子齿轮比\frac{B}{A}=\frac{Pn20E}{Pn210}=\frac{编码器分辨率}{负载轴旋转1圈的移动量(指令单位)}\times\frac{m}{n}$$

其中，编码器分辨率为 1048576，负载轴转 1 圈的移动量为导程 20 mm，按脉冲当量为 0.001 mm，则负载轴转 1 圈的移动量（指令单位）数为 20/0.001＝20000，此处 m/n 为减速比 1∶1，所以 Pn20E＝1048576、Pn210＝20000，能满足 0.001 的脉冲当量，即向伺服驱动器发送 1 个脉冲，X 轴移动 0.001 mm。

再来验算一下最高速度。最高频率为 1 MHz，即每移 1000000 个脉冲时 X 轴移动的距离＝1000000×0.001 mm＝1000 mm，即最高速度为 1000 mm/s。脉冲当量减小，最高速度也会降低，需要权衡考虑。

5. 其他事项

电机轴通过联轴器与丝杠连接，联轴器最好在轴向有一定挠度、径向有弹性、圆周方向刚性大，安装时注意保持好同轴度。若伺服驱动器通电伺服打开状态下仍然有振动，表现为高频啸叫声，可以采用参照文献[9]的 6.2.2 节辅助功能 Fn200 进行免调整值设定，调整负载值和刚性值。负载值为 0 时负载值小；负载值为 2 时负载值大；负载值为 1 是出厂设定，负载值中等。负载值大小可根据计算和经验来判断。刚性值范围为 0～4，出厂设定为 4，数字越大增益越高，响应越快，过大时可能发生振动，需要降低刚性值。发生高频音时，按 DATA/SHIFT 键，将陷波滤波器的频率自动调整为振动频率，可以一定程度上解决高频振动问题。

伺服驱动器的智能化程度越来越高，这需要读者在掌握理论的基础上，通过学习、实践，很好地应用这些功能，以解决工程实际问题。

3.8.2 台达 ASDA－B2 系列速度模式与串口 Modbus 控制

1. 硬件参数及其连接

ASDA－B2 系列伺服驱动器利用精密的反馈控制及结合高速运算能力的数字信号处理器（Digital Signal Processor，DSP），控制 IGBT 产生精确的电流输出，用来驱动三相永磁式同步交流伺服电机（PMSM）达到精确定位。不同型号伺服驱动器的调试没有差别。本例所用伺服驱动器及其伺服电机具体型号和主要参数为：伺服驱动器型号为 ASD－B2－0421－B，功率为 400 W，电源电压为交流单相 220 V；伺服电机型号为 ECMA－C20804R3，电源电压为交流单相 220 V，最高转速为 3000 r/min，采用增量型 17 位编码器，功率为

400 W。为传输较远距离，这里采用 RS - 485 通信接口，如图 3.8 - 3 所示。

注意：采用市面所售的 IEEE1394 通信线时，勿使用内部接地端子(1 引脚，GND)和屏蔽网短路的方式。

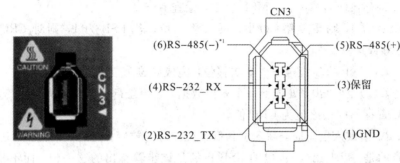

图 3.8 - 3 伺服驱动器 ASD - B2 串行通信接口

RS - 485 接口与电脑 RS - 232 接口连接，需要在电脑端加一个 RS - 232 转 RS - 485 转接器；将 RS - 485 接口与电脑 USB 接口连接，需要在电脑端加一个 USB 转 RS - 485 转换器，并安装相应的驱动软件，虚拟出一个串口。本例采用后一种方法。

2. 伺服驱动器参数设置

参照参考文献[10]，此处伺服驱动器设置为速度模式，首先需要关注参考文献中的安装配线、面板显示及操作、5.5 节调机步骤和 6.3.7 节自动共振抑制等。除关注参数配置外，还需关注 P0 - 02 驱动器状态显示，P0 - 02＝03 显示编码器脉冲数，16 万 PULSE/圈，超过 16 万计数则回 0 重新计数；P0 - 17＝3，读取 P0 - 09(0013H：0012H)CM1 内容为编码器脉冲数，16 万 PULSE/圈；P1 - 37 负载惯量比；P1 - 36 S 曲线平滑系数；P1 - 44、45 电子齿轮比(位置模式常用)；P1 - 46 检出每圈脉冲数，4～40000，伺服驱动到其他编码器检测装置；P2 - 09DI 滤波时间；P0 - 46 DO 状态显示等。

端口设置：

P1 - 01＝2，设置为速度模式，重启动生效；

DI3　　SPD0　　P2 - 12＝114　　CN1 接口　　34♯

DI4　　SPD1　　P2 - 13＝115　　CN1 接口　　8♯

SPD1 SPD0＝00，速度指令外部 AI，VREF - GND，±10 V；

SPD1 SPD0＝01，速度指令缓存 P1 - 09，±50000×0.1 r/min 范围；SPD1、SPD0＝10、11 分别对应 P1 - 10、P1 - 11 内部寄存器。

Modbus：

P3 - 01＝0x0011，比特率为 9600 b/s；

P3 - 00＝0x08，Modbus 从站地址，此处设为 8♯，范围 0x01～0x7F；

P3 - 02＝0x0066，8，N，2，Modbus，RTU；

P3 - 05＝0x00，标准 Modbus 通信；

P3 - 06＝0x01FF，DI0～DI9 来源由 P4 - 07(040FH：040EH)控制；

P3 - 07＝0，通信回复延时时间，此处 0 ms，无延时；

P4 - 05，Jog 控制，1～5000 寸动速度，4998CCW，4999CW，0 停止。

3. Modbus RTU 协议概述

通信程序可利用 VC 串口控件向串口发送程序进行，Modbus RTU 协议实现的关键是

CRC 校验，产生 CRC 的过程如下：

(1) 把 16 位 CRC 寄存器置成 FFFF H。

(2) 将第一个 8 位数据与 CRC 寄存器低 8 位进行异或运算，把结果放入 CRC 寄存器。

(3) CRC 寄存器向右移一位，MSB 填零，检查 LSB。

(4) 若 LSB 为 0，则重复第(3)步，再右移一位；若 LSB 为 1，则对 CRC 寄存器与 A001 H 进行异或运算。

(5) 重复第(3)和(4)步直至完成 8 次移位，完成 8 位字节的处理。

(6) 重复第(2)至(5)步，处理下一个 8 位数据，直至全部字节处理完毕。

(7) CRC 寄存器的最终值为 CRC 值。

(8) 把 CRC 值放入信息时，高 8 位和低 8 位应分开放置。先送低 8 位，后送高 8 位。

需要注意的是，以上第(3)步中的 LSB 指的是该步骤移出的这一位，而不是右移一位后 CRC 寄存器的最低位，否则将得不到正确的结果。

CRC 计算参考函数程序清单如下：

```
/* * * * * * * * * * * * * * * * * * * * * * * * * * * * * * * * * * * * * * *
 * * 函数名称：CRC
 * * 函数功能：CRC16 校验，将字节数组某连续段 Lenth 个字节数据 CRC 计算，结果存
 * *          放于紧接着的两个字节内
 * * 入口参数：* Pt _ ArrayUint8 为字节数组，StartByte 为起始字节号，Lenth 为字节数长度
 * * * * * * * * * * * * * * * * * * * * * * * * * * * * * * * * * * * * * * */
void CMB_ASDADlg::CRC(unsigned char * Pt_ArrayUint8, unsigned long StartByte, unsigned
long Lenth)
{
unsigned int CRC_Value=0xFFFF;
unsigned int temp1, i;
for(;Lenth>0;Lenth--)
    {
        temp1=Pt_ArrayUint8[StartByte];
        temp1 &=0x00FF;
        CRC_Value=CRC_Value^temp1;
        for(i=0; i<8; i++)
            {
                switch(CRC_Value & 0x0001)
                {
                case 1:
                    CRC_Value=CRC_Value >> 1;
                    CRC_Value=CRC_Value^0xA001;
                    break;
                case 0:
                    CRC_Value=CRC_Value >> 1;
                    break;
```

```
            }
        }
        StartByte++；
    }
    Pt_ArrayUint8[StartByte]=CRC_Value；
    StartByte++；
    CRC_Value=CRC_Value >> 8；
    Pt_ArrayUint8[StartByte]=CRC_Value；
}
```

本例需要向伺服驱动器发送写单个字(2 字节)和写多个字以对伺服驱动器配置或发送命令,对应功能码为 0x06 和 0x10,串口事件触发接收 Modbus 反馈报文,可以从站地址、功能码和 CRC 校验码是否正确等判断是否写入成功;向伺服驱动器发送读取多个字(功能码 0x03),串口事件触发接收返回报文,根据返回报文的从站地址、功能码和 CRC 校验码判断是否正常通信,若正常,将返回报文的要读取的内容数据(比如编码器值)取出。

向 Modbus 从站写单个字的报文格式见表 3.8 - 1,CRC 校验码(以 xx xx 代)通过以上 CRC 函数得到,组织好数据(此处共 8 字节)发送即可。

表 3.8 - 1　Modbus 报文格式

Hex 码	08	06	04	0E	00	E4	xx	xx
描述	从站地址	功能	起地址高	起地址低	寄存器数高	寄存器数低	CRC 低	CRC 高

4. VC 6.0 开发 Modbus 串口控制程序步骤

1) 建立基于基本对话框的工程和界面

参照本书 3.4 节建立工程名为"MB_ASDA"基于基本对话框的工程文件,注意在"MFC 应用程序向导"对话框中点击"下一步"按钮进入步骤 2,程序出现如图 3.8 - 4 所示的对话框,需要勾选"ActiveX 控件"选项。

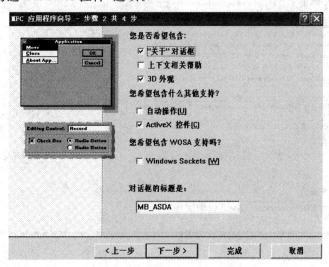

图 3.8 - 4　勾选"ActiveX 控件"

建立如图 3.8 - 5 所示的对话框界面。

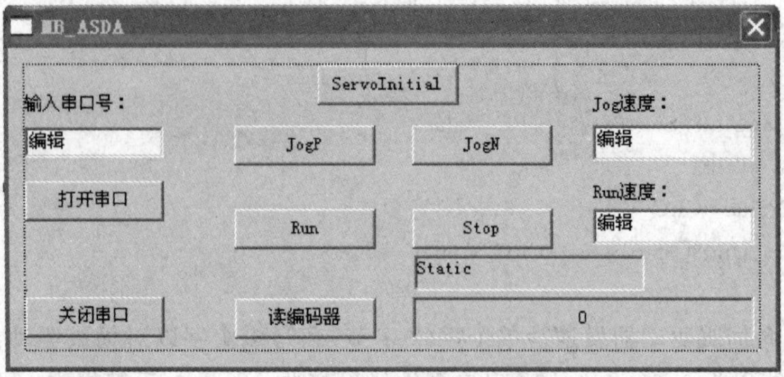

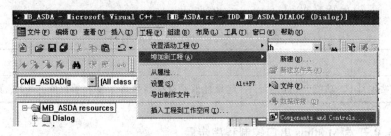

图 3.8 - 5 控制界面

2) 将 mscomm 控件加进项目

添加 mscomm 控件过程如图 3.8 - 6~图 3.8 - 10 所示，添加完成可在控件工具栏看到
串口控件(小电话)图标，将该图标点击拖至"MB_ASDA"界面，如图 3.8 - 10 所示。

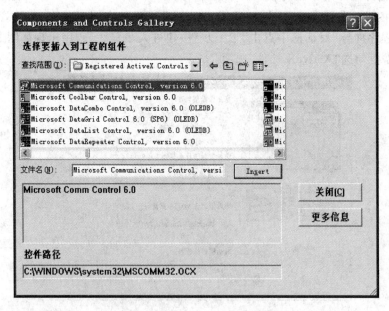

图 3.8 - 6 添加 mscomm 控件(1)

图 3.8 - 7 添加 mscomm 控件(2)

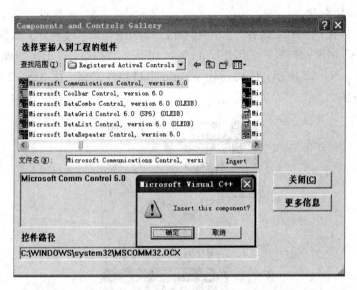

图 3.8-8　添加 mscomm 控件(3)

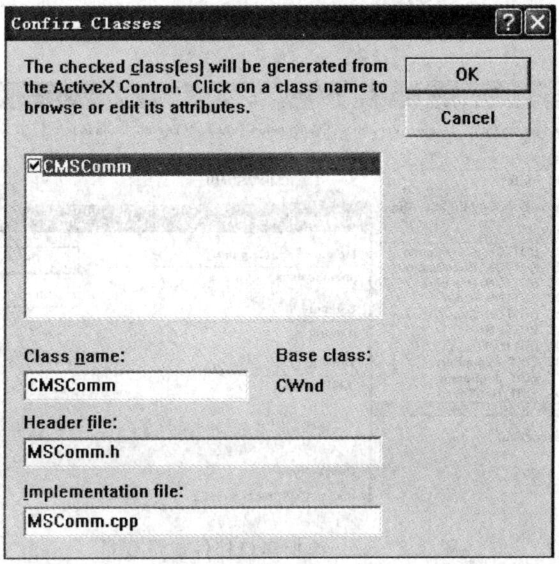

图 3.8-9　添加 mscomm 控件(4)

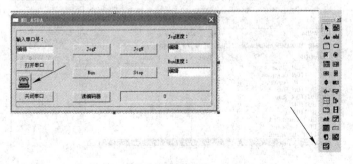

图 3.8-10　添加 mscomm 控件(5)

3）添加类成员变量

鼠标右击串口控件图标，选择"建立类向导…"如图 3.8-11 所示；在弹出的对话框中选择控件 ID"IDC_MSCOMM1"，点击"Add Varialble…"按钮，弹出添加成员变量对话框，填、选项目如图 3.8-12 所示，定义 m_mscomm 串口控件变量。图 3.8-13 为串口控件成员变量添加完成图。

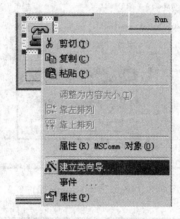

图 3.8-11　建立类向导

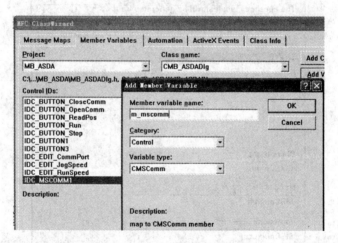

图 3.8-12　添加串口控件成员变量

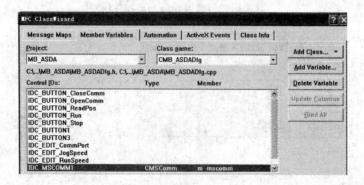

图 3.8-13　串口控件成员变量添加完成

继续添加其他控件变量，数值型变量可填写变量最大、最小值范围，如图 3.8 - 14 和图 3.8 - 15 所示。

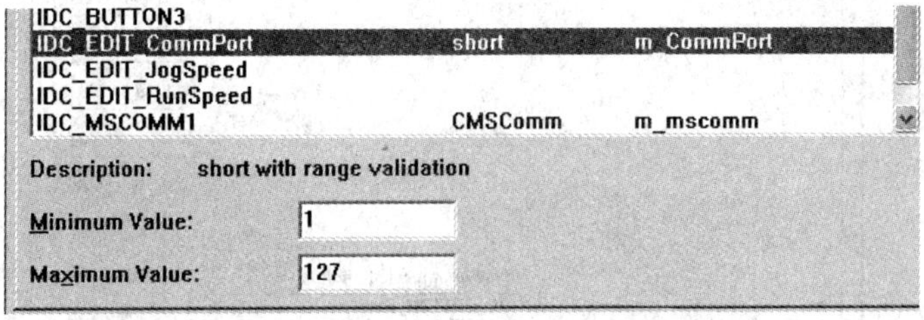

图 3.8 - 14　添加控件数值型成员变量

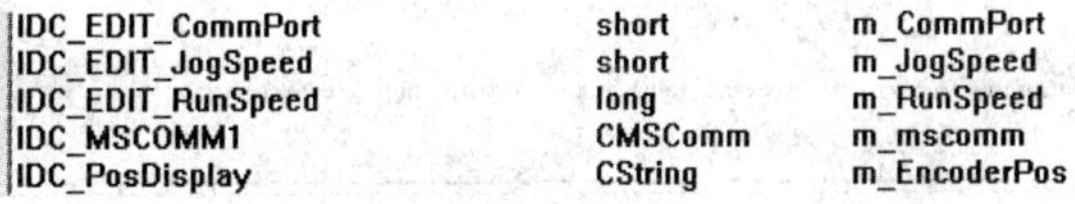

图 3.8 - 15　全部控件成员变量添加完成

控件成员变量添加完毕后，可在如下程序代码处，改变相关变量初值：

```
CMB_ASDADlg::CMB_ASDADlg(CWnd * pParent / * =NULL * /)
    :CDialog(CMB_ASDADlg::IDD, pParent)
{

    //{{AFX_DATA_INIT(CMB_ASDADlg)
    m_CommPort=1;
    m_JogSpeed=200;
    m_RunSpeed=500;
    m_EncoderPos=_T("");
    //}}AFX_DATA_INIT
    // Note that LoadIcon does not require a subsequent DestroyIcon in Win32
    m_hIcon=AfxGetApp( )->LoadIcon(IDR_MAINFRAME);

}
```

4）添加串口事件处理函数

鼠标右击串口控件图标，在弹出的菜单中选择"事件…"，如图 3.8 - 16 所示；系统弹出的对话框如图 3.8 - 17 所示，点击"Add Handler"添加串口事件处理函数；添加完成如图 3.8 - 18 所示。此时产生 void CMB_ASDADlg::OnOnCommMscomm1( )函数及相关代码。

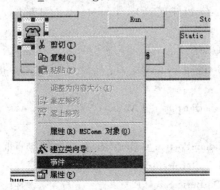

图 3.8 - 16　添加串口控件事件响应函数(1)

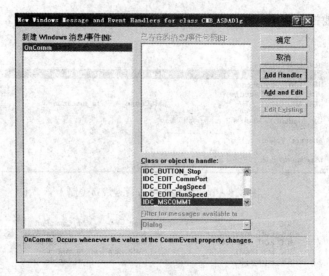

图 3.8-17 添加串口控件事件响应函数(2)

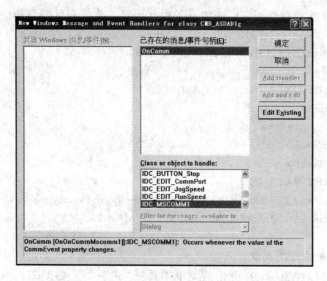

图 3.8-18 串口控件事件响应函数添加完成

5) 各按钮响应函数

```
void CMB_ASDADlg::OnBUTTONOpenComm( )   //打开串口
{
    UpdateData(TRUE);                         //刷新控件的值到对应的变量
    if(m_mscomm.GetPortOpen( ))              //COM 初始化
    {
        m_mscomm.SetPortOpen(FALSE);
    }
    m_mscomm.SetCommPort(m_CommPort);   //读取编辑框内容，设置 COM 口号
    m_mscomm.SetInBufferSize(1024);          //接收缓冲区
    m_mscomm.SetOutBufferSize(512);          //发送缓冲区
    m_mscomm.SetInputLen(0);                  //当前接收区数据长度为 0，表示全部读取
```

```
    m_mscomm. SetInputMode(1);                    //二进制方式读写
    m_mscomm. SetRThreshold(1);                   //接收缓冲区 1 个或 1 个以上字符时,引发接
                                                      收数据的 OnComm 事件
    m_mscomm. SetSettings(_T("9600,n,8,2"));
                                                  //波特率 9600,无校验位,8 个数据位,2 个停止位
    if(!m_mscomm. GetPortOpen( ))                 //如果串口没有打开则打开串口
    {
        m_mscomm. SetPortOpen(TRUE);              //打开串口
        AfxMessageBox(_T("串口打开成功"));
    }
    else
    {
        m_mscomm. SetOutBufferCount(0);
        AfxMessageBox(_T("串口打开失败"));
    }
}


void CMB_ASDADlg::OnBUTTONCloseComm( )            //关闭串口
{
    m_mscomm. SetPortOpen(FALSE);                 //关闭串口
    AfxMessageBox(_T("串口已经关闭"));
//    m_EncoderPos. Format("%d", 12345);
//    UpdateData(FALSE);                          //拷贝变量值到控件显示
}


void CMB_ASDADlg::OnBUTTONRun( )                  //运行
{
    unsigned char SendByteStr[13];
    CByteArray Array1;
    int k;
    UpdateData(TRUE);                             //刷新编辑框的值到对应的变量
    //由编辑框设置速度值, P1-09=? 0.1 r/min, 32 bit
    SendByteStr[0]=0x08;                          //从站地址,8
    SendByteStr[1]=0x10;                          //写入多个字
    SendByteStr[2]=0x01;                          //起始地址
    SendByteStr[3]=0x12;
    SendByteStr[4]=0x00;                          //数目,字
    SendByteStr[5]=0x02;
    SendByteStr[6]=0x04;
    SendByteStr[7]=m_RunSpeed>>8;                 //内容
    SendByteStr[8]=m_RunSpeed;
```

```
        SendByteStr[9]=m_RunSpeed>>24;
        SendByteStr[10]=m_RunSpeed>>16;
        CRC(SendByteStr, 0, 11);
        Array1. RemoveAll( );
        Array1. SetSize(13);
        for(k=0; k<13; k++)
        {
            Array1. SetAt(k, SendByteStr[k]);
        }
        Sleep(12);
        m_mscomm. SetOutput(COleVariant(Array1));
        Sleep(20);


        //写入 DI 软件 SDI1~9, P4-07
        SendByteStr[0]=0x08;                          //从站地址，8
        SendByteStr[1]=0x06;                          //写入单个字
        SendByteStr[2]=0x04;                          //起始地址
SendByteStr[3]=0x0E;
        SendByteStr[4]=0x00;          //内容，DI3=1，DI4=0，CM1 速度值；DI0=1 伺服启动；
                                       DI678=1，常闭，限位与急停
        SendByteStr[5]=0xE5;
        CRC(SendByteStr, 0, 6);
        Array1. RemoveAll( );
        Array1. SetSize(8);
        for(k=0; k<8; k++)
        {
            Array1. SetAt(k, SendByteStr[k]);
        }
        Sleep(12);
        m_mscomm. SetOutput(COleVariant(Array1));
        Sleep(20);
}


void CMB_ASDADlg::OnBUTTONStop( )          //停止
{
        unsigned char SendByteStr[12];
        CByteArray Array1;
        int k;
        //写入 DI 软件 SDI1~9, P4-07
        SendByteStr[0]=0x08;                          //从站地址，8
        SendByteStr[1]=0x06;                          //写入单个字
        SendByteStr[2]=0x04;                          //起始地址
```

```
        SendByteStr[3]=0x0E;
        SendByteStr[4]=0x00;          //内容，DI3＝1，DI4＝0，CM1 速度值；DI0＝0 伺服停止；
                                        DI678＝1，常闭，限位与急停
        SendByteStr[5]=0xE4;
        CRC(SendByteStr，0，6);
        Array1.RemoveAll( );
        Array1.SetSize(8);
        for(k=0; k<8; k++)
        {
             Array1.SetAt(k，SendByteStr[k]);
        }
        Sleep(12);
        m_mscomm.SetOutput(COleVariant(Array1));
        Sleep(20);
}


void CMB_ASDADlg::OnBUTTONReadPos( )  //读取编码器值
{
        unsigned char SendByteStr[12];
        CByteArray Array1;
        int k;
        //发送读取 P0－09 值命令，P0－09＝? 0013H：0012H，32 bit
        SendByteStr[0]=0x08;              //从站地址，8
        SendByteStr[1]=0x03;              //读多个字
        SendByteStr[2]=0x00;              //起始地址
        SendByteStr[3]=0x12;
        SendByteStr[4]=0x00;              //数目，字
        SendByteStr[5]=0x02;
        CRC(SendByteStr，0，6);
        Array1.RemoveAll( );
        Array1.SetSize(8);
        for(k=0; k<8; k++)
        {
             Array1.SetAt(k，SendByteStr[k]);
        }
        Sleep(12);
        m_mscomm.SetOutput(COleVariant(Array1));
        Sleep(20);
}


void CMB_ASDADlg::OnBUTTONServoInitial( )     //伺服初始化
{
```

```
unsigned char SendByteStr[13];
CByteArray Array1;
int k;
//写入从站地址，P3-00＝0x08，重启生效
SendByteStr[0]＝0xFF;                    //从站地址，广播方式
SendByteStr[1]＝0x06;                    //写入单个字
SendByteStr[2]＝0x03;                    //起始地址
SendByteStr[3]＝0x00;
SendByteStr[4]＝0x00;                    //内容，从站地址改为 0x08
SendByteStr[5]＝0x08;
CRC(SendByteStr, 0, 6);
Array1.RemoveAll( );
Array1.SetSize(8);
for(k＝0; k＜8; k＋＋)
{
    Array1.SetAt(k, SendByteStr[k]);
}
Sleep(12);
m_mscomm.SetOutput(COleVariant(Array1));
Sleep(20);


//写入通讯协议模式，8 n 2 Modbus RTU，P3-02＝0x66
SendByteStr[0]＝0x08;                    //从站地址，8
SendByteStr[1]＝0x06;                    //写入单个字
SendByteStr[2]＝0x03;                    //起始地址
SendByteStr[3]＝0x04;
SendByteStr[4]＝0x00;                    //内容
SendByteStr[5]＝0x66;
CRC(SendByteStr, 0, 6);
Array1.RemoveAll( );
Array1.SetSize(8);
for(k＝0; k＜8; k＋＋)
{
    Array1.SetAt(k, SendByteStr[k]);
}
Sleep(12);
m_mscomm.SetOutput(COleVariant(Array1));
Sleep(20);


//写入 DI 软件 SDI1～9，P4-07＝0x00E4
SendByteStr[0]＝0x08;                    //从站地址，8
SendByteStr[1]＝0x06;                    //写入单个字
```

```
SendByteStr[2]＝0x04；                  //起始地址
SendByteStr[3]＝0x0E；
SendByteStr[4]＝0x00；                  // DI3＝1，DI4＝0，CM1 速度值；DI678＝1，
                                        常闭，限位与急停
SendByteStr[5]＝0xE4；
CRC(SendByteStr, 0, 6)；
Array1. RemoveAll( )；
Array1. SetSize(8)；
for(k＝0；k＜8；k＋＋)
{
    Array1. SetAt(k, SendByteStr[k])；
}
Sleep(12)；
m_mscomm. SetOutput(COleVariant(Array1))；
Sleep(20)；

//输入 DI 来源控制开关，P3－06＝0x01FF，来源为软件，该参数断电不记忆
SendByteStr[0]＝0x08；                  //从站地址，8
SendByteStr[1]＝0x06；                  //写入单个字
SendByteStr[2]＝0x03；                  //起始地址
SendByteStr[3]＝0x0C；
SendByteStr[4]＝0x01；                  //内容
SendByteStr[5]＝0xFF；
CRC(SendByteStr, 0, 6)；
Array1. RemoveAll( )；
Array1. SetSize(8)；
for(k＝0；k＜8；k＋＋)
{
    Array1. SetAt(k, SendByteStr[k])；
}
Sleep(12)；
m_mscomm. SetOutput(COleVariant(Array1))；
Sleep(20)；

//选择 CM1 的显示内容，P0－17＝3 为电机反馈脉冲(编码器单位)
SendByteStr[0]＝0x08；                  //从站地址，8
SendByteStr[1]＝0x06；                  //写入单个字
SendByteStr[2]＝0x00；                  //起始地址
SendByteStr[3]＝0x22；
SendByteStr[4]＝0x00；                  //内容
SendByteStr[5]＝0x03；
CRC(SendByteStr, 0, 6)；
```

```
Array1. RemoveAll( );
Array1. SetSize(8);
for(k=0; k<8; k++)
{
    Array1. SetAt(k, SendByteStr[k]);
}
Sleep(12);
m_mscomm. SetOutput(COleVariant(Array1));
Sleep(20);

//速度设定值选择，P2-12=114，P2-13=115
SendByteStr[0]=0x08;              //从站地址，8
SendByteStr[1]=0x06;              //写入单个字
SendByteStr[2]=0x02;              //起始地址
SendByteStr[3]=0x18;
SendByteStr[4]=0x01;              //内容
SendByteStr[5]=0x14;
CRC(SendByteStr, 0, 6);
Array1. RemoveAll( );
Array1. SetSize(8);
for(k=0; k<8; k++)
{
    Array1. SetAt(k, SendByteStr[k]);
}
Sleep(12);
m_mscomm. SetOutput(COleVariant(Array1));
Sleep(20);

SendByteStr[0]=0x08;              //从站地址，8
SendByteStr[1]=0x06;              //写入单个字
SendByteStr[2]=0x02;              //起始地址
SendByteStr[3]=0x1A;
SendByteStr[4]=0x01;              //内容
SendByteStr[5]=0x15;
CRC(SendByteStr, 0, 6);
Array1. RemoveAll( );
Array1. SetSize(8);
for(k=0; k<8; k++)
{
    Array1. SetAt(k, SendByteStr[k]);
}
Sleep(12);
```

```
m_mscomm.SetOutput(COleVariant(Array1));
Sleep(20);

//设置成速度模式，P1-01=2，重启生效
SendByteStr[0]=0x08;                    //从站地址，8
SendByteStr[1]=0x06;                    //写入单个字
SendByteStr[2]=0x01;                    //起始地址
SendByteStr[3]=0x02;
SendByteStr[4]=0x00;                    //内容
SendByteStr[5]=0x02;
CRC(SendByteStr, 0, 6);
Array1.RemoveAll();
Array1.SetSize(8);
for(k=0; k<8; k++)
{
    Array1.SetAt(k, SendByteStr[k]);
}
Sleep(12);
m_mscomm.SetOutput(COleVariant(Array1));
Sleep(20);

//速度初设定值，0.1 r/min，P1-09=1000H=409.6 r/min，32 bit
SendByteStr[0]=0x08;                    //从站地址，8
SendByteStr[1]=0x10;                    //写入多个字
SendByteStr[2]=0x01;                    //起始地址
SendByteStr[3]=0x12;
SendByteStr[4]=0x00;                    //数目，字
SendByteStr[5]=0x02;
SendByteStr[6]=0x04;
SendByteStr[7]=0x10;                    //内容
SendByteStr[8]=0x00;
SendByteStr[9]=0x00;
SendByteStr[10]=0x00;
CRC(SendByteStr, 0, 11);
Array1.RemoveAll();
Array1.SetSize(13);
for(k=0; k<13; k++)
{
    Array1.SetAt(k, SendByteStr[k]);
}
Sleep(12);
m_mscomm.SetOutput(COleVariant(Array1));
```

```
        Sleep(20);

        //Jog 控制，P4－05＝0 停止运转
        SendByteStr[0]＝0x08;                    //从站地址，8
        SendByteStr[1]＝0x06;                    //写入单个字
        SendByteStr[2]＝0x04;                    //起始地址
        SendByteStr[3]＝0x0A;
        SendByteStr[4]＝0x00;                    //内容
        SendByteStr[5]＝0x00;
        CRC(SendByteStr, 0, 6);
        Array1.RemoveAll( );
        Array1.SetSize(8);
        for(k＝0; k＜8; k＋＋)
        {
            Array1.SetAt(k, SendByteStr[k]);
        }
        Sleep(12);
        m_mscomm.SetOutput(COleVariant(Array1));
        Sleep(20);
        //Jog 控制，P4－05＝0x100 设置 Jog 速度
        SendByteStr[0]＝0x08;                    //从站地址，8
        SendByteStr[1]＝0x06;                    //写入单个字
        SendByteStr[2]＝0x04;                    //起始地址
        SendByteStr[3]＝0x0A;
        SendByteStr[4]＝0x01;                    //内容
        SendByteStr[5]＝0x00;
        CRC(SendByteStr, 0, 6);
        Array1.RemoveAll( );
        Array1.SetSize(8);
        for(k＝0; k＜8; k＋＋)
        {
            Array1.SetAt(k, SendByteStr[k]);
        }
        Sleep(12);
        m_mscomm.SetOutput(COleVariant(Array1));
        Sleep(20);
    }


BEGIN_EVENTSINK_MAP(CMB_ASDADlg, CDialog)
    //{{AFX_EVENTSINK_MAP(CMB_ASDADlg)
    ON _ EVENT（CMB _ ASDADlg, IDC _ MSCOMM1, 1 / ∗ OnComm ∗ /, OnOnCom-
    mMscomm1, VTS_NONE)
```

```
    //}}}AFX_EVENTSINK_MAP
END_EVENTSINK_MAP( )


void CMB_ASDADlg∷OnOnCommMscomm1( ) //串口接收事件响应，仅接收编码器读数
{
    VARIANT variant_inp；
    COleSafeArray safearray_inp；
    long len，k，EncoderPos；
    unsigned char ReceiveData[1024]={0}；
    byte rxdata[1024]；                    //设置 byte 数组
    CString strtemp；
    if(m_mscomm. GetCommEvent( )==2)     //值为 2 表示接收缓冲区内有字符
    {
        variant_inp=m_mscomm. GetInput( )；//读缓冲区数据
        safearray_inp=variant_inp；        //变量转换
        len=safearray_inp. GetOneDimSize( )；//得到有效数据长度
        for(k=0；k<len；k++)
        {
            safearray_inp. GetElement(&k，rxdata+k)；
        }
        for(k=0；k<len；k++)               //将接收缓冲区数组变量赋值给 Receive Data
                                          数组变量，以便判断处理

        {
            ReceiveData[k]=*(rxdata+k)；
        }
        if( 0x08==ReceiveData[0])          //若为 8♯从站
        {
            if( (0x03==ReceiveData[1]) && (4==ReceiveData[2]))
                                          //若读 2 个字
            {
                //收到有效数据按字节重排后赋值 m_EncoderPos 变量并供显示
                EncoderPos=(ReceiveData[3]<<8 | ReceiveData[4]
                    | ReceiveData[5]<<24 | ReceiveData[6]<<16)；
                m_ EncoderPos. Format("%d"，EncoderPos)；
                                          //转化成 Cstring 型显示
                UpdateData(FALSE)；        //更新静态文本框内容
            }
        }
    }
}
```

6) PreTranslateMessage 虚函数实现 JogP 和 JogN 按下点动、松开停止功能

在类标题目录树下，选中"CMB_ASDDlg"，单击鼠标右键选择"Add Virtual Function

…"添加虚函数，如图 3.8 – 19 所示。程序弹出的对话框如图 3.8 – 20 所示，选中"PreTranslateMessage"，点击"Add and Edit"按钮，则生成 BOOL CMB_ASDADlg∷PreTranslateMessage(MSG ∗ pMsg)函数，添加相应代码即可实现 JogP 和 JogN 按钮按下点动、松开停止的功能。

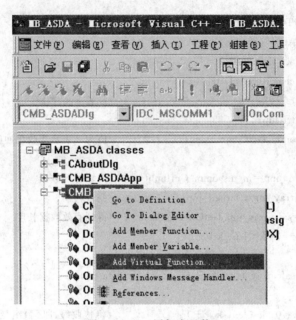

图 3.8 – 19　添加虚函数

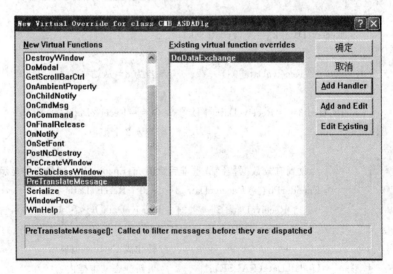

图 3.8 – 20　添加 PreTranslateMessage 虚函数

BOOL CMB_ASDADlg∷PreTranslateMessage(MSG ∗ pMsg)
{
　　if(pMsg ->message==WM_LBUTTONDOWN)　　　　//按钮按下
　　{
　　　　if(pMsg ->hwnd==GetDlgItem(IDC_BUTTON_JogP)->m_hWnd)　//顺 Jog

```
{
    unsigned char SendByteStr[12];
    CByteArray Array1;
    int k;
    UpdateData(TRUE);
    //P4-05=? 由编辑框值设置 Jog 速度
    SendByteStr[0]=0x08;                //从站地址,8
    SendByteStr[1]=0x06;                //写入单个字
    SendByteStr[2]=0x04;                //起始地址
    SendByteStr[3]=0x0A;
    SendByteStr[4]=m_JogSpeed>>8;       //内容 m_JogSpeed,读取编辑框内容
    SendByteStr[5]=m_JogSpeed;
    CRC(SendByteStr, 0, 6);
    Array1.RemoveAll();
    Array1.SetSize(8);
    for(k=0; k<8; k++)
    {
        Array1.SetAt(k, SendByteStr[k]);
    }
    Sleep(12);
    m_mscomm.SetOutput(COleVariant(Array1));
    Sleep(20);
    UpdateData(FALSE);                  //更新编辑框内容

    SendByteStr[0]=0x08;                //从站地址,8
    SendByteStr[1]=0x06;                //写入单个字
    SendByteStr[2]=0x04;                //起始地址
    SendByteStr[3]=0x0E;
    SendByteStr[4]=0x00;    //内容,DI3=1,DI4=0,CM1 速度值;DI0=1 伺服
                            //启动;DI678=1,常闭,限位与急停
    SendByteStr[5]=0xE1;
    CRC(SendByteStr, 0, 6);
    Array1.RemoveAll();
    Array1.SetSize(8);
    for(k=0; k<8; k++)
    {
        Array1.SetAt(k, SendByteStr[k]);
    }
    Sleep(12);
    m_mscomm.SetOutput(COleVariant(Array1));
    Sleep(20);
    //Jog 控制,P4-05=4998 CCW
```

```
        SendByteStr[0]=0x08;                          //从站地址,8
        SendByteStr[1]=0x06;                          //写入单个字
        SendByteStr[2]=0x04;                          //起始地址
        SendByteStr[3]=0x0A;
        SendByteStr[4]=0x13;                          //内容
        SendByteStr[5]=0x86;
        CRC(SendByteStr, 0, 6);
        Array1.RemoveAll( );
        Array1.SetSize(8);
        for(k=0; k<8; k++)
        {
            Array1.SetAt(k, SendByteStr[k]);
        }
        Sleep(12);
        m_mscomm.SetOutput(COleVariant(Array1));
        Sleep(20);
    }
    if(pMsg->hwnd==GetDlgItem(IDC_BUTTON_JogN)->m_hWnd)   //逆 Jog
    {
        unsigned char SendByteStr[12];
        CByteArray Array1;
        int k;
        UpdateData(TRUE);
        //P4-05=? 由编辑框值设置 Jog 速度
        SendByteStr[0]=0x08;                          //从站地址,8
        SendByteStr[1]=0x06;                          //写入单个字
        SendByteStr[2]=0x04;                          //起始地址
        SendByteStr[3]=0x0A;
        SendByteStr[4]=m_JogSpeed>>8;                 //内容 m_JogSpeed,读取编辑框内容
        SendByteStr[5]=m_JogSpeed;
        CRC(SendByteStr, 0, 6);
        Array1.RemoveAll( );
        Array1.SetSize(8);
        for(k=0; k<8; k++)
        {
            Array1.SetAt(k, SendByteStr[k]);
        }
        Sleep(12);
        m_mscomm.SetOutput(COleVariant(Array1));
        Sleep(20);
        UpdateData(FALSE);                            //更新编辑框内容
```

```
    SendByteStr[0]=0x08;                    //从站地址，8
    SendByteStr[1]=0x06;                    //写入单个字
    SendByteStr[2]=0x04;                    //起始地址
    SendByteStr[3]=0x0E;
    SendByteStr[4]=0x00;            //内容，DI3=1，DI4=0，CM1 速度值；DI0=1 伺服
                                    启动；DI678=1，常闭，限位与急停
    SendByteStr[5]=0xE1;
    CRC(SendByteStr, 0, 6);
    Array1. RemoveAll( );
    Array1. SetSize(8);
    for(k=0; k<8; k++)
    {
        Array1. SetAt(k, SendByteStr[k]);
    }
    Sleep(12);
    m_mscomm. SetOutput(COleVariant(Array1));
    Sleep(20);
    //Jog 控制，P4-05=4999 CW
    SendByteStr[0]=0x08;                    //从站地址，8
    SendByteStr[1]=0x06;                    //写入单个字
    SendByteStr[2]=0x04;                    //起始地址
    SendByteStr[3]=0x0A;
    SendByteStr[4]=0x13;                    //内容
    SendByteStr[5]=0x87;
    CRC(SendByteStr, 0, 6);
    Array1. RemoveAll( );
    Array1. SetSize(8);
    for(k=0; k<8; k++)
    {
        Array1. SetAt(k, SendByteStr[k]);
    }
    Sleep(12);
    m_mscomm. SetOutput(COleVariant(Array1));
    Sleep(20);
    }


}


else if(pMsg ->message==WM_LBUTTONUP)    //按钮弹起
{
    if(pMsg ->hwnd==GetDlgItem(IDC_BUTTON_JogP)->m_hWnd)    //JogP 停止
    {
```

```
        unsigned char SendByteStr[12];
        CByteArray Array1;
        int k;
        //Jog 控制，P4－05＝0 停止
        SendByteStr[0]＝0x08;                        //从站地址，8
        SendByteStr[1]＝0x06;                        //写入单个字
        SendByteStr[2]＝0x04;                        //起始地址
        SendByteStr[3]＝0x0A;
        SendByteStr[4]＝0x00;                        //内容
        SendByteStr[5]＝0x00;
        CRC(SendByteStr, 0, 6);
        Array1. RemoveAll( );
        Array1. SetSize(8);
        for(k＝0; k＜8; k＋＋)
        {
            Array1. SetAt(k, SendByteStr[k]);
        }
        Sleep(12);
        m_mscomm. SetOutput(COleVariant(Array1));
        Sleep(20);
}
if(pMsg－＞hwnd＝＝GetDlgItem(IDC_BUTTON_JogN)-＞m_hWnd)     //JogN 停止
{
        unsigned char SendByteStr[12];
        CByteArray Array1;
        int k;
        //Jog 控制，P4－05＝0 停止
        SendByteStr[0]＝0x08;                        //从站地址，8
        SendByteStr[1]＝0x06;                        //写入单个字
        SendByteStr[2]＝0x04;                        //起始地址
        SendByteStr[3]＝0x0A;
        SendByteStr[4]＝0x00;                        //内容
        SendByteStr[5]＝0x00;
        CRC(SendByteStr, 0, 6);
        Array1. RemoveAll( );
        Array1. SetSize(8);
        for(k＝0; k＜8; k＋＋)
        {
            Array1. SetAt(k, SendByteStr[k]);
        }
```

```
            Sleep(12);
            m_mscomm.SetOutput(COleVariant(Array1));
            Sleep(20);
        }
    }
        return CDialog::PreTranslateMessage(pMsg);
    }
```

5. 调试结果

采用 USB 转 RS‑485 接口连接电脑和伺服驱动器，伺服驱动器通电，运行以上 VC 工程，打开串口（可在 Windows 设备管理器查串口号，此处 USB 串口号为11），点住"JogP"和"JogN"可实现点动功能、松开停止；点击"Run"按钮，电机运行，点击"Stop"按钮，电机停止；点击"读编码器"按钮，编码器数值显示"77553"，数值上与伺服驱动器上显示基本一致（77552），如图 3.8‑21 所示。

图 3.8‑21　运行结果

3.8.3　拓展实践与思考题

（1）选一款伺服驱动器，阅读说明书，并初步应用。

（2）深入应用某款伺服驱动器，如参数自动调整、前馈和摩擦补偿等。

（3）将伺服驱动器设置成速度模式，接收运动控制器输出的模拟量控制信号，即伺服驱动器进行速度环控制和电流环控制，运动控制器进行位置环控制和插补控制，设计多轴运动控制系统。

3.9 回零(找参考点)及其实现

3.9.1 回零的概念和作用

一些涉及定位的运动控制系统,比如数控机床,在首次开机调试或每次接通电源后要做回零的操作,让各坐标轴回到设备一固定点上,这一固定点就是设备坐标系的原点或零点,也称参考点。使设备相关轴回到这一固定点的操作称回参考点或回零操作。回零操作是运动控制类设备操作中最重要的功能环节之一,直接影响其各种刀具补偿、间隙补偿、轴向补偿以及其他精度补偿、定位精度和零件加工质量等。

回零根据是否使用减速挡块(或开关),可分为挡块式回零和无挡块式回零两种。无挡块式回零通常应用于设备采用绝对式位置检测装置(如绝对位置编码器)的情况,运动控制设备在后备存储器电池的支持下,只需第一次开机调试时进行回零点操作调整,此后每次开机均记录有零点位置信息,因而不必再进行回零操作。挡块式回零通常应用于设备采用增量式位置检测装置的情况,由于增量式位置检测装置在断电状态时会失去对设备坐标值的记忆,每次设备通电时都要进行回零操作。

由于目前大多数运动控制设备均采用增量式位置检测装置,因此挡块式回零方式比无挡块式更普遍,而且每次开机都要回零。

3.9.2 常用回零步骤

1. 原点开关回零

(1) 某运动轴工作台方向上安装有原点(Home)开关,回零操作开始后,启动 Home 捕获(中断,速度慢也可用扫描方式),控制工作台从当前位置以找寻 Home 的速度(找原点开关速度,该速度较慢,大约为调试时的点动速度,可根据设备、工艺情况确定)向原点方向移动,寻找 Home 信号,如图 3.9-1 所示。

图 3.9-1 原点开关回零之寻 Home 信号

(2) 当 Home 信号产生时,读取 Home 信号触发工作台的实际位置(Home 捕获位置),并将目标位置修改为"Home 捕获位置+Home 偏移量",Home 偏移量可为正数、负数或零,可根据所设计的实际机械原点位置确定具体数值;工作台继续以原速度(找 Home 速度)向新目标位置移动,如图 3.9-2 所示。

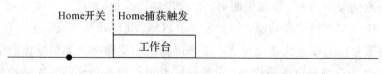

图 3.9-2 原点开关回零之 Home 信号捕获

（3）当工作台到达目标位置停稳以后，调用函数将该位置设置为机械原点，该轴坐标值变量复位清零，该轴原点开关回零完成，如图 3.9－3 所示。

图 3.9－3 　原点开关回零完成

原点开关回零操作简单、方便，但由于机械精度、惯性等原因，导致原点开关触发位置存在一定的不确定性，原点开关回零精度不高，适用于精度要求不高的场合。

2. 原点开关＋编码器 Z 相脉冲回零

伺服电机常用增量式正交光电编码器作反馈元件，编码器码盘通常有一个 Z 相（有的称为 C 相）信号，码盘每转一圈产生一个脉冲，相当于码盘上的一个高分辨率、高精度指针（Index），利用该信号结合原点开关进行回零操作，可大大提高回零精度。

（1）、（2）步与原点开关回零操作相同。

（3）等工作台到达目标位置停稳以后（此时通常不在 Index 信号脉冲发生位置），启动 Index 捕获（通常为边沿触发中断方式），以找 Index 速度（比找 Home 速度更慢，比如为找 Home 速度的 1/10 大小）移动，寻找 Index 信号，如图 3.9－4 所示。

图 3.9－4 　原点开关＋编码器 Z 相信号回零的寻 Index 信号

（4）当 Index 信号产生时，读取 Index 信号触发工作台实际位置（Index 捕获位置），并将目标位置修改为"Index 捕获位置＋Index 偏移量"，控制工作台继续以原速度（找 Index 速度）向新目标位置移动。Index 偏移量可为正数、负数或零，Index 偏移量和 Home 偏移量一样，主要根据最终需要的机械原点位置调整确定，如图 3.9－5 所示。

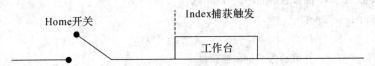

图 3.9－5 　原点开关＋编码器 Z 相信号回零的 Index 信号捕获

（5）当工作台到达目标位置停稳以后，调用函数将该位置设置为机械原点，该轴坐标值变量复位清零，该轴原点开关＋编码器 Z 相脉冲回零完成，如图 3.9－6 所示。

图 3.9－6 　原点开关＋编码器 Z 相信号回零完成

3. 其他方式

其他回零方式还包括负限位开关回零，正限位开关回零，正、负限位开关中点回零等，精度要求高的时候，结合编码器 Z 相脉冲信号即可达到，读者可参照相关内容加以理解、运用。

3.9.3 运动控制卡的单轴回零编程

以 GTS - 800 - PV - PCI 运动控制卡为例，采用 VC 编程实现 1♯轴的 Home - Index 回零功能，编写函数 HomeIndexAxis1( )供 Home - Index 回零按钮响应函数调用。回零前运动控制卡需要完成打开卡、配置信号、规划位置（运动控制器/卡规划实际位置，即实际已发出的脉冲数）清零和轴使能等相关初始化工作。

为便于初学者理解，该程序对部分故障未作处理。经过少许改进，可以编写带轴号等形参的适合不同轴、不同搜索距离、不同偏移量和不同软限位的通用回零子程序。

GTS - 800 - PV - PCI 型号运动控制卡也可以采用自动回原点功能，使用更为方便，可参阅参考文献[11]。运动控制卡采用脉冲量输出，采用安川 ∑ - V 系列的 SGDV 型伺服驱动器和 SGMJV 型伺服电机，伺服驱动器自然也配置成位置模式（参见本书第 3.8 节），Home 原点开关采用光电开关。

```
//宏定义找 Home 目标位置，即原点搜索距离，比较大的整数，确保能找到
#define SEARCH_HOME 1000000
#define HOME_OFFSET 40000              //宏定义 Home 偏移量
//宏定义找 Index 目标位置，即 Index 搜索距离
//略大于编码器转一圈运动控制卡得到的脉冲总数
#define SEARCH_INDEX 21000
#define INDEX_OFFSET 17580             //宏定义 Index 偏移量
BOOL CGtsCard::HomeIndexAxis1( )
{
    short rtn, capture;
    TTrapPrm trapPrm;                  //定义运动参数结构体变量
    long status, pos, SoftlmtP, SoftlmtN;
    double prfPos;

    //1♯轴设置并启动为 Home 捕获模式
    rtn=GT_SetCaptureMode(1, CAPTURE_HOME);
    rtn=GT_PrfTrap(1);                 //1♯轴为点位运动模式
    rtn=GT_GetTrapPrm(1, &trapPrm);    //读取 1♯轴点位运动模式运动参数
    trapPrm.acc=5;                     //赋值运动加速度为 5，单位 pulse/ms²
    trapPrm.dec=5;                     //赋值运动减速度
    trapPrm.smoothTime=20;             //赋值平滑时间，单位 ms
    rtn=GT_SetTrapPrm(1, &trapPrm);    //设置 1♯轴点位运动参数
    rtn=GT_SetVel(1, 50);             //设置速度，单位 pulse/ms，即找 Home 速度
    rtn=GT_SetPos(1, SEARCH_HOME);     //设置目标位置到找 Home 目标位置
```

```
//启动点位运动，D0 位为 1 表示启动 1♯轴
//可用 1<<(1/*轴号*/-1)，也可同时启动多个轴
rtn=GT_Update(1);
//弹出消息框，也可采用消息机制在屏幕上显示，下同
AfxMessageBox（"Waiting for Home signal..."）;

do
{
    rtn=GT_GetSts(1，&status);          //读取 1♯轴状态
    //查询捕获状态赋值给 capture 变量
    //读取编码器捕获值，当捕获触发时，捕获值自动更新 pos
    rtn=GT_GetCaptureStatus(1，&capture，&pos);

    //若轴规划停止（找 Home 目标位置脉冲数发完），仍未发生 Home 捕获触发，错误返
       回
    if(0==(status & 0x400))
    {
        AfxMessageBox（"No Home found!"）;     //弹出消息框
        return FALSE;
    }
}while(0==capture);                     //等待捕获产生，直到捕获触发退出循环

//更新目标位置为 Home 捕获位置＋Home 偏移量
rtn=GT_SetPos(1，pos＋HOME_OFFSET);
rtn=GT_Update(1);                       //继续启动点位运动，移动至"Home 捕获位置＋
                                          Home 偏移量"处

do
{
    rtn=GT_GetSts(1，&status);          //读取 1♯轴状态
    rtn=GT_GetPrfPos(1，&prfPos);       //读取 1♯轴规划位置
}while(status & 0x400);                 //直到规划停止结束循环，等待轴向 Home 偏移
                                          位置运动结束

if(!（（prfPos==pos＋HOME_OFFSET）||（prfPos==pos＋HOME_OFFSET＋1）||
(prfPos==pos＋HOME_OFFSET-1)))) //若实际规划位置不在 Home 捕获位置＋Home 偏
                                          移量±1 个脉冲以内，弹出消息框，错误返回
{
    AfxMessageBox（"Move to Home Pos Error!"）;     //弹出消息框
    return FALSE;
}
Sleep(200);                            //延时，等待机械实际位置稳定到位
```

```
//以下为 Index 捕获程序，与以上 Home 捕获程序类似
//1#轴设置并启动为 Index 捕获模式
rtn=GT_SetCaptureMode(1, CAPTURE_INDEX);
rtn=GT_SetVel(1, 5);                        //设置 1#轴找 Index 速度
//设置目标位置为以上停止位置＋找 Index 相对目标位置，即"Home 捕获位置＋Home 偏
//  移量＋找 Index 相对目标位置"
rtn=GT_SetPos(1, (long)(prfPos+SEARCH_INDEX));

rtn=GT_Update(1);                           //再次启动点位运动，寻找 Index 信号
AfxMessageBox ( "Waiting for Index signal...");     //弹出消息框

do
{
    rtn=GT_GetSts(1, &status);          //读取 1#轴状态
    //查询捕获状态赋值给 capture 变量
    //读取编码器捕获值，当捕获触发时，捕获值自动更新 pos
    rtn=GT_GetCaptureStatus(1, &capture, &pos);

    //若轴规划停止(找 Index 目标位置脉冲数发完)，仍未发生 Index 捕获触发，错误返回
    if(0= =(status & 0x400))
    {
        AfxMessageBox ( "No Index found!");         //弹出消息框
        return FALSE;
    }
}while(0= =capture);                        //等待捕获产生，直到捕获触发退出循环

//更新目标位置为 Index 捕获位置＋Index 偏移量
rtn=GT_SetPos(1, pos+INDEX_OFFSET);
rtn=GT_Update(1);                           //继续启动点位运动，移动至"Index 捕获位置＋
                                                Index 偏移量"处

do
{
    rtn=GT_GetSts(1, &status);          //读取 1#轴状态
    rtn=GT_GetPrfPos(1, &prfPos);       //读取 1#轴规划位置
}while(status & 0x400);                     //直到规划停止结束循环，等待轴向 Index 偏移
                                                位置运动结束

if(! ( (prfPos= =pos+INDEX_OFFSET) || (prfPos= =pos+INDEX_OFFSET+1) ||
(prfPos= =pos+INDEX_OFFSET － 1)))//若实际规划位置不在 Home 捕获位置＋Home 偏
                                                移量±1 个脉冲以内，弹出消息框，错误返回
{
    AfxMessageBox ( "Move to Index Pos Error!");        //弹出消息框
```

```
        return FALSE；
    }
    Sleep(200)；                        //延时，等待机械实际位置稳定到位
    rtn＝GT_ZeroPos(1)；                 //1#轴位置清零
    Sleep(20)；                         //延时
    //此处可增加设置软限位，略
    return TRUE；
}
```

3.9.4　运动控制卡的多轴同时回零编程

　　多数运动控制系统有多个轴开机时需要回零，如果按照上节介绍的方法，在回零操作按钮下调用多个轴回零程序，只能各个轴依次回零，影响效率。本节根据 Windows 多任务操作系统的特点，采用 VC 开启多线程方法编程，可实现运动控制卡多个轴同时回零操作。

　　当需要 1～3# 轴同时回零时，假设按上节所述方法已编写了 1～3# 轴的 Home-Index 回零子程序 HomeIndexAxis1、HomeIndexAxis2、HomeIndexAxis3，再编写以下 3 个线程函数：

```
    UINT Home1Proc( LPVOID nParam)
    {
        CGtsCard：：HomeIndexAxis1（）；
        return 0；
    }
    UINT Home2Proc( LPVOID nParam)
    {
        CGtsCard：：HomeIndexAxis2（）；
        return 0；
    }
    UINT Home3Proc( LPVOID nParam)
    {
        CGtsCard：：HomeIndexAxis3（）；
        return 0；
    }
```

则在 Home-Index 回零按钮响应函数中开启以上 3 个线程，即可实现 3 个轴同时回零的功能，代码如下：

```
    AfxBeginThread(Home1Proc，NULL，THREAD_PRIORITY_ABOVE_NORMAL)；
//开启 1# 轴线程，线程优先级高于正常
    AfxBeginThread(Home2Proc，NULL，THREAD_PRIORITY_ABOVE_NORMAL)；
//开启 2# 轴线程，线程优先级高于正常
    AfxBeginThread(Home3Proc，NULL，THREAD_PRIORITY_ABOVE_NORMAL)；
//开启 3# 轴线程，线程优先级高于正常
```

3.9.5　单片机的单轴回零实现

　　某些单片机、ARM 或 DSP 具有高速脉冲输出或 PWM 功能，可以用来实现单轴或多

轴运动控制；结合其外部中断，可以实现回零功能。

以下采用 STC12C5A32S2 单片机为主控芯片单轴控制系统捕获 Index 及开启 Index 偏移量运动的程序，硬件配置及原理图可参照本书第 4.7 节。PWM0 为高速脉冲数时，经过设计编程实现脉冲频率和数量可控是可行的，伺服电机编码器 Z 相信号接入 P3.2 外部中断 0。

具体过程为：Home-Index 回零按钮按下启动轴运动，使轴向原点慢速移动，扫描方式（若中断方式，参照以下程序，硬件上原点开关也需接入外部中断引脚）捕获原点开关，立即停止发送脉冲，再发送 Home 偏移量脉冲，停止后延时待稳定后即允许外部中断 0，并以更慢速发送找 Index 脉冲。当捕获到 Z 相信号时，执行如下中断服务子程序，直到移动 Index 偏移量，轴运动停止稳定后，再清零该轴坐标变量，即可完成 Home-Index 回零过程。

```
void exint0_isr( )interrupt 0 using 2
{
    uint i, j;
    CCAPM0 &=0xfa；                    //停止发脉冲
    Dir0=0；                          //方向设定
    IndicateLogic&=0xdfff；           //复位某些标志位

    for(i=0；i<10000；i++)            //延时，现场调节
    for(j=0；j<100；j++)；

    IndicateLogic|=0x4000；           //置位某标志位
    Pls0HalfT=8294400/ZeroSpeed0Hz；  //设定脉冲频率，即移动速度
    CurrentStepPls0=0；               //当前脉冲数清零
    //预设将要发送的脉冲数为：偏移量脉冲数+丝杠间隙脉冲数
    PreStepPls0=ZeroOffset+Backlash；
    if(PreStepPls0<0)Dir0=1；         //若发送脉冲数小于 0，方向反向
    else Dir0=0；
    CCAPM0 |=0x05；                   //开启脉冲发送
    EX0=0；                          //禁止该外部中断请求
}
```

3.9.6 拓展实践与思考题

（1）参阅参考文献[11]，利用 GTS-800-PV-PCI 运动控制卡自动回原点指令编写回零子函数。

（2）编写 GTS-800-PV-PCI 运动控制卡带轴号等形参的适合不同轴、不同搜索距离、不同偏移量和不同软限位的通用回零子程序。

（3）编写 GTS-800-PV-PCI 运动控制卡正负限位中点+Index 回零子程序。

（4）普通单片机多轴控制系统能否实现多轴同时回零？

第 4 章　运动控制创新实践/毕业设计类课题

本实践教程旨在培养运动控制技术方面的应用型、复合型、创新型人才,参考培养人才类型见表 4.0-1。

表 4.0-1　培养人才类型

培养层次	内容举例	就业方向
研发型	部件选用、驱动器设计、嵌入式设计、双闭环控制、矢量控制、机器视觉等;高级应用、掌握系统内特性、理论性加强、自学新知识和深入研究的能力	产品研发主管、进一步深造等
应用型	除技能型应掌握外,机电匹配设计、伺服驱动器调试、系统集成等;掌握系统外特性、知识全面而不深入、自学新的应用知识能力	工艺、维修、调试、技术支持、市场、生产、质量控制、管理等
技能型	运动控制系统基本组成、特点;阅读说明书并正确操作;日常维护等;培养操作技能	操作、使用、运行、监控等
运动控制基础理论够用、到位		

广大读者可以根据自身实际,对照表 4.0-1,合理定位。运动控制创新实践需要紧密关注生产、生活实际需要,掌握一定的基础理论,培养专业兴趣,勤奋、严谨、开阔视野、精益求精、用功用心、脚踏实地,就会不断取得进步。另外,要善于将课题、项目和工程应用过程中的应用技巧进行及时整理、总结。

本章部分课题仅给出了课题基本要求和参考设计思路与提示,读者可以根据参考资料具体实践;部分课题给出了详细的实现方法,具有应用研究探索性;附录中给出了一篇本科生的毕业设计范文,第 4.3.2 节给出了目前研究热点之一的四轴飞行器设计,第 4.4 节给出论文写作与课题汇报交流技巧。读者可以在此基础上,触类旁通、应用创新,提高运动控制技术应用的综合水平。

经过笔者近年来的实践总结,建议读者还可以尝试实现以下项目课题:基于步进电机的 CoreXY 机构控制、步进电机小型 SCARA 机器人设计、教学型 Delta 机器人及群控实现、物料分拣机器人控制、几种类型的并联机器人设计控制、简易 3D 打印机研制、基于SMA(Shape Memory Alloy,形状记忆合金;或采用其他仿生智能材料)的水母或蠕虫机器人设计、攀爬机器人研制等。

4.1　运动控制平台的 VB 综合开发应用

VB 在小型工业控制领域得到广泛应用,VB 的入门比较简单。本节主要运用 VB 进行运动控制卡的初始化、坐标映射、轴开启、轴关闭、点动、按钮、参数输入、运行参数显示和插补指令调用等实践。另外,还要选取较复杂图形,并实现预设图形显示、实时图形显示、回零和全闭环光栅尺读数等功能。要求最好结合工程实际(如雕刻机、线切割等)进行具体的应用开发。

注:本节内容也可结合参考文献[1]第10.7节对照学习。

4.1.1 运动控制平台系统的组成

运动控制平台系统的硬件组成框图如图4.1-1所示。

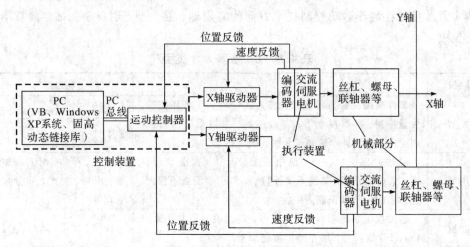

图4.1-1 硬件组成框图

(1)机械部分是一个采用滚珠丝杠传动的模块化十字工作台,用于实现目标轨迹和动作。为了记录运动轨迹和动作效果,专门配备了笔架和绘图装置,笔架可抬起或下降,其升降运动由电磁铁通、断电实现,电磁铁的通、断电信号由控制卡通过I/O口给出。

(2)执行装置根据驱动和控制精度的要求选用交流伺服电机,交流伺服电机具有高速、高加速度、无电刷维护和环境要求低等优点,但驱动电路复杂,价格高。一般伺服电机和驱动器组成一个速度闭环控制系统,用户则根据需要可通过运动控制器构造一个位置(半)闭环控制系统。当采用交流伺服电机作为执行装置时,安装在电机轴上的增量码盘充当位置传感器,用于间接测量机械部分的移动距离。

(3)控制装置由PC、GT-400-SV运动控制卡和相应驱动器等组成。运动控制卡接收PC发出的位置和轨迹指令,进行规划处理,转化成伺服驱动器可以接收的指令格式,发给伺服驱动器,由伺服驱动器进行处理和放大,输出给执行装置。

在半闭环控制系统中,作为输入信号与反馈信号之差的作用误差信号被传送到控制器,以便减小误差,并且使系统的输出达到希望的值。闭环控制系统的优点是采用了反馈,因而使系统的响应对外部干扰和内部系统的参数变化均不敏感,这样,对于给定的控制对象,有可能采用不太精密且成本较低的元器件构成精确的控制系统。采用交流伺服电机的位置控制系统就是闭环控制系统的一个例子,安装在电机轴上的编码器不断检测电机轴的实际位置(输出量),并反馈回伺服驱动器与参考输入位置进行比较,PID调节器根据位置误差信号,控制电机正转或反转,从而将电机位置保持在希望的参考位置上。

4.1.2 XY平台机械本体

GXY系列XY平台机械本体采用模块化拼装,其主体由两个GX系列通用线性模块组成，部件全部采用工业级元器件，驱动电机可选。驱动电机有交流伺服、直流伺服和步进三种。线性模块主要包括工作台、丝杠、导轨、电机和底座等部分。XY 平台机械本体上配备有自动笔架用于绘制 XY 平台的运动轨迹。

GXY 系列伺服平台选用的交流伺服电机为松下 MINAS A4 系列交流伺服电机。角度传感器为光电码盘，直接安装在电机转子上，与配套提供的驱动器构成闭环控制系统，提供位置控制、速度控制和转矩控制三种控制方式（通过驱动器参数设定，并修改相应连线）。驱动器内有各种参数，借助这些参数可以调整或设定驱动器的性能或功能。本实验使用的 XY 平台型号为 GXY2020VP4；光栅尺的精度为 0.001 mm；丝杠导程为 5 mm；交流电机输入电压为 91 V，输入电流为 1.6 A，输出功率为 0.2 kW，频率为 200 Hz，转速为 3000 r/min。

4.1.3　GT－400 系列运动控制器的性能

运动控制卡是基于 PC 总线，利用高性能微处理器及大规模可编程器件，实现多个伺服电机多轴协调控制的一种高性能步进/伺服电机运动控制卡，具有脉冲输出、脉冲计数、数字输入、数字输出和 D/A 输出等功能。它可以发出连续的、高频率的脉冲串，通过改变发出脉冲的频率来控制电机的速度，改变发出脉冲的数量来控制电机的位置，它的脉冲输出模式包括脉冲/方向、脉冲/脉冲方式。脉冲计数可用于编码器的位置反馈，提供机器准确的位置，纠正传动过程中产生的误差。数字输入/输出点可用于语限位、原点开关等。库函数包括 S 形、T 形加速，直线插补和圆弧插补，多轴联动函数等。运动控制卡产品广泛应用于工业自动化控制领域中需要精确定位、定长的位置控制系统和基于 PC 的 NC 控制系统。具体就是将实现运动控制的底层软件和硬件集成在一起，使其具有伺服电机控制所需的各种速度、位置控制功能，这些功能可以通过计算机方便地调用。

固高公司生产的 GT 系列运动控制器，可以同步控制四个运动轴，实现多轴协调运动，其核心由 ADSP2181 数字信号处理器和 FPGA 组成，可以实现高性能的控制计算。它的应用领域广泛，包括机器人、数控机床、木工机械、印刷机械、装配生产线、电子加工设备以及激光加工设备等。

GT 系列运动控制器以 IBM－PC 及其兼容机为主机，提供标准的 ISA 总线和 PCI 总线两个系列的产品。作为选件，在任何一款产品上可以提供 RS232 串行通信和 PC104 通信接口，方便用户配置系统。运动控制器提供 C 语言函数库和 Windows 动态链接库，实现复杂的控制功能。用户能够将这些控制函数与自己控制系统所需的数据处理、界面显示、用户接口等应用程序模块集成在一起，建造符合特定应用要求的控制系统，以适应各种应用领域的要求。

固高 GT－400－SV 运动控制卡通过两台伺服电机来同步控制两个运动轴，实现多轴协调运动。其核心部分由 DSP 和 FPGA 组成，充分利用 DSP 的计算能力，进行复杂的运动规划、高速实时多轴插补、误差补偿和运动学、动力学计算，使得运动控制精度更高、速度更快、运动更加平稳；充分利用 DSP 和 FPGA 技术，使系统的结构更加开放，可根据用户的应用要求进行客制化的重组，设计出个性化的运动控制器；提供 8 路限位开关（每轴 2 路）输入、4 路原点开关（每轴 1 路）输入、4 路伺服电机驱动器报警信号（每轴 1 路）输入、4 路脉冲量输出、4 路编码器输入以及 16 路通用数字量输出接口和通用数字量输入接口，实现高性能的控制计。

4.1.4　运动控制器与伺服系统的匹配

交流伺服电机可以设置成位置模式，由脉冲来定位；也可以设置成速度模式，接收运动控制器发出的模拟量速度给定信号，定位控制由运动控制器完成。目前交流伺服电机多为永磁同步电机，其精度取决于编码器的精度(线数)。

　　交流伺服系统(电机＋驱动器)通常具有力矩控制、速度控制和位置控制等闭环控制功能。而常用的运动控制器除了具有轨迹规划功能外，还具有位置控制和速度控制等闭环控制功能。运动控制器与交流伺服系统组合时，通常有三种方式，实际应用时要进行机电匹配设计。

4.1.5　方案设计

　　本设计是基于 VB 运动控制系统的设计，需要在固高运动控制器中设计卡初始化、信号初始化、轴开启、坐标映射、运行和点动等基本功能。即在 VB 软件环境下进行界面设计，调用固高的函数库编写各个模块的程序，实现一些基本功能。基于 VB 运动控制系统的软件组成框图如图 4.1-2 所示。

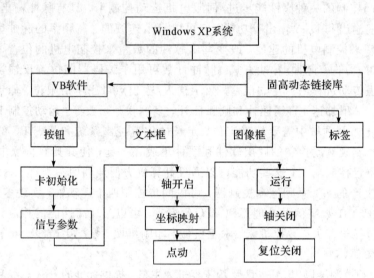

图 4.1-2　系统的软件组成框图

4.1.6　VB 的安装

　　(1) 把下载的压缩包解压出来；

　　(2) 在解压出来的文件夹中双击文件"SETUP. EXE"执行安装程序，出现 VB 的安装向导；

　　(3) 直接点击"下一步"按钮，选中"接受协议"，再点击"下一步"按钮；

　　(4) 在产品的 ID 号中全部输入"1"，姓名和公司名称任意填，再点击"下一步"按钮；

　　(5) 选中"安装 Visual Basic 6.0 中文企业版"，再点击"下一步"按钮；

　　(6) 直接点击"继续"按钮，直接点击"确定"按钮，直接点击"是"按钮；

　　(7) 选择"典型安装"，再点击"是"按钮；

　　(8) 在弹出的对话框中，点击"重新启动 Windows"按钮。

4.1.7　VB 的使用

　　(1) 建立"shi. text"文件夹，并将固高公司提供的光盘 Windows\VB 目录下的 GT400.

dll 和 GTDeclarPCI. bas 文件拷贝到该文件夹。

（2）打开 VB 6.0 软件，新建"标准 EXE"工程，将工程保存到"shi. text"文件夹中，在工程中添加模块，找到该文件夹中的 GTDeclarPCI. bas 并打开，则可以在程序中调用固高公司提供的库函数。VB 的操作界面如图 4.1－3 所示。

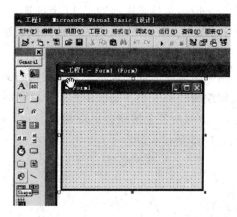

图 4.1－3　VB 的操作界面

（3）操作界面左侧部分为可视化控件，点击某个控件后可以将其直接拖放在 Form1 窗体上，窗体的大小及控件的大小均可拖拽。

（4）根据需求在工程中添加按钮、文本框和图像框等控件，双击这些控件即可进行程序的编写，实现某些特定的功能。

（5）编程完成后点击工具栏中的三角形"运行"按钮即可运行该程序。

4.1.8　动态链接库

实验中使用的是固高 GT－400－SV 系列运动控制器，运动控制器提供 Windows 动态链接库实现复杂的控制功能。将这些控制函数与控制系统所需的界面显示、数据处理等程序模块集成在一起就可完成符合特定应用要求的控制系统。固高系列运动控制器的编程手册较详细地说明各种控制功能以及相应的编程实现，并且给出了具体函数的函数原型、函数说明及函数调用，能让初学者尽快掌握运动函数的用法，来实现特定功能的编程。

4.1.9　图形的选择

（1）设计一个具有典型代表的图形，图形元素包括直线、圆弧、斜线且覆盖 4 个象限，并且设计好图形的具体尺寸。

（2）在纸上画好以毫米为刻度单位的 X－Y 坐标系，选取图形任一点为中心，在坐标系上画出图形，标出坐标。设计的图形如图 4.1－4 所示。

（3）图形中各点的坐标分别为：O(0, 10)，A(0, 0)，B(－10, 10)，C(0, 20)，D(－5, 15)，E(10, 10)，F(5, 15)，G(10, 30)，H(5, 25)，I(－10, 30)，J(－5, 25)，K(0, －50)，L(－10, －50)，M(－5, －60)，N(5, 60)，P(10, －50)。设计绘图的顺序为 A→B→C→D→C→E→C→F→C→G→C→H→C→I→C→J→C→K→L→M→N→P→K。

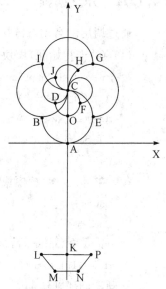

图 4.1－4　设计图形

4.1.10　监控系统的开发步骤

设计良好的界面可以使软件的操作更加简便，起到向导作用。所以在开发设计界面时应秉持着易用性、规范性、合理性、美观与协调性、独特性等原则。

　　根据实验要求放置了 11 个按钮，分别为卡初始化、信号参数、轴开启、坐标映射、运行、X＋、X－、Y＋、Y－、轴关闭、复位关闭；4 个静态文本框标签分别为合成速度、合成加速度、当前 X、当前 Y；4 个编辑框；1 个定时器控件。设置好各个控件的属性。将按钮、编辑框标签与静态文本框整齐排列在页面右侧，按一定顺序排列，并使用图形框控件在左侧绘制一个大小合适的图形，并以图形中心为中心画 X－Y 坐标系，坐标系的刻度单位为 mm。双击各个按钮会出现编程界面，就可进行各个按钮的编程设计。设计好的界面如图 4.1－5 所示。

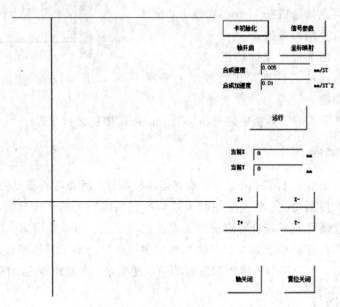

图 4.1－5　界面设计

4.1.11　开发编程

通过调用固高动态链接库的函数来编写程序。

(1) 在"卡初始化"模块中主要加入以下代码：

　　　rtn＝GT_SetSmplTm(200)；

　　　rtn＝GT_Open(　　)　　　　'打开运动控制器设备

　　　rtn＝GT_Reset(　　)　　　　'复位运动控制器

　　　GT_SetSmplTm(200)　　　　'设置运动控制卡控制周期为 200 μs，运动控制器默认的控制周期为 200 μs，这个控制周期对于普通的用户能够安全可靠地工作

(2) 在"信号参数"模块中主要加入以下代码：

　　　LmtSense＝255　　　　　　　'赋值限位开关参数为低电平触发

　　　EncSense＝0　　　　　　　　'赋值 2 轴编码器反向，其余方向不变

　　　rtn＝GT_LmtSns(LmtSense)　　'设置 1～4 轴正、负限位开关为低电平触发

　　　rtn＝GT_EncSns(EncSense)　　'设置编码器方向

运动控制器默认的限位开关为常闭开关，即各轴处于正常工作状态时，其限位开关信号输入为低电平。

（3）在"轴开启"模块中主要加入以下代码：

```
For i=1 To 4 Step 1
rtn=GT_Axis(i)              '设置第 i 轴为当前轴
rtn=GT_ClrSts( )           '清除当前轴不正确状态
rtn=GT_CtrlMode(0)         '设置为输出模拟量
rtn=GT_CloseLp( )          '设置为闭环控制
rtn=GT_SetKp(1)            '设置位置环比例增益
rtn=GT_SetKi(0)            '设置位置环积分增益
rtn=GT_SetKd(5)            '设置位置环微分增益
rtn=GT_Update( )           '参数刷新
rtn=GT_AxisOn( )           '驱动使能
Next i
```

（4）在"坐标映射"模块中主要加入以下代码：

```
c1.cnt(1)=2000
c2.cnt(2)=2000
rtn=GT_MapAxis(1, c1)
rtn=GT_MapAxis(2, c2)      '该程序示例一个单位换算的坐标映射
```

已知电机每转 10000 个脉冲，连接的丝杠螺距是 5 mm，使用如下的坐标映射关系：1号轴=2000 X，2 号轴=2000 Y。这样在描述坐标系下的各坐标轴运动时，单位是1 mm，由运动控制器自动实现单位换算。用户通过调用 GT_MapAxis()命令将在坐标系内描述的运动通过映射关系映射到相应的轴上，从而建立各轴的运动和要求的运动轨迹之间的运动学传递关系。运动控制器根据坐标映射关系，控制各轴运动，实现要求的运动轨迹。调用GT_MapAxis()命令时，所映射的各轴必须处于静止状态。

（5）在"运行"模块中主要加入以下代码：

```
rtn=GT_ExInpt(2)           '笔架落下
rtn=GT_StrtList()          '清空运动控制器命令缓冲区，开始缓冲区命令输入状态
rtn=GT_MvXY(0, 0, vol_comps, acc_comps)   '设置缓冲区起点定位坐标(0,0)，合成速度
                                            与合成加速度可变
rtn=GT_LnXY(0, 0)          '运动到坐标(0,0)
rtn=GT_ArcXY(0, 10, 90)    '以坐标(0,10)为圆心，以坐标(0,0)为起点，正向 90°圆弧
rtn=GT_ArcXY(0, 10, -270)  '以坐标(0,10)为圆心，以上次坐标为起点，负向 270°圆弧
rtn=GT_LnXY(0, -50)        '运动到坐标(0,-50)，以下同理
rtn=GT_ExInpt(0)           '获得运动控制器通用数字量输入的状态
rtn=GT_ExOpt(0)            '设置运动控制器通用数字量输出
rtn=GT_EndList()           '关闭缓冲区
rtn=GT_StrtMtn()           '启动缓冲区的命令
```

（6）在"X+"模块中主要加入以下代码：

```
rtn=GT_Axis(1)             '设置第 1 轴
rtn=GT_PrflT()             '设置为梯形曲线运动
```

```
rtn=GT_GetAtlPos(actl_pos_X)              '当前轴的实际位置为 X
rtn=GT_SetVel(1)                          '设当前轴的目标速度为 1
rtn=GT_SetAcc(0.01)                       '设当前轴的目标加速度为 0.01
rtn=GT_SetPos(actl_pos_X + 10000)         '设置目标位置为 X+10000
rtn=GT_Update()                           '刷新参数
```

"X−""Y+""Y−"的代码同"X+"。

（7）X - Y 轴实时数据显示的代码：

```
GT_Axis（1）                              '设置第 1 轴为当前轴
rtn=GT_GetAtlPos(actl_pos_X)              '得 X 轴当前坐标脉冲数
GT_Axis（2）'设置第 2 轴为当前轴
rtn=GT_GetAtlPos(actl_pos_Y)              '得 Y 轴当前坐标脉冲数
TextCurX. Text=Str(CurX)                  'X 轴坐标显示
TextCurY. Text=Str(CurY)                  'Y 轴坐标显示
X1=X2
Y1=Y2
CurX=actl_pos_X / 2000                    '得 X 轴当前坐标 mm
CurY=actl_pos_Y / 2000                    '得 X 轴当前坐标 mm
X2=CurX
Y2=CurY
Picture1. Line (X1+100, 100 −Y1)−(X2 + 100, 100−Y2), vbRed;    '绘图并坐标转换
```

（8）在"轴关闭"模块中主要加入以下代码：

```
Dim i As Integer
For i=1 To2 Step 1
rtn=GT_Axis(i)                            '设置第 i 轴为当前轴
rtn=GT_AxisOff()                          '驱动禁止
Next i
```

（9）在"复位关闭"模块中主要加入以下代码：

```
rtn=GT_Reset()                            '卡复位
rtn=GT_Close()                            '关闭运动控制器设备
```

4.1.12　系统的调试

编程结束后点击工具栏中的"运行"按钮，出现设计监控界面，打开控制器进行系统的控制操作。按顺序点击界面上"卡初始化""信号参数""轴开启""坐标映射"各按钮，填写合适的合成速度值和合成加速度值后点击"运行"按钮，便开始落笔进行图形绘制。实际绘制图形与电脑监控画面同步，且与预先设计的图形符合。"当前 X""当前 Y"的文本框中显示坐标的实时位置，单位为 mm。自动运行结束后进行点动的测试，每点击一下"X+""X−""Y+""Y−"时丝杠相应运动 5 mm。运行结束后点击"轴关闭"按钮便抬刀，结束运行，最后点击"复位关闭"按钮结束调试。

4.1.13 综合测试结果

经过多次程序修改与运行调试，得到正确的实验结果。电脑的实时监控画面如图4.1-6所示，实际绘制图如图4.1-7所示。

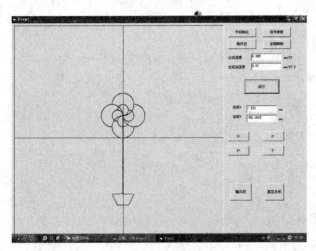

图 4.1-6 电脑实时监控画面　　　　　　图 4.1-7 实际绘制图形

通过比较电脑拷屏图和实际绘制的图形，说明该方法可靠有效。由于实验仪器的误差和实验过程中纸张摆放不牢固等原因会造成实验存在微小误差。

4.1.14 程序清单

```
'声明全局变量
Dim rtn，PortBase As Integer
Dim vol_comps，acc_comps As Double
Dim X1，Y1，X2，Y2，CurX，CurY As Double
Dim actl_pos_X，actl_pos_Y As Long

Private Sub Command1_Click()
rtn=GT_Axis(1)
rtn=GT_PrflT()
rtn=GT_GetAtlPos(actl_pos_X)
rtn=GT_SetVel(1)
rtn=GT_SetAcc(0.01)
rtn=GT_SetPos(actl_pos_X + 10000)
rtn=GT_Update()
End Sub

Private Sub Command2_Click()
rtn=GT_Axis(1)
rtn=GT_PrflT()
rtn=GT_GetAtlPos(actl_pos_X)
rtn=GT_SetVel(1)
```

```
rtn＝GT_SetAcc(0.01)
rtn＝GT_SetPos(actl_pos_X － 10000)
rtn＝GT_Update()
End Sub


Private Sub Command3_Click()
rtn＝GT_Axis(2)
rtn＝GT_PrflT()
rtn＝GT_GetAtlPos(actl_pos_Y)
rtn＝GT_SetVel(1)
rtn＝GT_SetAcc(0.01)
rtn＝GT_SetPos(actl_pos_Y ＋ 10000)
rtn＝GT_Update()
End Sub


Private Sub Command4_Click()
rtn＝GT_Axis(2)
rtn＝GT_PrflT()
rtn＝GT_GetAtlPos(actl_pos_Y)
rtn＝GT_SetVel(1)
rtn＝GT_SetAcc(0.01)
rtn＝GT_SetPos(actl_pos_Y － 10000)
rtn＝GT_Update()
End Sub


Private Sub Form_Load()
vol_comps ＝合成速度.Text
acc_comps ＝合成加速度.Text
Timer1.Enabled＝True
Timer1.Interval＝20
Call timer1_Timer
'以下数据初始化
X1＝0
Y1＝0
X2＝0
Y2＝0
CurX＝0
CurY＝0
TextCurX.Text＝Str(CurX)
TextCurY.Text＝Str(CurY)
'以下绘制坐标
Picture1.DrawWidth＝1
    Dim i As Integer
    For i＝1 To 21 Step 1
```

```
    Picture1. Line ((i － 1) ＊ 10, 99)－((i － 1) ＊ 10, 100), vbYellow
    Picture1. Line (100, (i － 1) ＊ 10)－(101, (i － 1) ＊ 10), vbYellow
  Next i
Picture1. Line (0, 100)－(200, 100), vbBlue
Picture1. Line (100, 0)－(100, 200), vbBlue
Picture1. DrawWidth＝2
End Sub


Private Sub timer1_Timer()
GT_Axis (1)
rtn＝GT_GetAtlPos(actl_pos_X)
GT_Axis (2)
rtn＝GT_GetAtlPos(actl_pos_Y)
TextCurX. Text＝Str(CurX)
TextCurY. Text＝Str(CurY)
X1＝X2
Y1＝Y2
CurX＝actl_pos_X / 2000
CurY＝actl_pos_Y / 2000
X2＝CurX
Y2＝CurY
Picture1. Line (X1 ＋ 100, 100 － Y1)－(X2 ＋ 100, 100 － Y2), vbRed
End Sub


Private Sub 卡初始化_Click()
rtn＝GT_SetSmplTm(200)
rtn＝GT_Open()
rtn＝GT_Reset()
End Sub


Private Sub 信号参数_Click()
Dim LmtSense, EncSense As Integer
LmtSense＝255
EncSense＝0
rtn＝GT_LmtSns(LmtSense)
rtn＝GT_EncSns(EncSense)
End Sub


Private Sub 轴开启_Click()
Dim i As Integer
  For i＝1 To 4 Step 1
    rtn＝GT_Axis(i)
    rtn＝GT_ClrSts()
    rtn＝GT_CtrlMode(0)
```

```
        rtn=GT_CloseLp()
        rtn=GT_SetKp(1)
        rtn=GT_SetKi(0)
        rtn=GT_SetKd(5)
        rtn=GT_Update()
        rtn=GT_AxisOn()
    End Sub


Private Sub 坐标映射_Click()
'该程序示例一个单位换算的坐标映射。已知电机每转 10000 个脉冲，连接的丝杠螺距是 5 mm，
使用如下的坐标映射关系：
'1 号轴=2000 X
'2 号轴=2000 Y
'3 号轴=2000 Z
Dim c1 As TMap
c1.cnt(1)=2000
c1.cnt(2)=0
c1.cnt(3)=0
c1.cnt(4)=0
c1.cnt(5)=0
Dim c2 As TMap
c2.cnt(1)=0
c2.cnt(2)=2000
c2.cnt(3)=0
c2.cnt(4)=0
c2.cnt(5)=0
rtn=GT_MapAxis(1, c1)
rtn=GT_MapAxis(2, c2)
End Sub


Private Sub 运行_Click()
rtn=GT_ExInpt(2)
rtn=GT_StrtList()
rtn=GT_MvXYZA(0, 0, 0, 0, vol_comps, acc_comps)
rtn=GT_LnXY(0, 0)
rtn=GT_ArcXY(0, 10, 90)
rtn=GT_ArcXY(0, 10, -270)
rtn=GT_ArcXY(0, 15, 270)
rtn=GT_ArcXY(0, 15, -270)
rtn=GT_ArcXY(10, 20, 270)
rtn=GT_ArcXY(10, 20, -270)
rtn=GT_ArcXY(5, 20, 270)
rtn=GT_ArcXY(5, 20, -270)
```

```
rtn＝GT_ArcXY(0，30，270)
rtn＝GT_ArcXY(0，30，－270)
rtn＝GT_ArcXY(0，25，270)
rtn＝GT_ArcXY(0，25，－270)
rtn＝GT_ArcXY(－10，20，270)
rtn＝GT_ArcXY(－10，20，－270)
rtn＝GT_ArcXY(－5，20，270)
rtn＝GT_ArcXY(－5，20，－270)
rtn＝GT_LnXY(0，－50)
rtn＝GT_LnXY(－10，－50)
rtn＝GT_LnXY(－5，－60)
rtn＝GT_LnXY(5，－60)
rtn＝GT_LnXY(10，－50)
rtn＝GT_LnXY(0，－50)
rtn＝GT_ExInpt(0)
rtn＝GT_ExOpt(0)
rtn＝GT_EndList()
rtn＝GT_StrtMtn()
End Sub


Private Sub 合成速度_Change()
vol_comps ＝合成速度.Text
End Sub


Private Sub 合成加速度_Change()
acc_comps ＝合成加速度.Text
End Sub
Private Sub 轴关闭_Click()
Dim i As Integer
  For i＝1 To 4 Step 1
    rtn＝GT_Axis(i)
    rtn＝GT_AxisOff()   Next i
End Sub


Private Sub 复位关闭_Click()
rtn＝GT_Reset()
rtn＝GT_Close()
End Sub


Private Sub Form_Unload(Cancel As Integer)        '关闭界面
rtn＝GT_Reset()
rtn＝GT_Close()
End Sub
```

4.2 毕业设计类课题

4.2.1 基于 VC 运动控制卡的综合开发应用

1. 课题基本要求

采用 VC 编程实现运动控制卡的初始化、坐标映射、轴开启、轴关闭、点动、按钮、参数输入、运行参数显示和插补指令调用。选取较复杂图形，进行预设图形和实时图形显示、回零(找参考点)、全闭环光栅尺读数、线程管理、顺序控制等功能。

在此基础上，可试编写读取 CAD 二维图的 DXF 文件，直接转换成运动控制程序，实现绘图、雕刻等功能。

2. 设计思路与提示

参照本书第 4.1 节示例、第 3.8 节伺服驱动器配置和参考文献[1]第 10.7 节内容，结合本书 3.4 节的 VC 基础应用，顺序控制可参照参考文献[18]进行设计。

也可以参照参考文献[25-26]实现基于 PC 的数据采集、图像处理、顺序逻辑控制、通信和 HMI 的高速分选控制系统；参照第 3.8.1 节的工程背景介绍，设计 FPCB(柔性印刷电路板)补强板预贴机控制系统。

4.2.2 单片机控制步进电机的软硬件设计

1. 课题基本要求

本设计可采用"软件环形分配器＋放大器"(参考文献[1]第 10.3 节)或"硬件环形分配器＋放大器集成芯片"(例如 L297＋L298)或"环形分配器集成芯片＋电力电子开关"的硬件方案；预留控制两个电机的接口；键盘和数码管/LCD 的人机界面，能设定步数、速度等参数，控制电机的启停、正反转、调速、跳频和加减速控制等。讨论课题技术的工业应用。

2. 设计思路与提示

在课程设计题目基础上，本课题更注重完整性、系统性，兼顾硬件和软件设计。软件设计采用定时器或相关 PWM 资源完成，可预先设定脉冲数量和频率，并用定时器等实现加减速控制。结合折弯机、智能窗帘和自动广告牌等工业应用，以及参照相关资料来完成。

4.2.3 步进电机的驱动器设计

1. 课题基本要求

根据给定电机设计驱动器，采用集成芯片的硬件环形分配器＋功率放大；绘制原理图并制作 PCB 板；输入信号进行光耦隔离，适应电平和差分信号输入；具有过电流保护、过热保护等功能；结构合理、使用方便、运行可靠，至少能拖动 30 W/24 V 两相步进电机。

2. 设计思路与提示

图 4.2-1 和图 4.2-2 是采用 L297＋L298 设计步进电机驱动器的原理图。

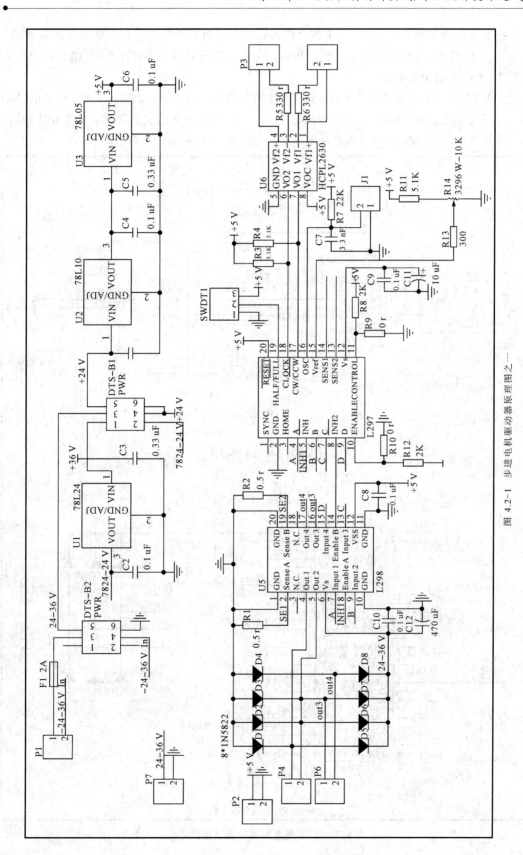

图 4.2-1　步进电机驱动器原理图之一

由于本设计采用 24 V 转 5 V 的线性电源方案，当负载电流较大时，电源整体效率低，图 4.2-1 中的 78LXX 系列稳压芯片发热大，读者可考虑采用开关电源芯片(如 LM2596 系列芯片)来改善电源效率。

由于 L298 功率放大采用晶体管，造成开关管压降大、发热大、效率低，读者可考虑采用 MOSFET 型集成芯片 TB6560(环形分配器＋放大器)开发步进电机驱动器；或采用 L297＋MC34932/MC33932 完成，参考电路如图 4.2-2 所示，其控制电机功率可达 100 W 左右。

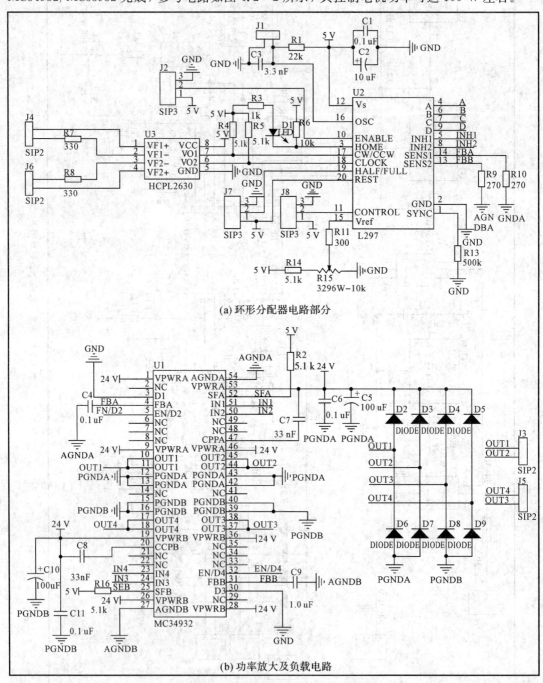

(a) 环形分配器电路部分

(b) 功率放大及负载电路

图 4.2-2　步进电机驱动器原理图之二

4.2.4　直流电机的控制系统设计

1. 课题基本要求

根据给定电机设计驱动器硬件，可采用集成芯片电平转换控制 H 桥，选择合适的电力电子器件；也可采用集成一体化芯片；采用单片机控制，实现 PWM，实现启停、正反转、调速控制和加减速控制等。

2. 设计思路与提示

本课题设计采用 L298 实现两只直流电机驱动器，参考电路原理图如图 4.2 - 3 所示。该方案中，En 端可接 PWM 信号调速；Input 可控制转向、自由停止、急停；Sense 端可接入 A/D 转换，判断电流情况，可用于电动玩具等场合。该图也可用于软件环形分配器方案的步进电机控制。

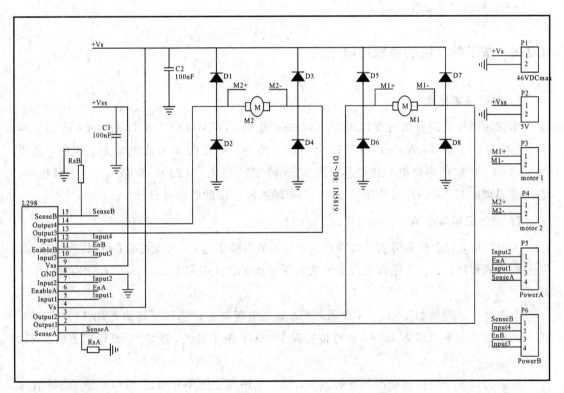

图 4.2 - 3　基于 L298 直流电机驱动器原理图

同样，由于 L298 发热大、能承受的电流小，控制较大功率直流电机的驱动器也可以采用 MC34932 芯片来完成，如图 4.2 - 2 所示，去掉环形分配器部分即可实现两只直流电机的控制。

4.2.5　无刷直流电机驱动器设计

1. 课题基本要求

根据给定电机设计驱动器，本课题设计要求有：电源电压为 24～36 V（直流）、功率为 500 W；PWM 频率可达 20 kHz；具有电流检测功能；采用霍尔信号调理；控制信号采用光耦隔离；绘制原理图，制作 PCB，适合于数字控制电路。

2. 设计思路与提示

可参照配套教材实例（参考文献［1］10.1.2 节）和相关资料进行设计，部分电路可进行改进。可采用 IR2130 作功率开关驱动，6N137 作光电隔离，IRF540 或 P75NF75 电力 MOSFET 作功率开关管。

4.2.6　基于单片机的单轴控制系统

1. 课题基本要求

本课题硬件电路要求有 STC12C5A32S2 单片机、OCMJ4X8C 或 LCD12864 液晶显示器、矩阵键盘、5～24 V 光耦电平转换隔离等模块。可在线编辑修改参数、程序，利用 MAX3232/SP3232 串口电平转换芯片或 USB 转 TTL 芯片 PL2303 或 CH340G 下载程序，实现带隔离的 8DI/8DO（与外部连接 24 V）单轴控制系统的软硬件设计。

2. 设计思路与提示

实践证明，以上配置可实现 2 轴控制，单轴最高频率达 45 kHz 左右；可以在线编辑类似数控代码程序，数控程序和所设置参数均可存放于芯片内部 Data Flash（EEPROM）存储器中。

参考硬件原理图如图 4.2-4 所示，该方案光电隔离芯片选用了高速光耦 TLP350，该芯片输出部分电平可高达 35 V，能直接实现 5～24 V 电平转换，适应 20 kHz 以上的 PWM 载波频率。

读者可以进一步探索提高频率的方案，比如采用高主频单片机或 FPGA 等，还可增加读取正交编码器功能，参考方案如下：

采用集电极开路输出的正交光电编码器，A、B 相通过上拉电阻分别接单片机的捕获输入端即单片机 STC12C5A60S2 的 P1.3、P1.4 引脚，对应 PCA 模块 0 和 PCA 模块 1，参考主流程图和 PCA 中断流程图，如图 4.2-5 和图 4.2-6 所示。

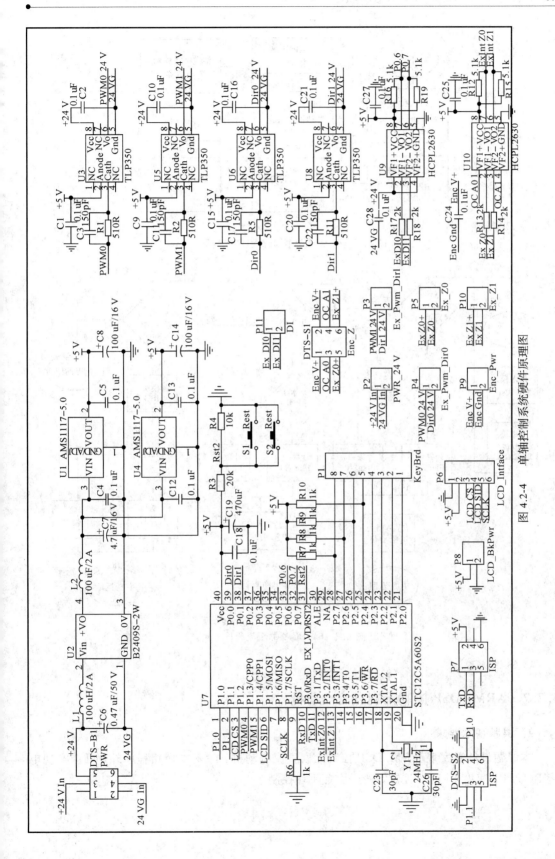

图 4.2-4　单轴控制系统硬件原理图

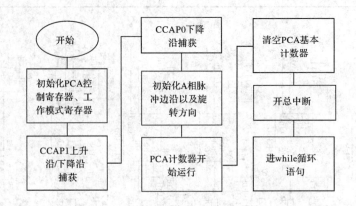

图 4.2 - 5　编码器控制主程序流程图

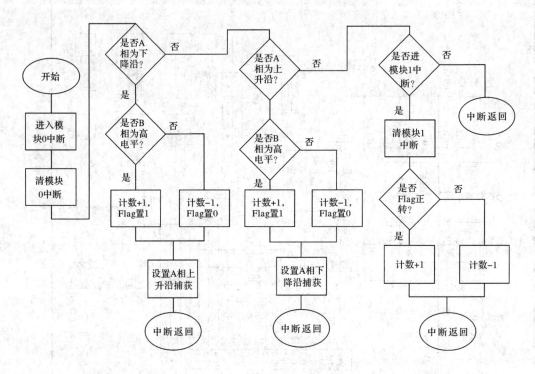

图 4.2 - 6　PCA 中断流程图

4.2.7　ARM/ DSP 控制无刷直流电动机

1. 课题基本要求

本课题设计需实现 ARM/DSP 控制无刷直流电动机，除基本换相程序外，可选实现电流 PI 闭环、速度 PI 闭环控制，甚至位置闭环控制。

2. 设计思路与提示

可参考配套教材(参考文献[1]第 10.1 节)进行,无刷直流电动机的控制也是学习 DSP/ARM 运动控制的基础,关键在"换相"控制上,另外要注意电流、速度双闭环 PI 调解器的控制和滤波等问题。

4.2.8　基于单片机和步进电机的多轴协调控制

1. 课题基本要求

配合本书第 4.2.3 节的硬件设计,采用单片机软件进行逐点比较法直线插补算法,配合购置的 XY 平台,能绘制斜线、圆弧等。可采用数据采样插补算法实现插补功能。

2. 设计思路与提示

本课题设计先采用逐点比较法。等时间数据采样法轨迹插补算法,在编写好单轴步进电机控制的脉冲数与频率控制子程序后,可参考配套教材(参考文献[1]第 10.2 节)的思路进行设计。调试时,可先将采样时间间隔设置大一些,待基本功能完成后再减小采样时间间隔,从而提高性能。

4.2.9　基于现场总线的同步控制系统

1. 课题基本要求

本课题设计可采用 MM420 变频器的 PROFIBUS/USS 控制系统、西门子 S7 - 200 或 S7 - 300 系列 PLC,并采用触摸屏或监控组态软件进行监控。

2. 设计思路与提示

可参照参考文献[1]第 10.4 节或参考文献[2]第 12.6 节内容进行设计。

4.2.10　基于变频器的恒压供水系统

1. 课题基本要求

某公司水泵房需要给车间恒压供水,系统的主要要求如下:

(1)系统实现对 4 台水泵的启停控制。现场总共有 1 个小功率水泵和 3 个大功率水泵。

(2)为了保护水泵电机,延长其使用寿命,要求各大水泵的运行时间相等,并通过控制算法和控制策略实现以恒定的压力供水。

(3)要求系统能够识别时间是白天还是夜间,并采取不同的控制方法。压力设定值为 360 kPa,最大供水压力为 390 kPa,最小供水压力为 310 kPa。恒压供水系统的控制要求如图 4.2 - 7 所示。

(4)要求选用合适的控制器和压力变送器,以及接触器、热继电器等器件。

(5)要求系统尽可能地降低能源的消耗,在满足控制要求的情况下节省能源。为公司带来实际的经济效益和节省经济成本。

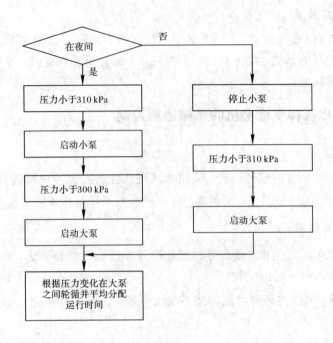

图 4.2-7　恒压供水控制要求图

2. 设计思路与提示

本课题来源于南京卫岗乳业有限公司水泵房给车间恒压供水项目,是一个实际应用课题。可采用 S7-200 PLC 作为主控制器,进行硬件选型、主回路和控制回路硬件设计;软件上注意进行 PID 控制、软件滤波和其他逻辑控制。实际应用中可能会遇到变频到工频切换故障问题,可采用 Matlab 软件进行仿真研究,工程实现上可采用延时等手段。为达到较高的控制性能,也可考虑采用模糊 PID 等控制方法实现。

4.2.11　基于单片机的遥控小车设计

1. 课题基本要求

本课题设计采用无线遥控或红外遥控;驱动轮加舵控制或双轮驱动控制,能前进、后退、左转弯、右转弯、调速(可选);设计硬件原理图,控制系统以 PCB 制作;电机可采用步进电机或直流电机。

2. 设计思路与提示

硬件参考原理图如图 4.2-8 和图 4.2-9 所示。图 4.2-8 为遥控车控制系统硬件原理图,连接红外接收器或 2.4 G 无线模块,控制两台直流电机,可结合本书 4.2.4 节中图 4.5-1 所示的硬件作小功率直流电机的驱动。图 4.2-9 为遥控器控制系统原理图,发射可采用 38 kHz 红外或 2.4 G 无线发射模式,矩阵键盘采用扫描方式。为了省电,读者可以考虑采取外部中断唤醒再进行按键扫描的键盘接入方式。

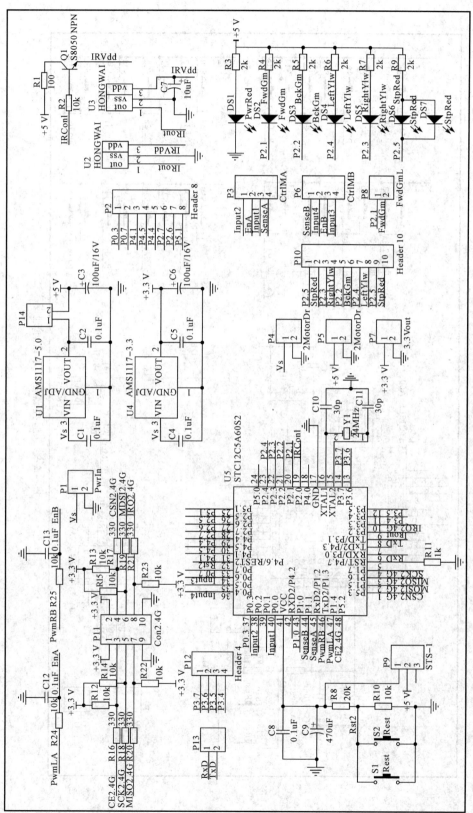

图 4.2-8 遥控车控制系统硬件原理图

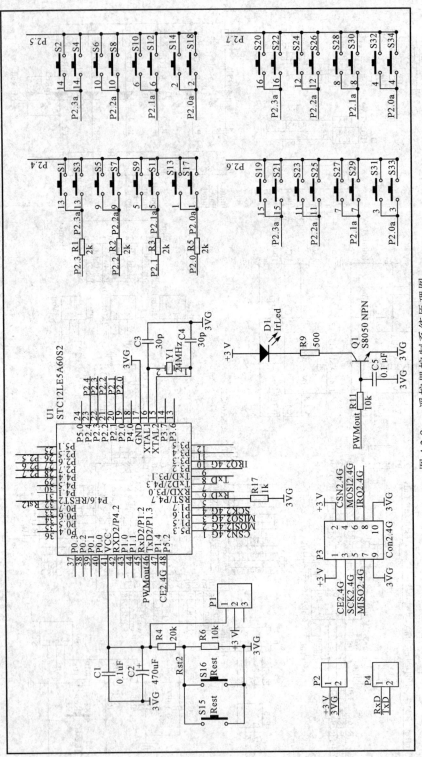

图 4.2-9　遥控器控制系统原理图

4.2.12　擦黑板机器人的研制

1. 课题基本要求

擦黑板机器人(小车)能吸附于目前常规的学校黑板之上,小车能行进并转弯遍及黑板区域;采用单片机控制,能实现前进、后退、转弯和调速等基本功能,并充分考虑遥控、图像处理、擦除和吸灰等功能实现的合理性和可扩展性。除此之外,完成开题报告和外文科技文献翻译。了解本课题的工程背景、目的和意义,通过资料查询、教师指导、综合运用所学知识解决所遇到的技术问题,基本掌握科技论文写作技巧,做好课题总结,完成毕业设计论文和答辩。

设计总体方案时,首先对小车吸合到黑板的方式进行设计和试验,其次进行擦除方案的设计和试验,并考虑吸灰功能,对小车进行总体结构设计,完成样机;选择一款单片机设计控制电路,绘制原理图、PCB图,制作电路板,设计软件并联合硬件进行调试。试验成功后,探讨其在实际生产中的工程应用。整理实验报告及相关数据,撰写论文。

2. 设计思路与提示

机器人能在垂直黑板表面可靠吸附与移动是本设计成功的关键,为实现节能、无缆化和小型化的目标,最终选择轮式磁吸附方式。

该擦黑板机器人的结构和方案经过多次反复试验和优化设计,比如:磁吸附采用履带方式,制造难度大,电机驱动力矩不够,试验后改为每轮均匀手工镶嵌 10 个 3.2 mm×3.2 mm×25 mm 的 N-35 钕铁硼永磁铁的方式;试验了 3 款小车底盘,最终选定新型4WD智能小车本体;减速比由 1:48 经试验后改成 1:120,解决了电机驱动力矩不够、不能自锁等问题;两轮驱动方式驱动力矩不够,试验后改成四轮驱动;在磁铁的表面裹一层薄薄的橡胶层,在磁条之间的轮子表面采用防滑橡胶,防止打滑;摩擦面垂直于转轴的风扇式旋转擦灰,导致小车发生偏转,不易控制,试验后改成摩擦面平行于转轴的滚筒式擦灰;当然,对于摩擦面垂直于转轴的风扇式旋转擦灰方式,若采用对称的两个相反转向的结构控制,则类似于扫树叶车,可能是另一种可行的方案,但结构和控制将更复杂。

3. 设计内容及创新点

该设计涉及机器人、智能控制、电子、通信和力学等主要创新点如下:

(1) 采用轮式、磁吸附和四轮驱动结构的小车,为擦黑板机器人在垂直光滑黑板壁面可靠灵活行走提供了保证,具备了后续小型化、轻量化等优化设计空间;采用滚筒式擦灰,不至于使小车偏转而难于控制;负压吸灰最大限度避免环境污染。

(2) 对小车进行了静力学分析,理论推导了可靠吸附与移动条件公式,既抓住了共性的科学问题的关键,又简化了使设计,为快速、系列化设计同类产品提供了依据。

(3) 集单片机、电机驱动、蓝牙通信和继电器等于一体的控制电路,使编程灵活方便、成本低廉、功能强、节能、无缆化、便于扩展。

(4) 手机蓝牙控制方便快捷、贴近生活,方便后续网络、人机智能控制。

(5) 该设计产品化可能性大,也为后续进一步深入研究开辟了广阔空间。

(6) 讨论了集机器人、视觉控制单元和移动终端于一体的擦黑板机器人系统及其控制策略。

4.3　设　计　案　例

4.3.1　视觉引导 SCARA 机器人抓取系统设计

本书第 4.2.12 节和附录讲述了一种基于单片机的爬壁机器人研制，属于嵌入式开发。本节介绍机器视觉(机器测量)的初步应用，结合工业 SCARA 机器人实现取放(pick－and－place)操作，主要涉及平面位置(X、Y 向坐标)和姿态(围绕 Z 轴旋转)共三个自由度的运动控制，属于运动控制系统集成。无论是嵌入式开发还是系统集成，只要打好基础、循序渐进、脚踏实地，掌握运动控制在机器人领域的应用就不成问题，甚至自行研制机器人也是可能的。近年来，笔者带领多届学生持续攻关，采用多轴运动控制卡、PC 和伺服系统，研制了一款高性能 Delta 机器人；基于 PC 通过串行口/以太网发送指令到单片机脉冲发生器控制步进电机，研制了教学型 Delta 机器人[27]，并获得了 2019 年江苏省普通高校本科团队优秀毕业设计(论文)奖。

视觉是一个古老的研究课题。据统计，在日常生活中视觉为人们提供的信息量约占总信息量的 70%。机器视觉是将图像处理、图像分析、模式识别与计算方法等理论结合起来，目标是利用摄像机对目标物体进行图像采样，并将所得图像在电脑上进行相应处理，最终得到期望标准下的计算结果，为后续的判断或者推理提供依据，使所得图片能够满足仪器检测需求及相关应用的一门学科。

机器人技术是一种融合了机械、控制、电子、计算机、信息、传感技术、人工智能和仿生学等学科而形成的高新技术，已经成为制造行业、生产行业和服务行业中的自动化工具。工业机器人是一种能模拟人的手、臂部分动作，循环执行轨迹、姿态等约束下编写好的控制程序，在三维空间中完成搬运、喷涂、装配和焊接等操作的自动化装置。

机器人视觉伺服是利用机器视觉的原理，通过图像反馈的信息，快速进行图像处理，在尽量短的时间内对机器人作相应的自适应调整，构成机器人的闭环控制。视觉引导是机器人对物体识别与定位应用领域中的一个重要问题。本节简述 SCARA 机器人对目标物体完成"识别—抓取—放置"动作过程中的初步技术和方案。

1. 工业相机图像采集

1) 概述

机器视觉具有帮助工业生产实现精确定位、精密检测、非接触测量和长时间工作等特点，已经大量应用于各种领域，例如工业产品的质检、医床临检、温炉控制和航拍等领域。机器视觉是目前研究的热点，在工业和日常生活中得到日益广泛的应用。

初学者需要弄清楚相机分辨率、像素、视野和焦距等概念，光源的相关知识对机器测量的效果至关重要。

本节论述所采用相机为大恒图像 USB 接口 MER－125－UX－L 工业相机，该相机分辨率为 1292×964，黑白图像，采用 $1/3''$ Sony ICX445 CCD 传感器，像素尺寸为 $3.75\ \mu m \times 3.75\ \mu m$，帧率为 30f/s@$1292 \times 964$，数模转换精度为 12 bit，图像深度为 8 位或 12 位(本例采用 8 位深度)，快门时间为 $20\ \mu s \sim 1\ s$，数字增益有 $\times 1$、$\times 0.5$、$\times 0.25$、$\times 0.125$、$\times 0.0625$，图像采集模式为软件触发模式。

2) 工业相机初步调试

首次应用大恒公司提供的软件,按照其说明书(参考文献[14])进行初步调试,测试通信、相机调节等功能是否正常。点击 MER_USB_Setup32cn.exe 安装 USB 驱动,安装成功后,SDK(Software Development Kit,软件开发工具包)示例程序在安装文件夹下的 SDK 文件夹中。电脑桌面将会产生三个图标,如图 4.3-1 所示。

图 4.3-1 图标

将相机的 USB 插口插入电脑,在"我的电脑"→"属性"→"硬件"→"设备管理器"中能看到 USB2.0 Digital Camera 设备,如图 4.3-2 所示。

图 4.3-2 设备管理显示

点击"Daheng MER - Series USBDevice"图标,或打开 GalaxyView.exe 应用程序,点机"刷新"按钮,在工作区域左上角将会出现自己相机的型号,如图 4.3-3 所示。

图 4.3-3 打开相机测试软件

打开设备,开始采集,若屏幕中间出现连续图像,则表示相机工作正常。依次停止采集,关闭设备,关闭应用程序,测试结束,如图 4.3-4 所示。

图 4.3 - 4　相机测试

3）位图文件格式

BMP 是 Bitmaps 的缩写，BMP 图像文件格式是微软 Windows 操作系统环境中的基本位图图像文件格式。Windows 3.0 以后的 BMP 图像文件是一种与硬件设备无关的图像文件格式，它采用位映射存储格式，除了图像深度可选以外，不采用其他任何压缩方式，因此，BMP 图像文件所占用的磁盘空间很大。

位图文件为二进制数据存储文件，由 4 部分组成：位图文件头、位图信息头、颜色表和位图数据，其结构图如图 4.3 - 5 所示。采用 UltraEdit 软件打开如图 4.3 - 6 所示的 1024×768 的黑白图像（文件名：123. bmp），数据以十六进制形式显示，位图文件数据如图4.3 - 7所示。

```
                   ┌──────────────────────────────────┐
                   │  位图文件头（BITMAPFILEHEADER）     │
                   ├──────────────────────────────────┤
                   │  位图信息头（BITMAPINFOHEADER）     │
  BMP文件 ◄──────  ├──────────────────────────────────┤  ──► 内存中的DIB
                   │  颜色表（RGBOUAD）（彩色为彩        │
                   │  色索引表）                        │
                   ├──────────────────────────────────┤
                   │  位图数据                          │
                   └──────────────────────────────────┘
```

图 4.3 - 5　位图文件结构

图 4.3 - 6　某位图文件图像

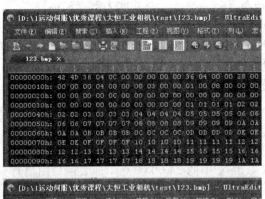

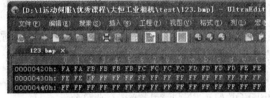

图 4.3-7　位图文件数据

（1）位图文件头，定义结构如下：

```
typedef struct tagBITMAPFILEHEADER {
    WORD bfType;            //必须是 BM
    DWORD bfSize;           //整个文件的大小(以字节为单位)
    WORD bfReserved1;       //保留，必须为 0
    WORD bfReserved2;       //保留，必须为 0
    DWORD bfOffBits;        //从文件开头到像素数据的距离(以字节为单位)
} BITMAPFILEHEADER;
```

位图文件头结构的长度是固定的，为 14 个字节，其中，bfType 指定文件类型，它一般为固定值：42 4D，即 ASCⅡ码"BM"，用于指定为 BMP 位图文件；bfSize 指定文件大小，图 4.3-7 中的 36 04 0C 00 表示的大小即（00 0C 04 36）h＝787510 字节＝14（文件头字节数）＋40（信息头字节数）＋1024（颜色表字节数）＋1024×768（位图数据字节数）字节；bfOffBits 为从文件头到实际位图数据的偏移字节数，图 4.3-7 中的 36 04 00 00，即偏移量（00 00 04 36）h＝1078 个字节（14＋40＋1024）。由位图文件头可以获得该文件的大小、类型及实际图像第一个像素的位移偏移地址。

（2）位图信息头，定义结构如下：

```
typedef struct tagBITMAPINFOHEADER {
    DWORD biSize;           //本结构的大小
    LONG biWidth;           //位图宽(以像素为单位)
    LONG biHeight;          //位图高(以像素为单位)
    WORD biPlanes;          //平面数(必须为 1)
    WORD biBitCount         //每像素比特数(与颜色数有关)
    DWORD biCompression;    //压缩方式(为 0 时表示不压缩)
    DWORD biSizeImage;      //图像大小(以字节为单位)
    LONG biXPelsPerMeter;   //水平每米像素数(水平分辨率)
    LONG biYPelsPerMeter;   //竖直每米像素数(垂直分辨率)
```

```
DWORD biClrUsed;                    //使用的颜色数
DWORD biClrImportant;               //重要颜色数
} BITMAPINFOHEADER;
```

位图信息头结构的长度是固定的,为 40 个字节,其中,biWidth 指定图像的宽度;bi-Height 指定图像的高度;biBitCount指定表示颜色时要用到的位数,常用的值为 1(黑白二色图)、4(16 色图)、8(256 色图)、24(真彩色图)、相应地,该位图具有 2 的 biBitCount 次幂的颜色数(全部的颜色),如果使用了全部颜色,则 biClrUsed 字段可以为 0;biSizeImage 指定实际位图数据占用的字节数,同时也可以用以下的公式计算出来:biSizeImage＝biWidth×biHeight。图 4.3－7 中的 28 00 00 00,即表示位图信息头(00 00 00 28)h＝40 个字节大小;00 04 00 00 表示位图宽度(00 00 04 00)h＝1024 像素;00 03 00 00 表示位图高度(00 00 03 00)h＝768 像素;01 00 表示平面数 1;08 00 表示 256 色,即 8 位像素深度;00 00 0C 00 表示位图数据大小(00 0C 00 00)h＝786432＝1024×768 字节数据。

(3) 颜色表,也称调色板,定义结构如下:

```
typedef struct tagRGBQUAD{ BYTE rgbBlue;  //蓝色分量
BYTE rgbGreen;          //绿色分量
BYTE rgbRed;            //红色分量
BYTE rgbReserved;       //保留
} RGBQUAD;
```

颜色表结构体中有四个字节类型的变量,三个字节分别表示像素点的"蓝、绿、红"色分量(注意三者的次序与一般习惯不同),一个字节保留。颜色表也叫颜色映射表,一幅位图中使用了多少种颜色,其颜色表在理论上就有多少项,每一项都是一个 RGBQUAD 结构体变量。例如,如果一幅位图有 256 种颜色,其颜色表长度为 256 个 RGBQUAD 结构体变量所占据的内存空间,即 1024 字节。当位图的每个像素用 24 位表示即真彩色图时,则不需要用调色板,而直接将该颜色的红、绿、蓝分别用一个字节表示,这样更节约空间。只有当位图的每个像素所占的空间小于 24 时才使用调色板。调色板实际上是一个数组,共有 biClrUsed 个元素,数组中每个元素的类型是一个 RGBQUAD 结构,占 4 个字节。图 4.3－7 中表示的是 8 位灰度图像,调色板数据从 3Ah 地址开始到 435h 结束,数据值为十六进制 01 01 01 01 02 02 02 02…FF FF FF FF 有规律变化,即此为 8 位灰度图像调色板的固定数据。

4) VC 编程相机单帧图像采集显示

参照本书 3.4.3 节和参考文献[14]内容,建立基于 MFC 对话框的工程、动态链接库的使用等,编写"单次采集"按钮控制响应函数如下:

```
#define IS_SNAP_SINGLE 1//单帧采集
BYTE * pImageBuffer;//采集图像数据缓冲区
BYTE * pImageBuffer1;//采集图像数据缓冲周转区,图像翻转用
void CTestDlg::OnButton1()
{
CString Strtemp;
GXInitLib();//初始化库
uint32_t m_nNumberDevice;
```

```
GXUpdateDeviceList(&m_nNumberDevice, 1000)；//获得设备个数
if (m_nNumberDevice <= 0)
{
    MessageBox("未发现设备!")；
    return；
}
GX_DEVICE_BASE_INFO * baseinfo =
        new GX_DEVICE_BASE_INFO[m_nNumberDevice]；
size_t nSize =
        m_nNumberDevice * sizeof(GX_DEVICE_BASE_INFO)；//获取设备信息
status=GXGetAllDeviceBaseInfo(baseinfo, &nSize)；
//打开数字相机,注:已经包含默认参数
status =GXOpenDeviceByIndex(1, &m_hDevice)；
//获取宽度
status=GXGetInt(m_hDevice, GX_INT_WIDTH, &m_nImageWidth)；
//获取高度
status=GXGetInt(m_hDevice, GX_INT_HEIGHT, &m_nImageHeight)；
PrepareForShowMonoImg()；//为显示黑白图像做准备
//设置图像宽度 1292
status =GXSetInt(m_hDevice, GX_INT_WIDTH, m_nImageWidth)；
//设置图像高度 964
status =GXSetInt(m_hDevice, GX_INT_HEIGHT, m_nImageHeight)；
status=GXSetEnum(m_hDevice, GX_ENUM_TRIGGER_MODE,
    GX_TRIGGER_MODE_OFF)；//关闭触发模式
status =GXSetEnum(m_hDevice, GX_ENUM_ACQUISITION_MODE,
    GX_ACQ_MODE_SINGLE_FRAME)；//设置采集模式为单帧采集
status =GXSetInt(m_hDevice, GX_INT_ACQUISITION_SPEED_LEVEL,
    2)；//设置采集速度,范围为 0~3
status =GXSetInt(m_hDevice, GX_INT_GAIN, 8)；//设置增益,增益范围为 0~1023
status =GXSetFloat(m_hDevice,
    GX_FLOAT_EXPOSURE_TIME, 20000)；//曝光时间为 20 ms
#if IS_SNAP_SINGLE //采集单帧模式
GX_FRAME_DATA frameData；
frameData. pImgBuf=pImageBuffer；
frameData. nStatus=-1；
status=GXSendCommand(m_hDevice, GX_COMMAND_ACQUISITION_START)；
if (status! =GX_STATUS_SUCCESS)//若相机函数调用不成功,显示错误码并返回
{
    Strtemp. Format("%d", status)；
    AfxMessageBox(Strtemp)；
    return；
}
do
```

```
        {
            status=GXGetImage(m_hDevice, &frameData, 200);
        } while(frameData. nStatus ! = 0);
//可对 pImageBuffer 进行图像处理或者显示操作
// ·······················
        //黑白相机需要翻转数据后显示
        pImageBuffer1=new BYTE[m_nImageWidth * m_nImageHeight];
        for (long j=0; j<m_nImageWidth * m_nImageHeight; j++)
        {
            * (pImageBuffer1+j)= * (pImageBuffer+j);
        }
        for(int i =0; i <m_nImageHeight; i++)
        {
            memcpy(pImageBuffer+i * m_nImageWidth, pImageBuffer1+(m_nImageHeight-i-1)
* m_nImageWidth, (size_t)m_nImageWidth);
        }
        delete []pImageBuffer1; //回收图像缓冲周转区
        DrawImg(pImageBuffer, m_pBmpInfo, m_nImageWidth, m_nImageHeight); //绘图
//结束图像处理操作
        status=GXSendCommand(m_hDevice, GX_COMMAND_ACQUISITION_STOP);
        #else//连续采集模式
        status=GXRegisterCaptureCallback(m_hDevice, pImageBuffer, OnFrameCallbackFun); //注册
回调函数
        status=GXSendCommand(m_hDevice, GX_COMMAND_ACQUISITION_START);
        Sleep(2000); //延迟 2 s,等待回调函数采集 n 帧图像
        status=GXSendCommand(m_hDevice, GX_COMMAND_ACQUISITION_STOP);
        status=GXUnregisterCaptureCallback(m_hDevice); //注销回调函数
        #endif
        if (! m_bSaveFlag)//若非存储
        {
            delete []pImageBuffer; //回收图像缓冲区
            status=GXCloseDevice(m_hDevice);
            GXCloseLib(); //关闭库
        }
    }
定义变量和函数:
bool ColorBmpFlag; //是否彩色标志
CString m_sSaveFileName; //存储文件名
bool m_bSaveFlag; //是否存储标志
HPALETTE m_hPaiette;
LPBYTE m_pBits;
LPBITMAPINFOHEADER m_pBMIH;
bool ReadBmp(CFile * pFile); //读取 bmp 图像函数
```

char m_chBmpBuf[2048];// BIMTAPINFO 存储缓冲区，m_pBmpInfo 即指向此缓冲区

bool PrepareForShowMonoImg();//显示黑白图像准备

BITMAPINFO * m_pBmpInfo;//用来显示图像的结构指针

void DrawImg(void * pImageBuf, tagBITMAPINFO * pImgIfo, int64_t nImageWidth, int64_t nImageHeight);//绘图

int64_t m_nImageHeight;//原始图像宽

int64_t m_nImageWidth;//原始图像高

为 8 位灰度图像显示准备函数：

//————————————————————————————

/ * *

\brief 为黑白图像显示准备资源，分配 Buffer

　　\return true 为图像显示准备资源成功　　false 为准备资源失败

* /

//————————————————————————————

bool CTestDlg：：PrepareForShowMonoImg()

{

　　　//————————————————————————

　　　//————————————初始化 bitmap 头——————————

　　　m_pBmpInfo＝（BITMAPINFO *)m_chBmpBuf;

　　　m_pBmpInfo －>bmiHeader. biSize＝ sizeof(BITMAPINFOHEADER);

　　　m_pBmpInfo －>bmiHeader. biWidth＝（LONG)m_nImageWidth;

　　　m_pBmpInfo －>bmiHeader. biHeight＝（LONG)m_nImageHeight;

　　　m_pBmpInfo －>bmiHeader. biPlanes＝ 1;//平面数，必须＝1

　　　if（! ColorBmpFlag)

　　　{

　　　m_pBmpInfo －>bmiHeader. biBitCount＝ 8;　// 黑白图像为 8

　　　}

　　　if (ColorBmpFlag)

　　　{

　　　m_pBmpInfo －>bmiHeader. biBitCount＝ 24;　// 彩色图像为 24

　　　}

　　　m_pBmpInfo －>bmiHeader. biCompression＝ BI_RGB;

　　　m_pBmpInfo －>bmiHeader. biSizeImage＝（long)m_nImageWidth * (long)m_nImageHeight;

　　　m_pBmpInfo －>bmiHeader. biXPelsPerMeter＝ 0;

　　　m_pBmpInfo －>bmiHeader. biYPelsPerMeter＝ 0;

　　　m_pBmpInfo －>bmiHeader. biClrUsed＝ 0;

　　　m_pBmpInfo －>bmiHeader. biClrImportant＝ 0;

　　　//黑白相机需要进行初始化调色板操作

　　　if（! ColorBmpFlag)

　　　{

　　　　　for(int i＝0；i<256；i＋＋)

　　　　　{

```
            m_pBmpInfo->bmiColors[i].rgbBlue= i;
            m_pBmpInfo->bmiColors[i].rgbGreen= i;
            m_pBmpInfo->bmiColors[i].rgbRed= i;
            m_pBmpInfo->bmiColors[ i].rgbReserved= i;
        }
    }
    //----------------------------------------
    //-----------为图像数据分配 Buffer-----------
    //黑白图像 Buffer 分配
    pImageBuffer= new BYTE;(size_t)(m_nImageWidth * m_nImageHeight)];
    if (pImageBuffer == NULL)
    {
        return false;
    }

    return true;
}
```

在静态文本对象处显示图片函数如下：

```
//----------------------------------------
/* *
\brief 在图像显示窗口画图
\param   pImageBuf    [in]指向图像缓冲区的指针
\param   nImageWidth  [in]图像宽
\param   nImageHeight [in]图像高
  \return 无
* /
//----------------------------------------
void CTestDlg::DrawImg(void * pImgBuffer, tagBITMAPINFO * pImgIfo,
                        int64_t nImageWidth, int64_t nImageHeight)
{
    int nWndWidth= 0;
    int nWndHeight= 0;

    //为画图做准备
    RECT objRect;
    //获取静态文本对象 IDC_STATIC_SHOW_WND 窗口指针
    CWnd * pWnd= GetDlgItem(IDC_STATIC_SHOW_WND);
    pWnd->GetClientRect(&objRect);
    nWndWidth= objRect.right-objRect.left; //计算绘图宽度
    nWndHeight= objRect.bottom-objRect.top; //计算绘图高度
    CDC * pDC= pWnd->GetDC();
    HDC hDC= pDC->GetSafeHdc();
```

```
//必须调用该语句，否则图像出现水纹
::SetStretchBltMode(hDC，COLORONCOLOR)；
::StretchDIBits(hDC，
    0，
    0，
    nWndWidth，
    nWndHeight，
    0，
    0，
    (int)nImageWidth，
    (int)nImageHeight，
    pImgBuffer，
    pImgIfo，//(LPBITMAPINFO)m_pBMIH，//m_pBmpInfo，
    DIB_RGB_COLORS，
    SRCCOPY
    )；

    //释放 pDC
    pWnd->ReleaseDC(pDC)；
}
```

5）VC 编程相机采集图像转位图文件存储

相机采集图像并存储 BMP 文件程序如下：

```
void CTestDlg::OnButton3() //存储 BMP 文件
{
    m_bSaveFlag=true；
    CTestDlg::OnButton1()；//调用采集函数
    //打开保存对话框，获取保存路径及文件名
    static char szFilter[]="位图文件(*.bmp；*.dib)|*.bmp；
                            *.dib|All Files(*.*)|*.*||"；
    CFileDialog dlg(false，"*.bmp"，NULL，OFN_HIDEREADONLY|OFN_OVER-
WRITEPROMPT，szFilter)；
    if(dlg.DoModal()==IDOK)
    {
        UpdateData(true)；//更新"保存对话框"文件名到变量
        m_sSaveFileName=dlg.GetPathName()；
    }
    else
    {
        return；
    }
    //建立 CFile 对象准备保存图片
    CFile savefile；
    if(! savefile.Open(m_sSaveFileName，
```

```
                    CFile::modeCreate|CFile::modeWrite|CFile::typeBinary))
        {
            AfxMessageBox("Can not write BMP file. ");
            return;
        }
        BITMAPFILEHEADER bf;
        bf. bfOffBits=1078; //14+40+1024，黑白图，8位
        bf. bfReserved1=0;
        bf. bfReserved2=0;
        //说明文件大小(位图文件头+位图信息头+图片像素所占字节数)
        bf. bfSize=sizeof(BITMAPFILEHEADER)+sizeof(BITMAPINFOHEADER)+1024+(int)
m_nImageWidth * (int)m_nImageHeight;
        //说明文件类型为BM
        bf. bfType=((WORD)'M'<<8|'B');
        //写入位图文件头、图文信息头、调色板
        savefile. Write(&bf, 14);
        savefile. Write(&m_chBmpBuf, 40+1024);
        int BmpByteNo=(int)m_nImageWidth * (int)m_nImageHeight;
        for (long i=0; i<BmpByteNo/8192; i++)
        {
            savefile. Write(&( * (pImageBuffer+i * 8192)), 8192);
        }
        savefile. Write(&( * (pImageBuffer+(BmpByteNo/8192) * 8192)), BmpByteNo%8192);
        //写入完毕，关闭文件
        savefile. Close();
        delete []pImageBuffer; //回收图像缓冲区
        m_bSaveFlag=false;
        status=GXCloseDevice(m_hDevice);
        GXCloseLib(); //关闭库
    }
```

6) VC 编程 8 位灰度位图图像的显示

```
    void CTestDlg::OnButton2() //读 BMP 文件并显示
    {
        CFile bmpfile;
        bmpfile. Open(". /123. bmp", CFile::modeRead);
        ReadBmp(&bmpfile);
        DrawImg(m_pBits, (LPBITMAPINFO)m_pBMIH, m_pBMIH ->biWidth,
                        m_pBMIH ->biHeight);
        bmpfile. Close();
        ColorBmpFlag=false; // 默认 24 位真彩色标志复位
    }
```

读取 BMP 图像函数，可判断 8 位灰度和 24 位真彩色：

```
    bool CTestDlg::ReadBmp(CFile * pFile)
```

```
{
    try
    {
        BITMAPFILEHEADER bmfh;
        //读取文件头
        int nCount=pFile->Read((LPVOID)&bmfh, sizeof(BITMAPFILEHEADER));
        //判断是否为 BMP 格式的位图
        if (bmfh. bfType ！ = 0x4d42)
        {
            throw new CException；
        }
        //计算信息头加上调色板的大小并分内存
        int nSize=bmfh. bfOffBits−sizeof(BITMAPFILEHEADER);
        m_pBMIH=(LPBITMAPINFOHEADER) new BYTE[nSize];
        //读取位图信息头和调色板(黑白)
        nCount=pFile->Read(m_pBMIH, nSize);
        if (24==(m_pBMIH->biBitCount))//若为 24 位真彩色位图
        {
            ColorBmpFlag=true；//24 位真彩色标志置位
        }
        //读取图像数据
        if (! ColorBmpFlag)//黑白，256 色灰度，有调色板
        {
            m_pBits=
                (LPBYTE) new BYTE [(m_pBMIH->biHeight) * (m_pBMIH->biWidth)];
            nCount=pFile->Read(m_pBits,
                (m_pBMIH->biHeight) * (m_pBMIH->biWidth));
        }
        Else   //否则，24 位真彩色，无调色板
        {
            m_pBits=
            (LPBYTE) new BYTE [(m_pBMIH->biHeight) * (m_pBMIH->biWidth) * 3];
            nCount=
            pFile->Read(m_pBits，(m_pBMIH->biHeight) * (m_pBMIH->biWidth) * 3)；
        }
    }
    catch (CException * e)
    {
        AfxMessageBox("文件读取错误");
        e->Delete();
        return FALSE;
    }
    return true;
```

```
        }
```
7）VC 编程 24 位真彩色位图图像的显示

24 位真彩色 BMP 图像读取显示与 8 位灰度图像读取显示类似，程序如下：

```
    void CTestDlg::OnButton4()
    {
        CFile bmpfile;
        bmpfile.Open("./666.bmp", CFile::modeRead);
        ReadBmp(&bmpfile);
        DrawImg(m_pBits, (LPBITMAPINFO)m_pBMIH, m_pBMIH->biWidth, m_pBMIH->
    biHeight);
        bmpfile.Close();
        ColorBmpFlag=false; //显示完默认 24 位真彩色标志复位
    }
```

以上位图文件采用相对路径，8 位灰度位图文件 123.BMP 和 24 位真彩色位图文件 666.BMP 需要与执行文件在同一个文件夹中。所有程序的编写不是唯一的。

2. SCARA 机器人的正解与反解控制

SCARA(Selective Compliance Assembly Robot Arm)机器人具有根据人的手臂运动而设计的机器人，它包含肩关节、肘关节的水平转动和腕关节垂直运动，是一种固定型工业机器人。SCARA 机器人具有四个自由度机械手：三个旋转自由度和一个移动自由度，如图 4.3-8 所示。三个旋转接头的轴线相互平行，手腕的位置参考点是由两个旋转关节的角位移 θ_1、θ_2 和移动关节位移 Z 决定的。这种类型的机器人结构轻巧，响应速度快，它可以实现平面运动，手臂在垂直方向的刚度大，在水平方向灵活，具有柔顺性。

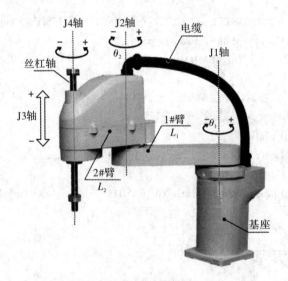

图 4.3-8 SCARA 机器人

SCARA 机器人适用于平面定位，广泛应用于垂直方向的组装、焊接、密封和搬运等工作领域，具有高刚性、高精度、高速度、安装空间小和工作空间大等优点。为了方便安装于各种空间，SCARA 机器人有地面和顶置两种安装方式，可以被直接组装成为焊接机器人、点胶机器人、光学检测机器人、搬运机器人和插件机器人等。

1) SCARA 机器人运动学分析

SCARA 机器人运动学，包括机器人运动学方程和运动学正解及反解，这是研究机器人动力学和机器人控制的重要基础，也是开放机器人系统轨迹规划的重要基础。

机器人控制就是控制机器人连杆、各关节等彼此之间的相对位置和各连杆、各关节的运动速度以及输出力的大小，涉及各连杆、关节工作对象、工作台及参考基准等彼此之间的相对位置关系。机器人运动学研究机器人的运动规律，在这项研究中没有考虑运动力和力矩(机器人动力学范畴)。

有两种类型的机械手位置描述——关节坐标空间与直角坐标空间。本节只考虑直角坐标空间。机器人末端的位置和方位通常在直角坐标空间中描述，这样更加直观和方便。

当机器人各关节的坐标(转角)给定时，求解这些坐标在机器人末端执行器的位置和姿态(简称位姿，XY 平面内末端坐标即位置，末端方位角即姿态，共三个自由度)是正向运动学(运动学正解)；相反，由末端执行器的期望位姿求解出相应的各关节的坐标(应旋转的角度)是逆运动学(运动学逆/反解)。运动学反解在机器人控制中占有重要地位，它直接关系到运动分析、离散的编程和轨迹规划等。通常期望轨迹的描述机械手在笛卡儿坐标中表示，所以运动学逆解更为关键。

机器人运动学反解有存在性、唯一性以及解法三个要点。

存在性：对于一个给定的位姿，至少存在一组机器人关节变量来产生所需的位姿，如果给定机械手的位置在工作空间外，则解不存在。

唯一性：对于一个给定的位姿，只有一组关节变量产生一个所需的机器人位姿。机器人运动学反解取决于关节数量、活动链接参数和关节变量的运动范围。对于平面二连杆一般有两个解，通常按照最短行程标准来选择最优的解决方案，尽量使每个关节的移动量最小。

解法：逆运动学的解法有封闭解法和数值解法两种。在末端位姿已知的情况下，封闭解法可以给出每个关节变量的数学函数表达式；数值解法则使用递推算法给出关节变量的具体数值，速度快、效率高，便于实时控制。封闭解法在机器人研究应用中具有普遍性，为简便直观起见，下面用几何解法(数值解法)求解运动学正解和反解。

本例仅对平面二连杆位置正、反解进行论述，姿态的正、反解可以从几何角度容易解出，请读者试自行分析。

(1) 运动学正解。

SCARA 机器人运动学正解和反解的关键在于 XY 平面内的位置问题，以平面二连杆机械臂为例，根据图 4.3-9，利用三角函数关系，不难推导出其数学表达式如下：

$$\begin{cases} x = L1\cos Q_1 + L2\cos(Q_1 + Q_2) \\ y = L1\sin Q_1 + L2\sin(Q_1 + Q_2) \end{cases} \tag{4.3-1}$$

式中：x 为连杆 2 末端在直角坐标空间中的 X 轴坐标值；y 为连杆 2 末端在直角坐标空间中的 Y 轴坐标值；Q_1 为关节坐标空间中连杆 1 的角度值；Q_2 为关节坐标空间中连杆 2 的角度值，Q_1、Q_2 即图 4.3-8 的 $\theta 1$、$\theta 2$；L_1 为连杆 1 的长度，本例为 250 mm；L_2 为连杆 2 的长度，本例为 150 mm。

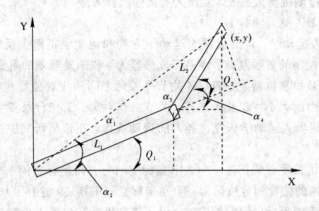

图 4.3-9 运动学几何图

根据 Q_1、Q_2，用运动学方程式(4.3-1)可以计算出机器人连杆 2 末端坐标值，即末端点在 XY 平面的位置，这是机器人运动学正解。

（2）运动学反解。

进行机器人末端点的轨迹控制，必须进行运动学反解，即：根据点 $P(x, y)$ 计算各关节的变量 Q_1、Q_2 值。

用余弦公式根据图 4.3-9 上的关系及式(4.3-1)，可得如下公式：

$$r = x^2 + y^2 \tag{4.3-2}$$

$$\cos\alpha_3 = \frac{L_1^2 + L_2^2 - r}{2L_1 L_2} \tag{4.3-3}$$

$$\sin\alpha_3 = \sqrt{1 - \cos^2\alpha_3} \tag{4.3-4}$$

$$\sin\alpha_1 = \frac{L_2 \sin\alpha_3}{\sqrt{r}} \tag{4.3-5}$$

$$\cos\alpha_1 = \frac{r + L_1^2 - L_2^2}{2L_1\sqrt{r}} \tag{4.3-6}$$

$$\alpha_1 = \mathrm{atan2}(\sin\alpha_1,\ \cos\alpha_1) \tag{4.3-7}$$

$$\alpha_2 = \mathrm{atan2}(y,\ x) \tag{4.3-8}$$

$$\alpha_4 = \mathrm{atan2}\big[(y - L_1\sin Q_1),\ (x - L_1\cos Q_1)\big] \tag{4.3-9}$$

得到运动学反解的计算公式为

$$\begin{cases} Q_1 = \alpha_2 - \alpha_1 \\ Q_2 = \alpha_4 - Q_1 \end{cases} \tag{4.14-10}$$

其中 $\mathrm{atan2}(y, x)$ 为计算 y/x 反正切值(单位为弧度)的数学函数。利用双变量函数 $\mathrm{atan2}(y, x)$ 计算 $\arctan(y/x)$ 的优点在于利用了 y 和 x 的符号能够确定角度所在的象限，$\mathrm{atan2}(y, x)$ 的值域为 $(-\pi, \pi)$，当双变量反正切函数的两个参数都为零时，函数值不定。

2）硬件参数、开发要求及具体流程

本文采用 GRB400 型 SCARA 机器人，GRB400 系列机械部分的关节有关节 1、关节 2 和关节 4，使用交流伺服电机和谐波减速器传动，关节 3 是线性关节，由交流伺服电机和滚珠丝杠驱动。

（1）硬件参数。

GRB400 机器人关节 1 连杆长度是 250 mm，运动范围为 ±100°，关节 2 连杆长度是 150 mm，运动范围为 ±100°，线性关节 3 行程为 ±145 mm，关节 4 在 ±180° 的范围内运动。根据实际操作的需要可以在机器人关节 4 点添加工具——简单的电磁手爪或气动手爪。

GRB400 机器人关节及对应参数见表 4.3 - 1。

表 4.3 - 1　GRB400 机器人参数

关节	关节长度及旋转角度	电机转 1 圈脉冲数	减速比	丝杠导程
1	250 mm　　　(L_1)	10000	1/80	—
2	150 mm　　　(L_2)	10000	1/80	—
3	145 mm 丝杠行程	10000	1/1	4 mm
4	±180°	10000	1/24	—

（2）开发要求。

① 能够完成对运动控制卡的初始化、回零控制，坐标轴的轴开启、轴关闭功能。

② 能够完成运动控制卡对 SCARA 的点动及连续运动控制功能的 VC 监控开发。

③ 输入合适位置坐标，按一下"运行"按钮，按设定值运动一段距离；输入相应角度，通过程序能够对其坐标进行运算定位，按一下"运行"按钮，SCARA 能够运行至由输入的角度运算得出坐标位置，数值可以修改，其正负值对应着平台某轴的正负向移动。

④ 能够对控制对象实施自动复位、回零操作。

（3）具体开发流程。

① 新建工程项目文件，对操作界面进行规划、绘制及相关控件添加；

② 对设计好的功能界面，定义各个按钮的变量函数；

③ 添加控制卡动态链接库文件到新建的工程文件中；

④ 对按钮控件添加触动响应的成员函数框架；

⑤ 在应用程序文件中加入函数库头文件；

⑥ 对 24 个整形变量进行定义，方便后面的程序调用；

⑦ 定义标题函数；

⑧ 对控制卡进行函数的初始化；

⑨ 分别进行测试脉冲控制、角度控制；

⑩ 对比两种控制方式，结论可行。

3）编程

相关界面、脉冲点动和角度点动等编程方法参照本书 3.4 等章节内容，本节仅列出机器人正解、反解和大小臂模拟显示程序要点。开发界面如图 4.3 - 10 所示，所有控件及变量见表 4.3 - 2 和表 4.3 - 3。

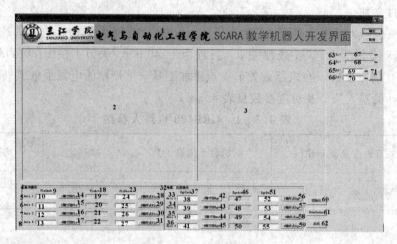

图 4.3 - 10 开发界面

表 4.3 - 2 控件及其描述

序号	标题	定义变量	作　用
1	—	IDC_TopHmi	标题
2	—	IDC_CameraDisplay	存放摄像机照片
3	—	IDC_CorDisplay	存放机械手 1.2 轴的坐标移动图形
4	脉冲操作	IDC_STATIC	存放脉冲操作按钮
5	Axis 1	IDC_STATIC	关节 1
6	Axis 2	IDC_STATIC	关节 2
7	Axis 3	IDC_STATIC	关节 3
8	Axis 4	IDC_STATIC	关节 4
9	PlsInch	IDC_STATIC	脉冲输入值
10	—	IDC_PlsInchPos1	关节 1 脉冲输入值
11	—	IDC_PlsInchPos2	关节 2 脉冲输入值
12	—	IDC_PlsInchPos3	关节 3 脉冲输入值
13	—	IDC_PlsInchPos4	关节 4 脉冲输入值
14	1 轴寸动 Pls	IDC_Axis1PlsInch	关节 1 寸动按钮
15	2 轴寸动 Pls	IDC_Axis2PlsInch	关节 2 寸动按钮
16	3 轴寸动 Pls	IDC_Axis3PlsInch	关节 3 寸动按钮
17	4 轴寸动 Pls	IDC_Axis4PlsInch	关节 4 寸动按钮
18	PlsAct	IDC_STATIC	关节实际位置脉冲
19	—	IDC_PlsAct1	关节 1 实际位置脉冲
20	—	IDC_PlsAct2	关节 2 实际位置脉冲
21	—	IDC_PlsAct3	关节 3 实际位置脉冲
22	—	IDC_PlsAct4	关节 4 实际位置脉冲

序号	标题	定义变量	作　用
23	PlsDes	IDC_STATIC	关节目标位置脉冲
24	—	IDC_PlsDesPos1	关节 1 目标位置脉冲
25	—	IDC_PlsDesPos2	关节 2 目标位置脉冲
26	—	IDC_PlsDesPos3	关节 3 目标位置脉冲
27	—	IDC_PlsDesPos4	关节 4 目标位置脉冲
28	1 轴终点 Pls	IDC_Axis1Pls1	关节 1 终点脉冲寸动按钮
29	2 轴终点 Pls	IDC_Axis1Pls2	关节 2 终点脉冲寸动按钮
30	3 轴终点 Pls	IDC_Axis1Pls3	关节 3 终点脉冲寸动按钮
31	4 轴终点 Pls	IDC_Axis1Pls4	关节 4 终点脉冲寸动按钮
32	角度、位移操作	IDC_STATIC	存放角度、位移操作按钮
33	Axis 1	IDC_STATIC	关节 1
34	Axis 2	IDC_STATIC	关节 2
35	Axis 3	IDC_STATIC	关节 3
36	Axis 4	IDC_STATIC	关节 4
37	DgrInch	IDC_STATIC	角度输入值
38	—	IDC_DgrInchPos2	关节 1 角度输入值
39	—	IDC_DgrInchPos3	关节 2 角度输入值
40	—	IDC_DgrInchPos4	关节 3 角度输入值
41	—	IDC_DgrInchPos5	关节 4 角度输入值
42	1 轴寸动 Dgr	IDC_Axis1DgrInch	关节 1 寸动角度
43	2 轴寸动 Dgr	IDC_Axis2DgrInch	关节 2 寸动角度
44	3 轴寸动 Dgr	IDC_Axis3DgrInch	关节 3 寸动角度
45	4 轴寸动 Dgr	IDC_Axis4DgrInch	关节 4 寸动角度
46	DgrAct	IDC_STATIC	关节实际角度
47	—	IDC_DgrAct1	关节 1 实际角度
48	—	IDC_DgrAct2	关节 2 实际角度
49	—	IDC_DgrAct3	关节 3 实际角度
50	—	IDC_DgrAct4	关节 4 实际角度
51	DgrDes	IDC_STATIC	关节目标角度
52	—	IDC_DgrDesPos1	关节 1 目标角度
53	—	IDC_DgrDesPos1	关节 2 目标角度
54	—	IDC_DgrDesPos1	关节 3 目标角度

续表二

序号	标题	定义变量	作　用
55	—	IDC_DgrDesPos1	关节 4 目标角度
56	1 轴终点 Dgr	IDC_Axis1DgrDes	关节 1 终点角度寸动按钮
57	2 轴终点 Dgr	IDC_Axis2DgrDes	关节 2 终点角度寸动按钮
58	3 轴终点 Dgr	IDC_Axis3DgrDes	关节 3 终点角度寸动按钮
59	4 轴终点 Dgr	IDC_Axis4DgrDes	关节 4 终点角度寸动按钮
60	初始化	IDC_Initial	机械手臂初始化按钮
61	HomeIndex	IDC_Home	机械手臂回零按钮
62	关闭	IDC_CloseCard	机械手臂关闭按钮
63	Xc:	IDC_STATIC	在 X 轴的初始位置
64	Yc:	IDC_STATIC	在 Y 轴的初始位置
65	Xd:	IDC_STATIC	在 X 轴的最终位置
66	Yd:	IDC_STATIC	在 Y 轴的最终位置
67	—	IDC_XcDisp	在 X 轴的初始位置显示
68	—	IDC_YcDisp	在 Y 轴的初始位置显示
69	—	IDC_XdEdit	在 X 轴的最终位置输入
70	—	IDC_YdEdit	在 Y 轴的最终位置输入
71	GO	IDC_XdYdGoTo	前往 X、Y 轴的最终位置

表 4.3 - 3　变量表及其描述

long PlsDesPos1=0	定义 1 轴目标位置脉冲初始值为 0	4 字节
long PlsActualPos1=0	定义 1 轴实际位置脉冲初始值为 0	4 字节
long PlsInchPos1=1000	定义 1 轴寸动位置脉冲初始值为 1000	4 字节
long PlsDesPos2=0	定义 2 轴目标位置脉冲初始值为 0	4 字节
long PlsActualPos2=0	定义 2 轴实际位置脉冲初始值为 0	4 字节
long PlsInchPos2=1000	定义 2 轴寸动位置脉冲初始值为 1000	4 字节
long PlsDesPos3=0	定义 3 轴目标位置脉冲初始值为 0	4 字节
long PlsActualPos3=0	定义 3 轴实际位置脉冲初始值为 0	4 字节
long PlsInchPos3=1000	定义 3 轴寸动位置脉冲初始值为 1000	4 字节
long PlsDesPos4=0	定义 4 轴目标位置脉冲初始值为 0	4 字节
long PlsActualPos4=0	定义 4 轴实际位置脉冲初始值为 0	4 字节
long PlsInchPos4=1000	定义 4 轴寸动位置脉冲初始值为 1000	4 字节
double DgrDesPos1=0	定义 1 轴目标位置角度初始值为 0	8 字节

double DgrDesPos2＝0	定义 2 轴目标位置角度初始值为 0	8 字节
double MmDesPos3＝0	定义 3 轴目标位置厘米初始值为 0	8 字节
double DgrDesPos4＝0	定义 4 轴目标位置角度初始值为 0	8 字节
double YcMmL1＝0	定义 1 轴 Y 方向实际位置初始值为 0	8 字节
double XcMmL1＝0	定义 1 轴 X 方向实际位置初始值为 0	8 字节
double YcMm＝0	定义 2 轴 Y 方向实际位置初始值为 0	8 字节
double XcMm＝0	定义 2 轴 X 方向实际位置初始值为 0	8 字节
double YcMmL1_1＝0	定义 1 轴 Y 方向目标位置初始值为 0	8 字节
double XcMmL1_1＝0	定义 1 轴 X 方向目标位置初始值为 0	8 字节
double YcMm_1＝0	定义 1 轴 Y 方向目标位置初始值为 0	8 字节
double XcMm_1＝0	定义 1 轴 X 方向目标位置初始值为 0	8 字节

（1）机器人正解编程。

输入 1 轴、2 轴角度的运动程序如下：

```
PlsDesPos1＝DgrDesPos1 * 10000 * 80/360；//1 轴角度转脉冲数，绝对坐标
short rtn；
rtn＝GT_Axis(1)；
rtn＝GT_SetVel(5)；                    //设置速度
rtn＝GT_SetAcc(0.05)；                 //设置加速度
rtn＝GT_SetPos(PlsDesPos1)；           //设置目标位置
rtn＝GT_Update()；                     //启动轴运动
PlsDesPos2＝DgrDesPos2 * 10000 * 80/360；//2 轴角度转脉冲数，绝对坐标
short rtn；
rtn＝GT_Axis(2)；
rtn＝GT_SetVel(5)；                    //设置速度
rtn＝GT_SetAcc(0.05)；                 //设置加速度
rtn＝GT_SetPos(PlsDesPos2)；           //设置目标位置
rtn＝GT_Update()；                     //启动轴运动
```

在定时器程序中显示实际 x、y 坐标程序：

```
CString Strtemp；
short rtn；
rtn＝GT_Axis(1)；
rtn＝GT_GetAtlPos(&PlsActualPos1)；//获得实际位置赋给变量 PlsActualPos1
rtn＝GT_Axis(2)；
rtn＝GT_GetAtlPos(&PlsActualPos2)；//获得实际位置赋给变量 PlsActualPos2
double theta1, theta2；
theta1＝2 * PI * (double)PlsActualPos1/10000/80；//计算关节 1 转角，弧度
theta2＝2 * PI * (double)PlsActualPos2/10000/80；//计算关节 2 转角，弧度
XcMm＝250 * cos(theta1)＋150 * cos(theta1＋theta2)；//计算实际 x 坐标
```

YcMm＝250 * sin(theta1)＋150 * sin(theta1＋theta2)；//计算实际 y 坐标

XcMmL1＝250 * cos(theta1)；//计算 L_1 末端 x 坐标，连杆模拟显示用

YcMmL1＝250 * sin(theta1)；//计算 L_1 末端 y 坐标，连杆模拟显示用

Strtemp. Format("%f", XcMm)；　　//将变量转换成十进制字符

//在 IDC_XcDisp 处输出显示 x 当前坐标；

GetDlgItem(IDC_XcDisp)->SetWindowText(Strtemp)；

Strtemp. Format("%f", YcMm)；　　//将变量转换成十进制字符

//在 IDC_YcDisp 处输出显示 y 当前坐标；

GetDlgItem(IDC_YcDisp)->SetWindowText(Strtemp)；

UpdateData(FALSE)；//更新显示

（2）大小臂模拟显示编程。

编写 CScaraDlg::DrawLink()绘制二连杆模拟显示程序，在定时器中调用：

```
void CScaraDlg::DrawLink()
{   //在静态文本框绘连杆模拟图准备，可参照本书"工业相机图像采集"内容
    int nWndWidth   = 0;
    int nWndHeight=0;

    RECT objRect；
    CWnd * pWnd   =GetDlgItem(IDC_CorDisplay)；
    pWnd ->GetClientRect(&objRect)；
    nWndWidth   = objRect. right−objRect. left；
    nWndHeight=objRect. bottom−objRect. top；

    CDC * pdc=pWnd ->GetDC()；
    HDC hDC=pdc ->GetSafeHdc()；
    CPen myPen, myPen1；
    CPen BackgroundPen；
    CPen * pOldPen；
    pdc ->SetViewportOrg(objRect. left+nWndWidth/2, objRect. top+nWndHeight/2)；
    BackgroundPen. CreatePen(PS_SOLID, 2, RGB(236, 233, 216))；//创建一个画笔，背景色
    pOldPen=pdc ->SelectObject(&BackgroundPen)；      //选择背景色画笔
    pdc ->MoveTo(0, 0)；//移动到原点
    //用背景颜色覆盖上次原点(L₁ 起点)到 L₁ 终点端点
    pdc ->LineTo(XcMmL1_1 * nWndWidth/2/420, −YcMmL1_1 * nWndHeight/2/420)；
    //再用背景颜色覆盖上次 L₁ 终点端点(L₂ 起点)到 L₂ 终点端点
    pdc ->LineTo(XcMm_1 * nWndWidth/2/420, −YcMm_1 * nWndHeight/2/420)；
    //移动到 L₁ 端点
    pdc ->MoveTo(XcMmL1_1 * nWndWidth/2/420, −YcMmL1_1 * nWndHeight/2/420)；
    pOldPen=pdc ->SelectObject(&BackgroundPen)；      //选择背景色画笔
    //用背景颜色覆盖上次 L₁ 终点端点(L₁、L₂ 连接处)关节圆
    pdc ->Ellipse(XcMmL1_1 * nWndWidth/2/420−2, −YcMmL1_1 * nWndHeight/2/420−2,
        XcMmL1_1 * nWndWidth/2/420+2, −YcMmL1_1 * nWndHeight/2/420+2)；
    myPen. CreatePen(PS_SOLID, 2, RGB(255, 80, 0))；    //创建一个画笔，非背景色
```

```
pOldPen＝pdc －＞SelectObject(＆myPen)；       //选择这个新画笔
//用选择的颜色重新画 L1、L2 连杆和关节 2 示意圆
pdc －＞MoveTo(0，0)；
pdc －＞LineTo(XcMmL1 * nWndWidth/2/420，－YcMmL1 * nWndHeight/2/420)；
pdc －＞LineTo(XcMm * nWndWidth/2/420，－YcMm * nWndHeight/2/420)；
pdc －＞MoveTo(XcMmL1 * nWndWidth/2/420，－YcMmL1 * nWndHeight/2/420)；
myPen1. CreatePen(PS_SOLID，2，RGB(0，255，200))；   //创建一个画笔，关节颜色
pOldPen＝pdc －＞SelectObject(＆myPen1)；       //选择这个新画笔
pdc －＞Ellipse(XcMmL1 * nWndWidth/2/420－2，－YcMmL1 * nWndHeight/2/420－2，
    XcMmL1 * nWndWidth/2/420＋2，－YcMmL1 * nWndHeight/2/420＋2)；
ReleaseDC(pdc)；
XcMmL1_1＝XcMmL1；//更新 L1 终点端点坐标
YcMmL1_1＝YcMmL1；
XcMm_1＝XcMm；//更新 L2 末端坐标
YcMm_1＝YcMm；
}
```

（3）机器人反解编程。

```
bool CScaraDlg::OnXdYdGoTo()//反解按式(4.3－2)～式(4.3－10)，并启动运动
{
    double x，y，r，Q1，Q2；//即以上公式末端坐标、r、Q1、Q2 变量定义

    double L1＝250，L2＝150；
    x＝XdEdit；//从编辑框获取期望坐标值
    y＝YdEdit；
    r＝x * x＋y * y；//计算 r
    double cosAlpha3；
    cosAlpha3＝(L1 * L1＋L2 * L2－r)/(2 * L1 * L2)；//cosα3
    if(fabs(cosAlpha3)＞1.0000001)
    {
        AfxMessageBox(_T("超出工作空间"))；
        return false；
    }

    //奇异情况处理
    if(cosAlpha3＞0.99999999)
    {
        Q1＝atan2(y，x) * 180./PI；
        Q2＝180；
    }
    if(cosAlpha3＜－0.99999999)
    {
        Q1＝atan2(y，x) * 180./PI；
        Q2＝0；
```

```
}

//正常情况处理,各关节正常运动范围是
//-150<=Q1<=150
//-145<=Q2<=145
if ((cosAlpha3>=-0.99999999)&&( cosAlpha3<=0.99999999))
{   //先求 theta1---------------------------
    double sinAlpha1, cosAlpha1, sinAlpha3, Alpha1, Alpha2;
    sinAlpha3=sqrt(1-cc3 * cc3); // sinα3
    sinAlpha1=l2 * sinAlpha3/sqrt(r); // sinα1
    cosAlpha1=(r+l1 * l1-l2 * l2)/(2 * sqrt(r) * l1); // cosα1


    // 0< Alpha1 < pi/2
    Alpha1=atan2(sinAlpha1, cosAlpha1); //α1
    Alpha2=atan2(y, x); //α2
    Q1=( Alpha2- Alpha1) * 180./PI; //Q1,角度
    //求 theta2---------------------------
    double Alpha4;
    Alpha4=atan2(y-l1 * sin(Q1 * PI/180.), x-l1 * cos(Q1 * PI/180.)); //α4
    Q2= Alpha4 * 180./PI-Q1; //Q2
}
PlsDesPos1=Q1 * 10000 * 80/360;         //计算 1 轴目标位置脉冲数
short rtn;
rtn=GT_Axis(1);
rtn=GT_SetVel(5);                       //设置速度
rtn=GT_SetAcc(0.05);                    //设置加速度
rtn=GT_SetPos(PlsDesPos1);              //设置目标位置
rtn=GT_Update();                        //启动 1 轴运动

PlsDesPos2=Q2 * 10000 * 80/360;         //计算 2 轴目标位置脉冲数
rtn=GT_Axis(2);
rtn=GT_SetVel(5);                       //设置速度
rtn=GT_SetAcc(0.05);                    //设置加速度
rtn=GT_SetPos(PlsDesPos2);              //设置目标位置
rtn=GT_Update();                        //启动 2 轴运动
return true;

}
```

3. 后续工作

(1) 构建合适的固定单目图像采集系统,采用 Halcon、OpenCV 或 Matlab 等相关软件进行相机内、外参数标定,获取坐标变换矩阵,进行机器测量。

(2) 采用 Halcon、OpenCV 或 Matlab 等相关软件或直接采用 VC 编程进行图像处理,特别关注图像相关预处理、边缘检测、目标形心计算等。

（3）将相机采集图像、图像处理与 SCARA 机器人正反解控制进行整合，实现视觉引导机器人抓取控制。

（4）在单目系统基础上，构建单目＋手眼、双目或双目＋手眼系统，继续研究视觉引导机器人抓取系统，丰富功能，提高控制精度，拓展应用领域。

4.3.2　四轴飞行器设计

四轴飞行器（四旋翼飞行器）是当今无人机发展较为突出的成果。它依靠四个螺旋桨旋转产生的升力进行飞行，其机体对电机的性能、传感器的对称性要求不高，这也简化了四轴飞行器的机械设计难度，且维修方便，成本低。四轴飞行器通过内部多个惯性传感器及相应算法解算出实时的运动姿态，依靠无刷直流电机或者普通直流电机的高速转动，控制飞行的升力来达到稳定的飞行。另外，四轴飞行器的制作工艺趋向于高集成化和微型化，通过软硬件改造后，四轴也成为人工智能的产物，也是当下智能硬件发展的重要代表之一。

将四轴作为一个遥感平台，加上各种不同外接设备和不同的控制算法，四轴飞行器可以实现很多功能，比如航拍、探测有害气体、勘测危险地形，甚至搬送快递等。跟传统的人工相比，四轴飞行器不需人员的直接参与，尤其在危险或有辐射气体的工作场合下，四轴飞行器可以替代人工，保证了人员安全，减少了意外损失的风险。因此进行四轴飞行器的研究，除了能满足学习和娱乐功能，还符合当下的科技发展趋势，有一定的现实意义。

本节有关四轴飞行器的术语较多，读者可通过网络等资源了解。

1. 相关理论

1）概述

惯性导航系统（以下简称：惯导系统）是伴随着惯性传感器发展起来的导航技术，是一种不依赖于任何外部信息、也不向外部辐射能量的自主式导航系统，具有抗干扰性强、隐蔽性好、输出信号实时性好的特点，可在空中、地面、水下等多种复杂环境下工作，在军事应用领域和民用领域都得到了广泛的应用。

惯导系统主要分为平台式惯导系统和捷联式惯导系统两大类。捷联式惯导系统（SINS）是在平台式惯导系统基础上发展而来的，它是一种无框架系统，由三个速率陀螺、三个线加速度计和微型计算机组成。平台式惯导系统和捷联式惯导系统的主要区别是：前者有实体的物理平台，陀螺和加速度计置于陀螺稳定的平台上，该平台跟踪导航坐标系，以实现速度和位置解算，姿态数据直接取自于平台的环架；后者的陀螺和加速度计直接固连在载体上作为测量基准，它不再采用机电平台，惯性平台的功能由计算机完成，即在计算机内建立一个数学平台取代机电平台的功能，其飞行器姿态数据通过计算机计算得到，故有时也称其为"数学平台"，这也是捷联式惯导系统区别于平台式惯导系统的根本点。由于惯性元器件有固定漂移率，会造成导航误差，因此，通常采用指令、GPS 或其组合等方式对惯导进行定时修正，以获取持续准确的位置参数。

组合导航技术由多个不同的单一系统组合而成，这样不同的系统之间优势互补，信息共享，实现多余度、导航准确度更高的多功能系统。在组合导航技术发展过程中，以 GPS 组成的组合导航系统，可以随时弥补惯导系统本身累积误差的缺点，放宽了对系统控制精度的要求，另外惯导系统的组合反馈信息为定高、悬停、循迹等算法提供了实现的可能。现代控制理论奠基人 Kalman 的卡尔曼滤波算法为组合惯性导航系统提供了重要的理论依据,它适用于线性、离散性和有限维的系统,克服了传统的滤波器设计在频域设计中的局限,在工程上得到了更好的利用。组合导航技术的应用是惯导技术发展的又一重要突破,并且成为未来导航系统发展的主要方向之一。

2)四轴动力学原理

四轴飞行器是能够实现垂直起降的非共轴式多旋翼飞行器,它通过四个机臂端点处的电机转速,实现飞行控制。为了解决飞行控制的问题,有必要对四轴飞行器的动力进行建模分析。为了简化动力模型,首先,假设满足以下几个条件:

(1)四轴飞行器整体为对称均匀的刚体;

(2)机体坐标轴与四轴飞行器的几何中心重合;

(3)机身受到的外界阻力为零;

(4)四轴各个方向的升力都与电机转速成正比关系。

其次,建立相应的坐标系,这样便于简化建模过程。先建立两个三维右手坐标系:重心坐标系 E(OXYZ) 和机身坐标 S(oxyz)。在飞行器机身坐标系中,x、y 轴的正方向分别与机架的 X、Y 运动方向重合,以此类推到重力坐标系中。

最后,对机身模型的姿态和位置进行重定义,根据牛顿-欧拉公式,我们得到以下公式:

$$
\begin{cases}
F = m\dfrac{\mathrm{d}v}{\mathrm{d}t} \\
M = H
\end{cases}
\tag{4.3-11}
$$

式中:F 是机身受的外力总和;m 是机身的质量;v 是飞行的速度;M 是机身受的总力矩之和;H 是机身相对于地面坐标系的动量矩。另外,由陀螺仪角速度数据和欧拉角之间的关系,设 θ 为俯仰角,φ 为横滚角,ψ 为偏航角(机头方向 x 轴正向在水平面上的投影与预定轨迹的切线方向之间的夹角),可以得到力矩平衡方程如下:

$$
\begin{bmatrix} \dot{\varphi} \\ \dot{\theta} \\ \dot{\psi} \end{bmatrix} =
\begin{bmatrix} (p\cos\theta + q\sin\varphi\sin\theta + r\cos\varphi\sin\theta)/\cos\theta \\ q\cos\varphi + r\sin\varphi \\ (q\sin\varphi + r\cos\varphi)/\cos\theta \end{bmatrix} =
\begin{bmatrix} \dfrac{M_\varphi}{I_y} \\ \dfrac{M_\theta}{I_x} \\ \dfrac{M_\psi}{I_z} \end{bmatrix}
\tag{4.3-12}
$$

假设不计外界空气阻力,整理后的数学模型为

$$
\begin{aligned}
&\ddot{x} = \frac{(\cos\psi\sin\theta\cos\varphi + \sin\psi\cos\varphi)U_1}{m} \\
&\ddot{y} = \frac{(\sin\psi\sin\varphi\cos\theta - \cos\psi\sin\varphi)U_1}{m} \\
&\ddot{z} = \frac{(\cos\varphi\cos\theta)U_1}{m - g}
\end{aligned}
\tag{4.3-13}
$$

$$
\begin{cases}
\dot{\varphi} = \dfrac{U_2}{I_y} \\
\dot{\theta} = \dfrac{U_3}{I_x} \\
\dot{\psi} = \dfrac{U_4}{I_z}
\end{cases}
\tag{4.3-14}
$$

式中：U_1 是飞行器垂直的速度控制量；U_2 是横滚输入控制量；U_3 是俯仰控制量；U_4 是偏航控制量。由此可发现，引入的四个控制量 U，把三个方向轴原本非线性耦合模型分解成了四个单独的互相解耦的通道，整个系统可以看成由线运动和角运动两个独立的子系统组成，所以适合用 PID 控制器来控制。

3）四轴飞行器的结构

四轴飞行器根据飞行控制板的安装位置不同，可以分成两种飞行方式：X 形和十字形，如图 4.3-11 所示。以机体的几何正中心为坐标系原点，水平箭头代表机身 X 轴正方向，即横滚方向，与之垂直的箭头方向是 Y 轴正方向，即俯仰方向，竖直向上的箭头是 Z 轴正方向，即偏航方向。X 形飞行方式方向的控制是每个轴侧共四个电机同时控制转速实现平衡的，而十字形飞行方式每个轴的控制是同一个轴上的两个电机控制转速的，相比于 X 形飞行方式的飞行器，十字形的控制较简单，但是 X 形飞行方式的飞行器具有更好的灵敏度和稳定性。

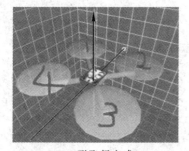
(a) X形飞行方式

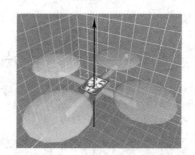
(b) 十字形飞行方式

图 4.3-11　两种动力学模型

4）四轴飞行器的飞行原理

四轴飞行器通过调节四个电机转速来改变旋翼转速，实现升力的变化，从而控制飞行器的姿态和位置。四轴飞行器在飞行时高速旋转的螺旋桨会产生与转向相反的力矩，这样会造成飞行器沿着旋转方向自旋，影响飞行控制效果。因此四轴飞行器的桨叶必须两两相反，即两个轴对角线上的桨叶必须是一对正桨、一对反桨，以抵消相互之间的反扭矩。

四轴飞行器在空间共有 6 个自由度（分别沿 3 个坐标轴作平移和旋转动作），这 6 个自由度的控制都可以通过调节不同电机的转速来实现。基本运动状态分别是：垂直运动、俯仰运动、滚转运动、偏航运动、前后运动、侧向运动。

以图 4.3-12 十字形飞行方式为例，给螺旋桨依次编号，逆时针依次给每个电机编号 1～4。规定沿 X 轴正方向运动称为向前运动，箭头在旋翼的运动平面上方表示此电机转速提高，在下方表示此电机转速下降。

（1）垂直运动。垂直运动相对来说比较容易。在图 4.3-12(a)中，因有两对电机转向相反，可以平衡其对机身的反扭矩，当同时增加四个电机的输出功率时，旋翼的转速增加使得总的拉力增大，当总拉力足以克服整机的重量时，四旋翼飞行器便离地垂直上升；反之，同时减小四个电机的输出功率，四旋翼飞行器则垂直下降，直至平衡落地，实现了沿 Z 轴的垂直运动。当外界扰动量为零时，在旋翼产生的升力等于飞行器的自重时，飞行器便保持悬停状态。保证四个旋翼的转速同步增加或减小是垂直运动的关键。

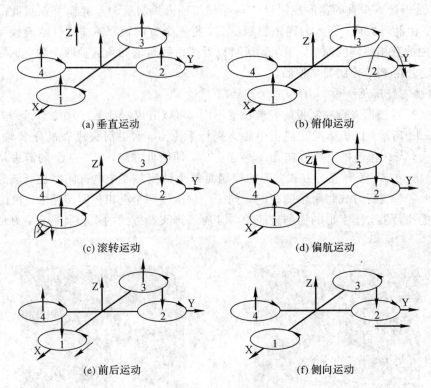

(a) 垂直运动　　　　　　　　　　　(b) 俯仰运动

(c) 滚转运动　　　　　　　　　　　(d) 偏航运动

(e) 前后运动　　　　　　　　　　　(f) 侧向运动

图 4.3 - 12　四旋翼飞行器沿各自由度的运动

（2）俯仰运动。在图 4.3 - 12(b)中，电机 1 的转速上升，电机 3 的转速下降，电机 2、电机 4 的转速保持不变。为了不因为旋翼转速的改变引起四旋翼飞行器整体扭矩及总拉力改变，旋翼 1 与旋翼 3 的转速变量的大小应相等。由于旋翼 1 的升力上升，旋翼 3 的升力下降，产生的不平衡力矩使机身绕 Y 轴旋转（方向如图 4.3 - 12(b)所示）；同理，当电机 1 的转速下降时，电机 3 的转速上升，机身便绕 Y 轴向另一个方向旋转，实现飞行器的俯仰运动。

（3）滚转运动。滚转运动的原理与图 4.3 - 12(b)的原理相同，在图 4.3 - 12(c)中，改变电机 2 和电机 4 的转速，保持电机 1 和电机 3 的转速不变，则可使机身绕 X 轴旋转（正向和反向），实现飞行器的滚转运动。

（4）偏航运动。四旋翼飞行器偏航运动可以借助旋翼产生的反扭矩来实现。旋翼转动过程中由于空气阻力的作用会形成与转动方向相反的反扭矩，为了克服反扭矩影响，可使四个旋翼中的两个正转、两个反转，且对角线上的各个旋翼转动方向相同。反扭矩的大小与旋翼转速有关，当四个电机转速相同时，四个旋翼产生的反扭矩相互平衡，四旋翼飞行器不发生转动；当四个电机转速不完全相同时，不平衡的反扭矩会引起四旋翼飞行器转动。在图 4.3 - 12(d)中，当电机 1 和电机 3 的转速上升，电机 2 和电机 4 的转速下降时，旋翼 1 和旋翼 3 对机身的反扭矩大于旋翼 2 和旋翼 4 对机身的反扭矩，机身便在富余反扭矩的作用下绕 Z 轴转动，实现飞行器的偏航运动，转向与电机 1、电机 3 的转向相反。

（5）前后运动。要想实现飞行器在水平面内前后、左右的运动，必须在水平面内对飞行器施加一定的力。在图 4.3 - 12(e)中，增加电机 3 转速，使拉力增大，相应减小电机 1 转速，使拉力减小，同时保持其他两个电机转速不变，反扭矩仍然要保持平衡。按图 4.3 - 12(b)的理论，飞行器首先发生一定程度的倾斜，从而使旋翼拉力产生水平分量，因此可以实现飞行器的前飞运动。向后飞行与向前飞行正好相反。当然在图 4.3－12(b)和图 4.3－12(c)中，飞行器在产生俯仰、滚转运动的同时也会产生沿 X、Y 轴的水平运动。

（6）侧向运动。在图 4.3－12(f)中，由于结构对称，因此侧向飞行的工作原理与前后运动完全一样。

5）罗盘系统

地球的磁场强度约为 $0.5×10^{-4}～0.6×10^{-4}$ T，磁极方向指向北极，与大地平行。罗盘系统主要用来检测地磁场，由电子罗盘的三轴磁分量来计算出航向角，用作定向，并将航向角数字化的旋转到水平面上。设 XH、YH、ZH 分别是罗盘的三个轴方向的地磁分量，θ 和 φ 分别是横滚和俯仰角，可得到以下的公式：

$$\begin{cases} XH = X \cdot \cos\varphi + Y \cdot \sin\theta \cdot \sin\varphi - Z \cdot \cos\theta\sin\varphi \\ YH = Y \cdot \cos\theta + Z \cdot \sin\theta \end{cases} \tag{4.3-15}$$

此公式可以在后面计算出航向角（质心沿飞行的速度方向在水平面上的投影与预定轨迹的切线方向之间的夹角），但是如果要求对罗盘的误差小于 1°，则必须考虑消除倾角和磁传感器的误差，航向角的精度除了与配置罗盘内部 A/D 的精度有关之外，还与器件的铁质材料、环境温度和地球磁场的变化有关。如今固态磁阻传感器的分辨率可以达到 0.07 mG 磁场，测量的参数包括噪声、线性度、重复性偏差、温度漂移等，这些干扰的数据可以在硬磁校正后被消除。常用的罗盘校正方法有椭圆矫正法和数据标定拟合法。

2. 硬件系统设计

了解了四轴飞行器的类型和飞行原理等相关知识后，再来看看四轴飞行器需要哪些部件。四轴飞行器通常由机架、电机、螺旋桨、电调、电池、遥控器、OLED 和飞控板组成，机械结构较为简单，只要保证四个机臂在同一水平面对称并整体保持刚性就行，整个机架的材料越轻越好。下面具体描述四轴飞行器的材料如何选型。

1）四轴飞行器器件选型

四轴飞行器部分器件如图 4.3－13 所示。

(a) 新西达A2212无刷电机

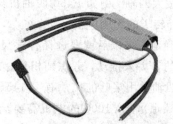

(b) XXD30A电调

(c) OLED显示屏

(d) 乐迪2.4GT6EHP遥控器

图 4.3－13　四轴部分器件

(1) 机架。

常见的四轴机架有十字形、X 形、H 形，机架材料也五花八门，木材、PVC 管、铝合金、波纤、碳纤都可用来做机架。建议初学者使用铝合金十字形机架，第一比较便宜，第二耐摔，第三在飞行方面容易上手，等到技术成熟了再考虑更换成 H 形碳架，易于装上航拍器材。机架的常见尺寸有 250、330、400、550、650，这些数字代表对角电机之间的距离，单位是 mm。初学者可以选择 450 的四轴机架，即对角线轴距为 450 mm，尺寸稍大，飞行起来会很稳。

机架的选择直接决定螺旋桨的选型，考虑到相邻螺旋桨旋转产生气流的相互影响，螺旋桨之间距离不要太近。例如四轴飞行器选用了 F450 四轴机架，即对角线轴距为 450 mm，重量为 283 g，螺旋桨选用 1047 型桨叶，两个正桨，两个反桨。

(2) 电机和螺旋桨。

四轴的电机分为有刷电机和无刷电机。通常微型四轴电机采用有刷空心杯电机，而无刷电机由于扭矩大、寿命长，目前已成为四轴电机的主流。无刷电机属于三相永磁同步电机，其原理是依靠改变输入到无刷电机定子线圈上电流的交变频率，在线圈组周围产生以电机几何中心旋转变化着的磁场，从而驱动转子上的永磁磁钢转动，从而带动电机的转动。常用品牌有新西达、朗宇、银燕、翱翔等，其中新西达算是保有量最大的牌子，适合初学者选用。

无刷电机 KV 值定义为"转速/V"，意思为输入电压增加 1 V，无刷电机空转转速增加的转速值。例如 KV1000 的无刷电机，代表电压为 11 V 的时候，电机的空转转速为 11000 r/min。KV 值越大，速度越快，但是力量越小；KV 值越小，速度越慢，但是力量越大。F450 这个尺寸的机架配合 KV1000 的电机比较合适。对于同一个 KV 值，无刷电机可能有多个不同的机械尺寸，比如 KV1000 的电机会有 2212 电机、2018 电机等，它们的 KV 值可能都一样，那么如何选择呢？这些数字代表了电机的尺寸，不管什么牌子的电机，具体都要对应这 4 位数字，其中前面 2 位是电机转子的直径，后面 2 位是电机转子的高度。简单来说，前面 2 位越大，电机越大，后面 2 位越大，电机越高。又高又大的电机，功率就更大，适合做大四轴。例如 F450 四轴机架为了提升更大的飞行升力，宜采用新西达 A2212，KV1000 外转子的无刷电机。

电机确定下来以后就要选择合适尺寸的桨叶，电机需要跟螺旋桨搭配，桨越大，说明需要更大的升力来推动，考虑到相邻螺旋桨旋转产生气流的相互影响，螺旋桨之间距离不要太近。四轴常用桨叶的尺寸有：1145、1045、9047、8045(四位数字的前两位代表直径，后两位代表螺距)，KV1000 的电机需要配合 1045 的桨叶，两个正桨，两个反桨。

(3) 电调。

航模无刷电调又称电子调速器。通常电调由单片机和开关器件构成。电调的作用就是将飞控板的控制信号转变为电流，输出为三相交流，直接驱动航模无刷电机；同时电调还具有变压器的作用，将 11.1 V 的电压变成 5 V，为飞控板和接收器供电。四轴飞行器通过遥控器对电调的控制来调整飞行器的飞行姿势。电调的品牌有好盈、银燕、新西达、中特威等。电调的精确度对飞行有重要影响，所以应选择品质好一点的电调，比如具有较好市场口碑的好盈和银燕电调。

电调的参数主要是输出电流，主流有 10 A、18 A、20 A、25 A、30 A、40 A 等，输出电流越大，电调的体积和重量就越大。具体选择时，可以选择电流大一点的电调，根据我们之前提到的机架、电机，推荐选择 18 A 以上输出电流的电调比较合适。比如新西达 XXD 30 A 无刷电调，它具有 30 A 持续电流、35 A 瞬时电流、40 A 电流可持续 10 s、2 极内转每分最高达 300000 转、12 极外转每分可达 50000 转、8 kHz 控制频率、50 Hz 输入 PWM 信号、高电平时间为 1~2 ms、自动油门适应等特性。一个电机配一个电调，总共需要 4 个电调，现在也有 4 合 1 的四轴电调，不过不建议选择 4 合 1 的电调，毕竟单独的电调以后也可以作为它用。

（4）电池及充电器。

电池属于易耗品，也是后期投入比较多的一个部件。电池品牌种类也是所有部件中最多的一个，因为电池制作的技术门槛低，所以品质良莠不齐。

按照 F450 四轴机架尺寸，选择 11.1 V、2200 mA · h、30 C 的锂电池比较合适，第一数值是电池电压，第二个数值是电池容量，第三个数字代表持续放电能力。持续放电能力是普通锂电池和动力锂电池最重要的区别，动力锂电池需要很大电流放电，这个放电能力就是用 C 来表示的，例如一块 1000 mA · h 电池，放电能力为 5 C，那么用 5×1000 mA · h，得出电池可以以 5000 mA · h 的电流来放电。但是要注意，不能把电池的电量完全放完，否则会损坏电池，所以，当使用电池飞行时，电池电压降低到 10 V 时最好更换电池。一块电池的飞行时间大概为 10~15 min（悬停时省电，做动作则比较耗电）。

模型专用电池是不能用普通充电器进行充电的，必须要用平衡充充电器。11.1 V 的锂电池是由 3 片 3.7 V 的锂电池组成的，因为制造工艺原因，无法保证每片电池的充电放电特性都相同，在电池串联的情况下，就容易造成某片电池放电过度或充电过度。解决办法是分别对内部单节电池充电，平衡充充电器就是起这个作用。和电池一样，平衡充充电器的选择也有很多种，价格差异较大，建议在能力范围内选择最贵的。这里推荐型号为 B6 的平衡充充电器。

（5）OLED。

OLED 称有机发光二极管，又称有机电激光显示。不同于 LCD，OLED 可自发光，分辨率达到 128×64，最大可视角为 160°，显像清晰，超低功耗，体积小巧，重量轻，便于调试时查看参数。

（6）遥控器。

选择遥控器前需先了解几个术语：

① 通道：遥控器可以控制飞行器动作的路数，一个通道可控制一个动作，比如使用一个通道控制油门的高低、一个通道来控制方向。如前所述，四轴飞行器的基本动作有垂直（升降）运动、俯仰/前后运动、横滚/侧向运动、偏航运动，所以遥控器最低要求有四个通道。实际中还需要预留一些额外通道来控制其他部件，所以推荐选用六通道遥控器。

② 日本手/美国手：根据遥控器摇杆的布局而得名，美国手即左手油门/方向、右手副翼/升降；日本手即右手油门/副翼、左手升降/方向。至于选哪个手法的遥控器，主要根据个人的喜好。

遥控器品牌众多，主要有 JR、Futaba、Spektrum、天地飞、华科尔等。乐迪 6 通道日本手专业航模遥控，采用的是 2.4 G 遥控技术和对码机制，有效地避免了和接收机天线相互干扰的问题。接收机的输出为 PPM（Pulse Position Modulation，脉冲位置调置）信号，飞控板前级经过滤波后可以直接由 STM32 的捕获通道得到遥控信号，用以判别飞行器的油门信号和运动方向。

2) 控制电路板设计

飞行控制器(飞控)是四轴飞行器的核心,包括传感器部分惯性导航模块和控制部分的MCU,用来控制四个电机协调工作,检测飞行器高度、姿态,自动调节飞行动作。

飞控品牌众多,有大疆、零度、玉兔、MWC、APM、FF、KK 等,其中固件开源的飞控,比如 FF、KK 之类,价格相对实惠。也可以根据飞控开源软硬件方案自行设计制作飞控板。

下面介绍主飞控板的硬件设计方案,包括 MCU 和相关姿态传感器的选型。外围硬件电路的设计,应满足电路简洁、质量轻、安装方便的要求。

(1) MCU 选型。

飞控板 MCU 的选型需要综合考虑飞行器的软硬件需求。首先是 MCU 的性能问题,最重要的指标就是主频,它直接决定着 MCU 计算速度的快慢。四轴飞行器有很多来自惯性导航模块(IMU)的数据需要处理,而且还有复杂的控制算法,如果 MCU 的性能不够高,那么将直接限制飞控只能处于一个比较初级的阶段,无法实现更加复杂的功能和精准的控制。

MCU 是整个四轴飞行器的大脑,几乎所有的数据都要与它相连,如 I2C 总线数据、DMA 通道数据、GPIO 数据等。

另外还需要考虑 MCU 的开发是否简单、技术资源的支持是否充足,这对于制作开源四轴飞行器来说相当重要。

综合了这些因素,国内国外的四轴爱好者大多选择 STM32 作为主控 MCU。具体型号推荐采用 ST 公司的基于 ARM Cortex - M4 内核的 32 位微处理器 STM32F407ZGT6,封装类型选用的是 LQFP 144。其主频能达到 168 MHz,具有硬件浮点运算单元(FPU)、DSP单周期指令。对于 STM32F40X 和 STM32F41X 系列,FLASH 容量更是达到 1 MB,功能强大,足以满足设计需求,另外成本也不高,因此应用较广泛。根据开发环境,这里推荐采用 IAR 编译开发环境和 ST - Link 仿真器,调试时方便高效。

(2) 传感器选型。

在四轴飞行器中,通过对不同方向的角速度进行检测,能够知道飞行器的运动方向。常用的传感器运动方向检测包括 X 方向、Y 方向、Z 方向,即通常所说的三轴角速度传感器,也称三轴陀螺仪。同时也需要对飞行器的重力加速度进行检测,从而获得四轴飞行器相对于地面的倾斜角度。常用的集角速度和加速度传感器于一体的模块有 MPU6050。

通过地磁传感器,即电子罗盘来确定方向。地磁传感器利用地磁场来确定北极,其基本原理和我们熟知的指南针差不多。三维地磁传感器通过给出在 X 轴、Y 轴和 Z 轴上的地磁力投影,可以提供活动物体的航向角、俯仰角和横滚角,从而确定物体的姿态,实际上就是确定了物体坐标系与地理坐标系之间的方位关系。常用的电子罗盘有 HMC5883L。

利用空气的压力,气压传感器能测量出物体所在位置的高度,常用的气压传感器有BMP085、MS5611。

除了气压传感器外,加速度传感器、地磁传感器和角速度传感器均可以用于对物体的姿势进行检测,从而对四轴飞行器平衡进行控制。

传感器模块 GY - 86 是九轴输出、3.3 V 供电,内部集成了陀螺仪与加速度计芯片MPU6050、三轴磁力计 HMC5883L 和大气压计 MS5611,整个模块体积小巧、精度高,满足设计要求。OLED 体积小、显像清晰,安装在机身中间,调试时可以实时显示机身姿态数据。图 4.3 - 14 是飞控板部分的电气连接图。

图 4.3-14　飞控板电气图

3）电气连接图

图 4.3-15 是四轴飞行器的电气连接框图。飞行器主控板上是 MCU 最小系统和外接接口，负责数据读取、算法计算和输出电机控制信号。四轴飞行器通过 11.1 V 锂电池给无刷电调供电，电调的输出为接收机和蓝牙提供 5 V 电压。另外，5 V 经过稳压成 3.3 V 后，再为主控板、OLED 和传感器 GY-86 供电。

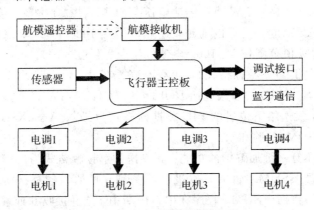

图 4.3-15　四轴电气连接框图

3. 上位机调试软件的使用

四轴飞行器常用上位机调试软件"ANO_TC 匿名四轴"通过蓝牙串口跟下位机相连接进行调试。上位机除了基本的收发功能，还具备传感器原始数据显示和校准、波形显示、3D 姿态显示、电机油门显示和在线修改 PID 参数等功能。

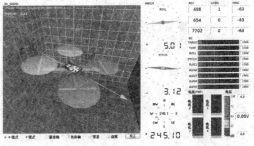

(a) 监控界面

1）操作界面

图 4.3-16 是上位机的操作界面。

2）通信协议

下位机要发送的数据包括：加速度计、陀螺仪和磁力计各三个轴共 9 组数据；姿态角共三组数据；航模遥控器发送的四组数据，即油门信号、三个方向的控制信号。如果查询发送这些数据，必定占用大量的CPU 内存和运行时间，容易造成程序卡死。为此将要发送的数据压缩成 32 字节的数据

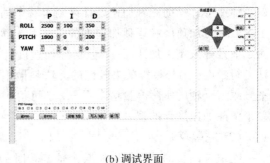

(b) 调试界面

图 4.3-16　上位机界面

包，每个数据包可以自定义功能帧，自定义帧的格式为：0X88＋FUN＋LENG＋DATA＋SUM。其中，FUN 为功能选择帧，范围是 0XA1～0XAA，共 10 个功能帧，在上位机界面中可以选择不同的功能显示；LENG 为数据长度；DATA 为要存储的数据，高位数据在前，数据类型可以是 uint8、int16、uint16、int32 和 float；SUM 为从帧头到 DATA 最后一个字节的和，数据类型是 uint8，超出的字节自动舍弃。

3D 姿态显示包括加速度计、陀螺仪和磁力计的原始数据，以及解算后的欧拉姿态角。这些数据通过一个功能数据帧发送，格式为：0X88＋0XAF＋0X1C＋加速度计三个轴的数据＋陀螺仪三个轴的数据＋磁力计三个轴的数据＋三个方向的欧拉姿态角＋0x00＋SUM（校验和），共 32 字节，功能帧是 0XAF。

发送到上位机的电机 PWM 值、遥控器数据、电池电压等数据，其帧格式为：0X88＋0XAE＋0X12＋油门值、YAW、ROLL、PITCH＋AUX1、AUX2、AUX3、AUX4、AUX5＋PWM1、PWM2、PWM3、PWM4、电池电压＋SUM，共 28 字节，数据类型是 uint16，功能帧是 0XAE。AUX 是遥控器的通道，遥控数据在 1000 到 2000 之间，数据类型都是 uint16，电机的 PWM 值范围是 1～100，电池电压为实际值×100。

发送到上位机的 PID 参数帧格式为：0X88＋0XAC＋0X1C＋0XAD＋PID 参数＋0x00＋SUM（校验和），其中 PID 的参数包括 ROLL、PITCH、YAW 三个方向的 Kp、Ki、Kd，共 9 个参数。同理，发送给下位机的 PID 数据帧格式为：0X8A＋0X8B＋0X1C＋0XAE＋PID 参数＋0x00＋SUM（校验和）。

此外，上位机还有一键加解锁的功能，其发送的解锁帧格式为：0X8A＋0X8B＋0X1C＋0XA1＋无用数据＋SUM。如果下位机已经解锁，则加锁帧格式为：0X8A＋0X8B＋0X1C＋0XA0＋无用数据＋SUM。程序在串口中断中，选择接收并处理这些数据帧，实现四轴的加解锁。另外，在室外调试时，即使在不连接上位机的情况下，也能通过遥控器通道实现四轴的加解锁，从而保证了安全。

4. 姿态解算算法设计

1）数据的测量和校准

四轴飞控板必须不间断地计算并获取当前的飞行姿态，以控制飞行器稳定飞行。姿态的解算结果要求精度高、低噪声、响应速度快。由于主传感器是陀螺仪和加速度计，需应考虑积分后的陀螺仪发散和温漂等问题，因此在正式解算飞行器姿态之前，需要对它们的原始数据进行处理。

（1）加速度计。

加速度计借助三轴加速度计可测得一个固定平台相对地球表面的运动方向，其测量值是等效重力加速度和运动加速度的矢量和。静止时运动加速度输出为 0，此时加速度计的测量值是等效重力加速度 g。但实际加速度计的测量值存在误差，主要采用滤波对加速度计进行校准。另外校准效果较好的方法是最小二乘法，将三个加速度计的三个轴理论值的平方跟三个轴的实际测量值求平方差，可得到重力加速度平方的相反数，用构建的平方误差来消除加速度计的误差。

（2）陀螺仪。

陀螺仪测量的是四轴围绕某个轴旋转时的角速度值。陀螺仪静止时，角速度的输出应该都为 0，由于器件本身存在误差，实际陀螺仪的数据并不为 0，因此在使用陀螺仪前要进行零偏计算。具体的零偏计算方法是：将陀螺仪静止放置，在系统上电进行初始化后，连续读取 N 个原始数据 X_f 进行滑动平均值滤波，通过式(4.3-16)计算出零编值 A，在实际使用时用实际测量值 X_f 减去零偏值 A，得到的就是校正值 Y_f，见式(4.3-17)。

$$A = \frac{1}{N} \sum_N X_f \tag{4.3-16}$$

$$Y_f = (X_f - A) \cdot \text{gain} \tag{4.3-17}$$

其中，gain 是转换系数，单位为(rad/s)/LSB，可以由技术手册查到。

(3) 电子罗盘(磁力计)。

如果没有陀螺仪的累积误差，则可以用陀螺仪 Z 轴方向角速度的值进行积分得到具体的航向角度值。但它的测量值会随着时间漂移，经过一段时间后会积累出额外的误差，所以单独使用陀螺仪是无法保持稳定的航向角。磁力计的目的就是辅助陀螺仪得到准确的航向角。理论上磁力计三个轴的原始数据是对称的，在空间中呈球形分布。但是由于传感器本身的偏差以及外界环境温度、磁场等干扰因素，实际所得的磁力计测量值是中心不在球心的椭球形空间分布，所以需要对磁力计数据进行校正。

① 将磁力计水平放置，然后水平旋转 $360°$ 分别采集 X 轴和 Y 轴的最值 X_{max}、X_{min}、Y_{max}、Y_{min}，由此计算得出偏置补偿 X_b、Y_b。分析数据时，以产生偏差的偏置比例因子和偏置补偿值进行修正。以 X 轴为基准轴，则偏置比例因子 $X_s = 1$，则 Y 轴的偏置比例因子为

$$Y_s = \frac{X_{max} - X_{min}}{Y_{max} - Y_{min}} \tag{4.3-18}$$

之后计算偏置补偿：

$$\begin{cases} X_b = X_s \left[\frac{1}{2}(X_{max} - X_{min}) - X_{max} \right] \\ Y_b = Y_s \left[\frac{1}{2}(Y_{max} - Y_{min}) - Y_{max} \right] \end{cases} \tag{4.3-19}$$

最后，得到的磁力计修正值 X_{out}、Y_{out} 的输出形式为

$$\begin{cases} X_{out} = X_{in} \cdot X_s + X_b \\ Y_{out} = Y_{in} \cdot Y_s + Y_b \end{cases} \tag{4.3-20}$$

式中，X_{in}、Y_{in} 为磁力计测量值，即修正用的输入值。

同理，对 Z 轴进行校正，可以得到磁力计三个轴的修正值：

$$\begin{cases} X_{out} = X_{in} \cdot X_s + X_b \\ Y_{out} = Y_{in} \cdot Y_s + Y_b \\ Z_{out} = Z_{in} \cdot Z_s + Z_b \end{cases} \tag{4.3-21}$$

② 经过水平面的磁力计校准后，将磁力计修正后的输出与陀螺仪 Z 轴积分后的角度进行加权滤波融合或者互补滤波后，就可以得到相对稳定的航向角。但是大多情况下的飞行器航向角与水平面有一定夹角，它直接影响了飞行器做飞行动作时航向角的精度，容易造成飞行器旋转的情况，所以我们还要对航向角进行倾角补偿。倾角补偿需使用加速度计计算出横滚角(φ)和俯仰角(θ)后，代入倾角补偿公式：

$$\text{Yaw} = M_X \cdot \cos(\theta) + M_Y \cdot \sin(\varphi)\sin(\theta) - M_Z \cdot \cos(\varphi)\sin(\theta) \tag{4.3-22}$$

式中，M 是磁力计三个方向的数据。磁力计二维校准前后的 Matlab 效果如图 4.3-17 所示。

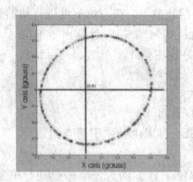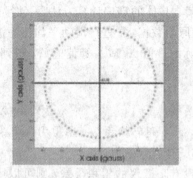

图 4.3 - 17　磁力计校正前后

2) 姿态解算算法

有了传感器的反馈数据即可进行飞行器的姿态解算。稳定、精准、动态响应性好的姿态角输出是飞行器电机控制算法输入的关键。下面介绍基于互补滤波和四元数两种姿态解算算法，这里采用了计算量相对较小的四元数算法，姿态角用欧拉角形式表示。

(1) 互补滤波。

陀螺仪动态响应好，但容易积累偏差，加速度计和磁力计没有累计偏差，但是动态响应差。根据它们频域互补的特点，可把加速度计和磁场强度的误差构成正旋转，再耦合到陀螺仪的角速度增量上。在同一坐标系中，三者的数据经过高效融合后，加速度计和磁场强度的测量值和常量值作为一个叉积，叉积的模为角度误差的正弦，正比于角度，方向根据右手定则来确定，再乘上一个系数后，即可与陀螺仪的角速度增量叠加。

另外，四轴飞行器的偏航不会影响重力和加速度矢量的方向，横滚角和俯仰角也不会影响航向角，所以两路之间是解耦的，不会相互干扰。在飞行器飞行时，加速度计只受到机架上电机转动产生的高频振动的干扰，起飞和降落时的加速度也很小，最终这些干扰被互补滤波给滤除。同时，陀螺仪和加速度计测量的重力加速度矢量的偏差，就是俯仰和横滚角度的偏差(矢量的叉乘)。

简而言之，互补滤波相当于低通滤波器和高通滤波器相结合，将陀螺仪角速度进行高通滤波，加速度计进行低通滤波，通过调整合适的滤波参数来获得良好的滤波器特性。

(2) 四元数、欧拉角。

四元数和欧拉角是四轴设计系统中常用的表示方法。欧拉角能很方便地根据姿态参数求解出姿态动力方程，而欧拉角的计算存在奇点，采用四元数则可以很好地避免这个问题。但为了更加直观，工程上还是用欧拉角进行描述。

四元数是一种超复数，其表达形式为

$$\begin{cases} \boldsymbol{q} = \begin{bmatrix} w & x & y & z \end{bmatrix}^{\mathrm{T}} \\ |\boldsymbol{q}|^2 = w^2 + x^2 + y^2 + z^2 \end{cases} \tag{4.3-23}$$

并满足 $x^2 = y^2 = z^2 = -1$。根据欧拉定理：刚体绕某一点的位移，可以通过此点的某一轴旋转过的角度得到。将四元数转化为欧拉角后，我们可以分别得到横滚角 φ、俯仰角 θ 和偏航角 ψ，其原理公式形式为

$$\begin{bmatrix} \varphi \\ \theta \\ \psi \end{bmatrix} = \begin{bmatrix} \arctan \dfrac{2(wx+yz)}{1-2(x^2+y^2)} \\ \arcsin 2(wy-zx)] \\ \arctan\left[\dfrac{2(wz+xy)}{1-2(y^2+z^2)}\right] \end{bmatrix} = \begin{bmatrix} \arctan2[2(wx+yz),\ 1-2(x^2+y^2)] \\ \arcsin[2(wy-zx)] \\ \arctan2[2(wz+xy),\ 1-2(y^2+z^2)] \end{bmatrix} \quad (4.3-24)$$

设在单位时间 Δt 内，物体的运动角速度为 w，则转动轴的方向 e 及转动的角度 φ 可表示为 $e=w/|w|$，$\varphi=|w|\Delta t$，则四元数表示为

$$q = (q0,\ q1,\ q2,\ q3)^{\mathrm{T}} = \begin{bmatrix} \cos\left(\dfrac{\varphi}{2}\right) \\ e\sin\left(\dfrac{\varphi}{2}\right) \end{bmatrix},\ (|q|=1) \quad (4.3-25)$$

由三角公式 $\sin\varphi = 2\sin\dfrac{\varphi}{2}\cos\dfrac{\varphi}{2}$，$\cos\varphi = 2\cos^2\dfrac{\varphi}{2}-1$，可以将四元数转化为姿态矩阵 G 为

$$G = \begin{bmatrix} q0^2+q1^2-q2^2-q3^2 & 2(q1q2+q0q3) & 2(q1q3-q0q2) \\ 2(q1q2-q0q3) & q0^2-q1^2+q2^2-q3^2 & 2(q2q3+q1q0) \\ 2(q1q3+q0q2) & 2(q2q3-q1q0) & q0^2-q1^2-q2^2+q3^2 \end{bmatrix} \quad (4.3-26)$$

由此计算出矢量 R 在两个坐标上的投影，得到四元数与姿态矩阵的关系为

$$\begin{bmatrix} R_{xn} \\ R_{yn} \\ R_{zn} \end{bmatrix} = G \times \begin{bmatrix} r_{xn} \\ r_{yn} \\ r_{zn} \end{bmatrix} \quad (4.3-27)$$

简而言之，四元数包括了物体围绕某固定坐标轴旋转的所有状态信息。在四轴飞行器的姿态角解算中，利用四元数的微分方程不断进行更新计算。为了得到较好的线性度，采用欧拉角来表示解算的角度，最后再进行 PID 控制。

（3）姿态角的轴向表示。

在实际求解姿态角时，通过 AHRSUpdate 算法，将加速度计、陀螺仪和磁力计的数据全部融入四元数计算中，最后以欧拉角输出。姿态角的方向定义与四元数的初始化有关，且满足右手定律，如图 4.3-18 所示。

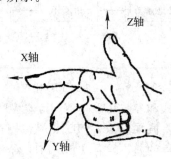

图 4.3-18　轴向表示

图 4.3-18 中，绕 X 轴旋转的是横滚角，绕 Y 轴旋转的是俯仰角，绕 Z 轴旋转的航向角。图 4.3-19 是四元数计算输出的程序，其中 Q_ANGLE 表示最终的姿态角。相比用陀螺仪和磁力计互补滤波计算得到的航向角，这种算法求得的航向角定向很准确，变化范围在 0～360°之间，且不会漂移。

```
172    Q_ANGLE.YAW = atan2(2 * q1 * q2 + 2 * q0 * q3, -2 * q2*q2 - 2 * q3* q3 + 1)* 57.3;//yaw
173    if(Q_ANGLE.YAW<0)
174        Q_ANGLE.YAW=Q_ANGLE.YAW+360;
175    if(Q_ANGLE.YAW>360)
176        Q_ANGLE.YAW=Q_ANGLE.YAW-360;
177    Q_ANGLE.PITCH = asin(-2 * q1 * q3 + 2 * q0* q2)* 57.3; // pitch
178    Q_ANGLE.ROLL = -atan2(2 * q2 * q3 + 2 * q0 * q1, -2 * q1 * q1 - 2 * q2* q2 + 1)* 57.3; // roll
```

图 4.3 - 19　四元数输出公式

3) 姿态控制算法

姿态控制算法直接决定了四轴飞行的稳定性。好的四轴 PID 控制器能够将飞行器姿态角稳定在期望角度左右,当遥控器操作指令变化时,四轴能快速响应,几乎没有超调和过冲。本次设计所采用的串级 PID 的控制器,相比于传统的单极性 PID 控制器,超调量小,动态响应更好,使飞行器在遥控器混控时能快速响应,几乎无振荡,满足了设计要求。

(1) 串级 PID 控制器。

本设计采用的串级控制是角度内环、角速度外环的双闭环控制,它和运动控制系统中的电流内环、速度外环的双闭环控制类似。传统的 PID 控制器对参数要求很高,四轴很难保持快速打舵时的响应速度和打舵回中时的稳定性,抗干扰能力也差。原因是在突遇外界外力或者磁场干扰时,加速度计和磁力计采集的数据会失真,造成解算的三维欧拉姿态角不准确,所以若只用单环,系统很难稳定。根据四轴的动力分析可知,四轴容易不稳定的主要因素是角速度不稳定,而角速度一般反应较快,不受外界环境影响。而传统的单级 PID 控制器对角速度控制其实是开环的。因此,把角速度作为控制的内环,对角速度进行另外的闭环控制,肯定会提高系统的稳定性和抗干扰性。

串级 PID 控制器就是将角度控制环和角速度控制环级联构成整个控制环。其中角度环是外环,输入是角度,外环的输出作为角速度内环的输入,内环的输出就是电机的 PWM 增量。串级 PID 的流程如图 4.3 - 20 所示。

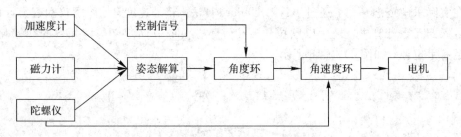

图 4.3 - 20　串级 PID 流程图

横滚和俯仰方向的控制方式和参数几乎一致,具体程序设计实现方法是:对解算的角度与遥控角度计算偏差,将偏差值乘以 rol_PID. kp 后进行限幅,作为角速度内环的期望值。内环的期望值与实际角速度的差,再乘以 pit_PID. kp 得到 P。将角速度误差积分、限幅后作为 I,这个限幅值大概为 30％的油门值即可。前后两次的角速度误差作为 D,最终将P、I、D 限幅相加后赋值给 PWM 来控制电机。

偏航角的控制方法与横滚和俯仰的控制方向不同,它将打舵量和角度误差的和作为角速度的期望,参数也与横滚俯仰不同。这样在快速打舵时四轴机头有明显的快速响应。总而言之,角速度环即为增稳环节,也是对参数要求最高的环节,而角度环的作用体现在对姿态角度的精准控制。

（2）积分项的处理。

四轴程序设计中引入了积分项，主要目的是消除四轴在平衡点处的静差。积分项用于对当前测量的误差不断进行累加，如果积分项过大就容易导致系统超调，直至出现振荡，即积分饱和现象，所以需要对积分项的积分饱和做出处理。当偏差大到一定程度时，直接忽略积分项的作用，避免积分过度累加造成超调，即采用 PD 控制；而当偏差很小趋于 0 时，引入积分环节，即 PID 控制，彻底消除很小的静态误差，提高系统精度。这种处理方法称为积分分离法

$$\beta = \begin{cases} 0 & |e(k)| < \xi \\ 1 & |e(k)| \geqslant \xi \end{cases} \qquad (4.3-28)$$

式中，β 为积分项的开关系数；ξ 为积分分离阈值，根据具体的要求而定，ξ 过大会达不到积分分离的效果，ξ 过小则无法进行积分项运算，系统容易出现残差。

当积分项将误差累加进入饱和区时（该值约为油门控制信号的 5%），直接进行积分反向累减运算，所以在这之前要通过阈值判断是否进入饱和区，尽可能地减少积分饱和；或者只有当计算的偏差与积分异号时才进行累加，反之积分项清零。这种处理方法称为积分削弱法。图 4.3-21 是部分的积分处理代码。

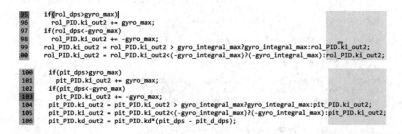

```
95    if(rol_dps>gyro_max)
96      rol_PID.ki_out2 += gyro_max;
97    if(rol_dps<-gyro_max)
98      rol_PID.ki_out2 += -gyro_max;
99    rol_PID.ki_out2 = rol_PID.ki_out2 > gyro_integral_max?gyro_integral_max:rol_PID.ki_out2;
00    rol_PID.ki_out2 = rol_PID.ki_out2<(-gyro_integral_max)?(-gyro_integral_max):rol_PID.ki_out2;

100   if(pit_dps>gyro_max)
101     pit_PID.ki_out2 += gyro_max;
102   if(pit_dps<-gyro_max)
103     pit_PID.ki_out2 += -gyro_max;
104   pit_PID.ki_out2 = pit_PID.ki_out2 > gyro_integral_max?gyro_integral_max:pit_PID.ki_out2;
105   pit_PID.ki_out2 = pit_PID.ki_out2<(-gyro_integral_max)?(-gyro_integral_max):pit_PID.ki_out2;
106   pit_PID.kd_out2 = pit_PID.kd*(pit_dps - pit_d_dps);
```

图 4.3-21　积分处理

与积分分离法相比，积分削弱法更容易实现，积分作用明显，实际参数很小。但是这两种方法都要设置阈值，如果阈值设置不合理就很容易导致控制器不稳定或者积分作用失效。

（3）微分项的处理。

微分项反映出偏差的变化趋势，也能克服振荡，减少积分的超调量，加快系统的响应速度，但是过大的微分项会削弱系统的抗干扰能力。在四轴控制系统中，过大的微分项会导致四轴起飞后往一个方向飞偏，即使是微弱的干扰，响应也会比较剧烈。在四轴混控时，合适的微分项会抑制回中时的振荡，四轴的动态性能更好。

在四轴程序设计中，微分项的处理方式有两种。第一种处理方式是在角速度控制环中，将前后两次角速度的差作为微分项，这样可以很好地抑制角速度积分环节的额外振荡，但在目标值不停地切换时，容易产生较大的扰动。第二种处理方式是将陀螺仪的测量量直接当作微分项。因为陀螺仪的测量量就是角速度，所以在角速度控制环中，系统不容易产生较大的扰动，干扰较小，微分作用比较明显。但是由于陀螺仪本身易漂移的特性，这里微分项的数据必须是经过陀螺仪零偏校准后的。

经过调试发现，对于单极性 PID 控制器的微分项，用第二种处理方法效果更好，尤其是在四轴飞行的动态过程中，抗外界干扰能力强，四轴能够很好地抑制机身回中时在平衡点处的振荡。对于串级 PID 控制器的微分项，第一种处理方法更好。微分项具有预测误差

变化趋势的作用，但是在串级 PID 控制器中，角速度已经是闭环控制，即角速度被控制成增稳环节，此时的角速度并不会有太过剧烈的变化，所以不能直接作为微分项来预判角速度误差的变化趋势。最终的微分项采用的是第一种处理方法，控制周期是 4 ms，与姿态解算周期同步，响应速度较快。微分处理的代码如图 4.3-22 所示。

```
101    rol_PID.kd_out2 = pit_PID.kd*(rol_dps - rol_d_dps);
102    rol_d_dps = rol_dps;

111    pit_PID.kd_out2 = pit_PID.kd*(pit_dps - pit_d_dps);
112    pit_d_dps = pit_dps;
```

图 4.3-22　微分处理

（4）油门的控制计算。

油门的信号就是 PID 控制器的最终输出信号，实际是 20 ms 的 PWM 信号。在赋值给电机前，首先进行油门限幅处理，范围是 1000～2000，防止某些时刻油门过大造成过冲。图 4.3-23 是 X 形飞行模式的油门计算公式代码。

```
throttle = throttle > PidOut_max ? PidOut_max : throttle;

motor1 = throttle + (u16)rol_PID.out2 - (u16)pit_PID.out2 + (u16)yaw_PID.out1;
motor1 = motor1 < PidOut_min ? PidOut_min : motor1;
motor1 = motor1 > PidOut_max ? PidOut_max : motor1;

motor2 = throttle - (u16)rol_PID.out2 - (u16)pit_PID.out2 - (u16)yaw_PID.out1;
motor2 = motor2 < PidOut_min ? PidOut_min : motor2;
motor2 = motor2 > PidOut_max ? PidOut_max : motor2;

motor3 = throttle - (u16)rol_PID.out2 + (u16)pit_PID.out2 + (u16)yaw_PID.out1;
motor3 = motor3 < PidOut_min ? PidOut_min : motor3;
motor3 = motor3 > PidOut_max ? PidOut_max : motor3;

motor4 = throttle + (u16)rol_PID.out2 + (u16)pit_PID.out2 - (u16)yaw_PID.out1;
motor4 = motor4 < PidOut_min ? PidOut_min : motor4;
motor4 = motor4 > PidOut_max ? PidOut_max : motor4;
Motor PWMout(motor1,motor2,motor3,motor4);
```

图 4.3-23　油门计算公式代码

图中，throttle 是油门信号，rol_PID.out2 是横滚方向控制的油门输出值，pit_PID.out2 是俯仰方向控制的油门值，yaw_PID.out1 是偏航方向控制的油门值。每个电机的油门值在进行限幅后，再赋值给四个电机。

4）四轴飞行器参数调试方法

由于四轴飞行器电机转速高，调试过程具有一定的危险性，所以调试时务必注意做好安全防护工作。四轴飞行器参数调试需要结合"ANO_Tech 匿名四轴飞行器"上位机软件。

X 形飞行模式的四轴飞行器同时控制两对电机，即把四轴相邻机臂的对称点两端用绳子固定在桌子腿上。先调横滚方向的参数（或者俯仰方向，两者的参数接近），用遥控器控制油门。总体思路是在起飞油门（大概 45％油门）以上，先调角速度内环参数，再调角度外环参数，共有 9 个参数，实际上内环用到了 P、I、D，而外环只有 P 参数。具体调试方法如下：

（1）去掉角度外环的程序，把遥控信号作为内环期望，调节内环 P。角速度内环 P 参数的作用是提供与角速度变化相反的力矩，保证四轴的角速度稳定在 0 附近，阻止角速度快速变化。P 过大，导致振荡不能收敛；P 过小，四轴飞行器则会一直往一个方向偏，合适的 P 参数能明显响应打舵，振荡不太剧烈。

（2）加上微分项 D，可以明显削弱打舵回中时在平衡点的振荡。但是 D 容易导致四轴起飞时出现"抽搐"，这时要再次降低 D 参数，同时也要适当增大 P 参数，四轴在绳子上的状态相对稳定，但是在平衡点如有小角度的抖动，就需要加入积分环节。

（3）积分环节可用于消除四轴在平衡点处的偏差，这种偏差是由安装时机械重力分布和螺旋桨旋转平面不在同一平面造成的。当四轴在平衡位置时，其重力分量会导致飞机在平衡点附近产生静差，实际静差约 5°。加入积分 I 可以感觉到四轴的控制变得更加缓和，但积分过大，在有干扰时容易造成发散性的振荡，积分过小则会导致积分作用不明显。

（4）此时把遥控信号作为角度外环输入期望，而外环的输出作为角速度内环的输入期望。试验发现，外环通过 P 参数就可以很好地遥控四轴飞行，所以本设计中外环参数只有一个 P 参数。

（5）测试实际的飞行效果时，最好在无风宽敞的室内飞行，飞行高度不能太低，防止地面效应，也不能太高而看不清飞行姿态，四轴也容易摔坏。如果在平衡点处有振荡，且不是机械造成的振荡，则有可能是内环 D 过大造成的波动，可以降低内环 D 参数。如果起飞后有小幅度的抽动现象，可以加大积分项的系数。观察打舵的响应性和回中时的稳定性，有问题继续回到绳子上调试。总而言之，调试的标准就是飞行时，遥控器快速打舵，四轴快速响应，到达目标角度或者回中后，马上停止，几乎没有振荡和反弹。

整个参数调试过程需要经过大量的试验分析，直至获得满意的控制结果。

4.4　论文写作与课题汇报交流

完成课题后，进行总结并完成论文，课题的汇报交流也是必不可少的，在课题完成过程中要注意搜集、保存、整理资料。这些已成为从事运动控制领域人员的一项基本功，需要不断学习和训练。毕业设计论文、科技小论文、专利等的写作可先阅读一定数量的相关同类文献，理解、模仿、体会并亲自撰写、修改、投稿，一定会有见报的那一天。

1. 本科毕业设计论文

运动控制类本科毕业设计论文大致内容及要求如下（仅供参考，科技小论文的撰写也可参考之）：

论文可以参考其他相关文献，需要重点描述自己主要完成的工作，要思路清晰，叙述通顺、结构完整、逻辑性强、图文并茂，切忌拼凑堆砌。摘要、绪论、结论部分主要是突出重点、简明扼要，可以有少部分文字重复。论文是一个有机整体，不能零散、跳跃和不必要的重复，更不能前后矛盾。目录一般最多 3 级。

中文摘要（正文形成后写）

英文摘要（可在老师确认中文摘要后翻译）

中英文摘要在论文全部完成后专门花 2 天时间写。摘要是对论文内容不加注释和评论的简短陈述，独立成章。其目的是让读者尽快了解主要内容，补充题目的不足，同时便于文献检索。摘要在一两句话介绍背景后，主要叙述研究或设计的目的、方法、结果和结论。摘要采用第三人称，具体明确，语言精练，中文摘要篇幅为 200～300 字，英文摘要应与中文摘要内容对应；缩略语/字母词至少在文摘中出现一次全称，新的外文中译名至少出现一次。关键词主要用于文献检索，尽量使用通用名称，专业范围宽窄适宜，缩略语/字母词应以全称形式出现,关键词要求 3～8 个。英文摘要切忌采用翻译工具或网上直接生硬翻译而成。

第一章 绪论

1.1 课题的工程背景、目的和意义

1.2 国内外研究现状

1.3 论文的主要内容

工程背景主要介绍运动控制、伺服系统、VC/VB 的历史、概念、特点、应用场合(具体行业、领域)等。论文主要介绍课题需要完成的目标、任务,课题所用软、硬件参数及其方法,该部分可根据开题报告整理而成,需要通过检索文献、阅读一定量的文献才能写好。

第二章 硬件设计

2.1 总体方案设计

2.2 硬件选型

2.3 硬件主要部分的设计

必须有总体方案方框图,可以有 1～3 个对比方案,本文所采用方案的优点,硬件选型符合任务/工艺要求,讲清楚选型主要根据的参数,比如:PLC 点数、模块配置、电机容量、传感器型号、变频器型号、单片机型号及其扩展芯片、电子元器件参数选择等;可以将 1～2 个硬件主要部分设计过程进行比较详细的说明,可以有计算、图形并配以说明文字。

第三章 软件设计

3.1 软件设计总体方案

3.2 重要子程序设计

软件设计总体方案须包含方案框图,配以文字说明其过程,以及总体的编程思路;重要子程序的理论依据(比如数字 PID 理论,数字滤波算法等)、主要软件流程图、核心程序及其详细注解。

对于应用型本科毕业设计,软件的开发过程、操作步骤也可以简洁而有条理地列入正文内容。类似产品说明书详细描述操作过程也可以作为正文一章。

第四章 实验结果

4.1 实验平台介绍

4.2 仿真结果

4.3 实验结果

实验平台包括软、硬件平台介绍(有时也可以单列一章),软件名称、版本、功能,硬件名称、型号、参数,可以配上软件主画面图和实验平台实物图;仿真或实验结果要说明仿真或实验的条件、步骤、输出曲线/数据及主要结论,一般要有对比的曲线,这样才能充分说明本课题采取的方法是可行的,得出的结果是合理可信的。

第五章 结论及展望

5.1 全文总结

5.2 展望

总结毕业设计论文所进行的工作,列出主要成果和存在的不足;对今后工作作一些展望,本课题还可以继续深入研究下去的必要性,本课题方法是否可以移植到其他领域等。

第 N 章 XXX 理论

N.1 基本思想

N.2　主要指标

N.3　实际应用

某些特殊课题可以将理论单列一章，比如三相异步电动机的矢量控制理论探讨、某系统模型的分析及辨识、干扰观测器理论、智能控制理论等。但要注意简洁，不要详细推导过程，尽量给出结论即可，并做适当的解释，甚至个人理解。本章应位于绪论后。

第 M 章　XXX 软、硬件平台介绍

M.1　硬件组成、主要功能

M.2　软件介绍

M.3　安装调试主要步骤

参考文献

参考文献按照各学校毕业设计指导手册要求和任务书参考文献格式写。一般 8 篇以上中文加 2 篇以上英文参考文献。不管在论文的哪一部分，凡采用到前人的观点、方法、结论、成果时，都必须注明其来源。一般的做法是将前人的相关论文或资料编入参考文献，然后在引用的文字处加上该参考文献的编码即可，如不这样做，就有抄袭、剽窃、侵权之嫌。

致　谢

致谢是在论文的结尾处，以简短文字，对课题研究与写作过程中曾给予直接帮助的指导教师及其他人员，表示自己的谢意。这不仅是一种礼貌，也是对他人劳动的尊重。该部分自由发挥，希望语言实在而真挚，有个人特色，体现个人风采。

附　录

详细的程序清单、PCB 图、零件图、公式的推演等不宜放在正文中，但有参考价值的内容，不纳入论文，需单独编页码，采用附录 A、B、C⋯及 A1、A2⋯形式。

2. 科技小论文

科技小论文的架构与毕业设计论文类似，一般由题目、中英文摘要、关键词、正文和参考文献组成。正文一般包含 IMRAD［引言（Introduction）、方法（Method）、结果（Result）和（and）讨论（Discussion）］。其中"方法"部分要详细交代方案、硬件条件、方法过程，图表要规范，描述要能让行业技术人员便于复现，忌含糊不清或故弄玄虚。

3. 汇报交流

课题汇报 PPT 文档制作上，首先要注重内容，根据汇报时间，一般 1 分钟 1 张 PPT；能以图表说明的尽量以清晰的图表呈现，忌出现大量文字，更忌汇报时照 PPT 内容读，要以简明的语言向观众汇报，少量文字要醒目（字号较大、粗体）；与撰写论文类似，要注意重点突出、层次分明；首页列出题目和课题完成人员，末页简单写"谢谢观赏，请提出问题或宝贵建议"等即可，不要长篇感谢辞；正文内容部分可按论文顺序汇报，一般要有方案框图、硬件框图、软件流程图、主要方法、创新点、实验结果数据、调试截屏、实物照片等，在所作工作基础上，对照图表，用通顺的语言进行介绍。

汇报演示文稿格式上，可以适当加些动态技巧，但不宜太花哨；背景与文字颜色反差要大，比如可以深蓝色背景加白色或黄色粗体字，或者白色背景加黑色、蓝色、红色、紫色粗体字等；可以采用清新一些的模板，也可采用本单位特色或个人特色的模板进行编写。

附录 本科毕业设计论文范文

擦黑板机器人研制

三江学院电气与自动化工程学院 周雨松（学号12011071053）

摘要 近年来，随着社会与科技的不断进步，人们对空气质量的要求不断提高。在教学环境中，粉笔灰尘影响了广大师生的健康，污染了环境。尽管科技工作者对传统的黑板、粉笔和黑板擦做了较多的改进，但污染问题仍没有彻底解决。本课题研究的内容是开发出一款可以吸附在黑板上并且可以移动的擦黑板机器人。

本文在介绍擦黑板机器人国内外发展状况的基础上，设计了一款轮式、磁吸附、锂电池供电、四轮驱动方式擦黑板机器人，包括擦黑板机器人的移动结构、吸附结构、擦灰结构、吸灰结构和驱动系统的设计制作，重点进行了磁吸附静力学分析，推导出可靠吸附与移动条件，并据此进行了磁体与驱动电机的设计选型。采用 Altium Designer 2014 软件进行了硬件电路设计，包括STC12C5604AD单片机最小系统、电机驱动、电源、继电器输出、蓝牙接口、USB转串口等。以 Keil 软件为设计平台编写及调试了机器人控制主函数、运动子函数、蓝牙通信子函数等程序。通过电脑和手机进行了系统调试。最后给出了擦黑板机器人系统并讨论了其控制策略。结果表明，所设计擦黑板机器人能可靠吸附于黑板并完成移动、擦灰、吸灰等功能，擦拭效果良好，具有一定的应用价值。

关键词：擦黑板；机器人；磁吸附；轮式；单片机；蓝牙

ABSTRACT

In recent years, with the development of society and technology, people's demand of the air quality are increasingly higher, especially for the teaching and learning environment, chalk dust affected the majority of teachers and students'physical and mental health and public environment. Science and technology workers also have tried to do more efforts to improve the traditional structure of blackboard, chalk and blackboard eraser, but the chalk dust pollution has not been completely solved. The task of this paper is to design a robot which can walk on the blackboard and clean it.

This paper introduces the research situation of blackboard-cleaning robot which is based on the domestic and overseas. A wheel type, magnetic adsorption, lithium battery power supply, four wheel drive blackboard-cleaning robot is designed, including the robot's manufacturing of moving structure, adsorption structure, cleaning structure, dust absorbing structure and drive system. The emphasis is on the analysis of the magnetic adsorption statics, and the reliable adsorption and moving conditions are deduced, and the design and selection of the magnet and the drive motor are carried out. The hardware circuit is designed with Altium Designer 2014 software, including STC12C5604AD microcontroller minimum system, motor driver, power, relay output, bluetooth interface, USB to serial port, etc. The main function, motion sub function and bluetooth sub function are written and debugged with the Keil software. This system is debugged by computer and mobile phone. The blackboard-cleaning robot system was proposed, and its control strategy was discussed at last. The result shows that the blackboard-cleaning robot can adsorpt on the blackboard reliably and finish the movement, dust cleaning and absorbing, etc. The good result proves that the blackboard-cleaning robot has a certain application value.

Keywords: Clean the blackboard; Robot; Magnetic adsorption; Wheel type; Microcontroller; Bluetooth

目　录

第一章 绪 论

1.1 研 究 背 景

"一支粉笔，三尺讲台"，人们常常这样赞美老师。但是，老师也有他们的苦衷，即教学过程中不可避免地会吸入大量粉笔灰。首先对粉笔进行一些了解，其主要成分是硫酸钙，化学式为 $CaSO_4$。硫酸钙的熔点是 $1450\ ℃$，相对密度是 $2.96\ g/cm^3$，一般难溶于水，其二水化物俗称石膏（$CaSO_4 \cdot 2H_2O$）。硫酸钙的化学性质稳定，无毒。

粉笔是日常教学必不可少的东西，其应用由来已久。常用的粉笔有普通粉笔和无尘粉笔，它们的主要成分为硫酸钙、碳酸钙以及少量的氧化钙。无尘粉笔在普通粉笔的基础上做了改良，能够减轻室内粉尘污染的程度。无尘粉笔通过在固定的温度下对生石膏加热，经过反应形成熟石膏再加入水充分混合，最后成型，生产过程中还需添加中脂类和聚醇类物质使之黏合，同时通过掺杂泥灰等大比重的材料，改变粉尘密度以保证其很快沉积。据称，在实际应用中，这对减轻粉笔尘污染并不十分明显。

粉笔是一把双刃剑，教育需要它，但其危害也不容小觑。教师的工龄大约四五十年，通常上课需要在板书的同时进行讲解，经常擦黑板，就会吸入很多粉笔尘。中学语文老师正常上课大概用 0.5 根粉笔写一黑板的字；英语和数学老师正常上课大概用 3 根粉笔写五黑板的字。毕业班老师几乎全天上课，会用掉十多根粉笔。

据调查，教师的职业病患病率正在不断上升，最普遍的呼吸道疾病和"尘肺"等大多是粉笔尘所致。普通黑板擦是由绒布、海绵加上塑料壳制成，擦拭过程会产生大量粉笔尘，空气质量在很大程度上影响了师生的身体健康。即使上呼吸道的黏膜会过滤掉大部分 $10\ \mu m$ 以上的微粒，但过多的有害颗粒物质堆积在呼吸道和肺泡中就会对人体造成伤害。教师手上以及通过空气传播到头发和脸部的粉笔尘会对皮肤产生刺激。夏天，粉体尘遇汗水解生成的碱性物质会对皮肤产生更大刺激。粉笔尘还会导致皮肤干燥、粗糙和其他不适症状，甚至会导致很多其他并发症。如果老师患上感冒咳嗽等，粉笔尘会加重病情，甚至引发哮喘。

学生虽然很少直接使用粉笔，但粉笔尘带来的二次伤害也是不可避免的。学生成长和发育的关键阶段是从小学到大学，大概 16 年，这期间会不断接触粉笔尘。

我们暂时可能还无法完全停用粉笔，但可以从细节入手，对黑板擦等教具做出改进。就目前情况来看，广泛使用的黑板擦主要有以下的弊端：无法控制粉笔灰的污染；无法使黑板完全擦拭干净；难以清洁黑板擦绒布上的灰尘；一般黑板擦质量差，易坏；无法自动擦拭、增加劳动强度。随着科技的进步，需要不断创新，开发新型黑板擦，还老师和学生一间干净卫生的教室。

1.2　研究意义

"环保"，是 20 世纪末的一个热门话题，也作为一句响亮的号召，唤起了世界同胞，携起手来共同保护我们的家园。在 21 世纪的今天，环保被赋予了新的含义。环保理念已经深入人心，环保行动已经深入实践。很多公司已经通过改革传统落后技术将新的环保科技融入产品来提高市场竞争力。因此，自动黑板擦就应运而生了，旨在优化教学环境、提升教学质量。

本课题研究的擦黑板机器人无需人工擦拭，方便快捷；擦黑板机器人的工作效率高，能在短时间内对整块黑板进行有效擦拭；擦黑板机器人利用蓝牙进行控制，可以在周围没有人的时候工作，从而很好地避免了粉笔尘对人体健康的影响。

1.3　国内外研究的现状

1.3.1　黑板擦方案的现状

1. 电动黑板擦

电动黑板擦采用框架式结构设计，通过在黑板的上下边缘架设链轮及链条构成可以滑动的框架，并通过电机进行驱动。黑板擦与框架固定连接的同时紧贴黑板面，黑板擦下表面为绒布，在夹层留有吸尘设备，四周装有滚轮便于滑动。打开开关，电机驱动黑板擦往返滑动进行擦拭。该方案结构复杂，成本高。

2. 集尘式黑板擦

集尘式黑板擦外形和普通黑板擦几乎一样，只是在黑板擦底部特别安装了集尘盒，通过预留的孔洞把灰尘收集到集尘盒中。用完后，打开集尘盒可以倒出灰尘。优点是简单方便，价格低廉，但仍需人工擦拭。

3. 自动除尘黑板擦

自动除尘黑板擦的原理是利用负压吸尘，类似于吸尘器。电机旋转时会产生负压，利用负压可以把粉笔尘吸入集尘盒后滤去粉笔尘并排出新鲜空气。自动除尘黑板擦很好地解决了粉笔尘漂浮空气中的问题，但缺点是小型风扇的功率低，产生的吸力不足，实用性较差。

1.3.2　机器人吸附方式和移动结构的现状

本课题设计的擦黑板机器人属于一种爬壁机器人，爬壁机器人源于历史悠久的移动机器人。日本大阪府立大学讲师西亮于 1966 年开发出最初的简易机器人，开启了爬壁机器人研究的先河。他利用风扇旋转会产生负压空气的原理给机器人提供吸附力。在随后的很多年里，西亮经过不断改革、创新，于 1975 年开发出新型机器人，他利用单吸盘结构给机器人提供吸附力。

四十多年以来，关于爬壁机器人领域的研究成果颇丰，尤其是 20 世纪 90 年代以来，国内外在该方面的发展十分迅速。新技术的发展给爬壁机器人的研究带来了实质性的进展。目前在这一领域，日本的水平名列前茅，美国、英国、意大利等许多国家同样不甘其后，也纷纷加入，展开对于爬壁机器人的研究。例如，美国波音公司出资开发出的 Au-toCrawler 机器人，以真空吸附原理，行走时，安装在履带上面的吸盘依次形成真空腔，产生的吸附力使得机器人能够在壁面行走[1]。其他国家在这一方面也有很多研究，如西班牙开发出的六足式爬壁机器人，俄罗斯开发出的用于窗户和壁面清洗的单吸盘结构爬壁机器人等。

我国哈尔滨工业大学（简称哈工大）率先在这一领域进行了深入研究。国内爬壁机器人技术历经三十多年的发展取得了很大突破。随着"863"计划的实行，对于该领域科技研究的热潮随即展开，哈工大的研究成果尤为显著，如磁吸附爬壁机器人、真空吸附爬壁机器人等。这些机器人被广泛应用在金属管防腐、水冷壁检测和清洗等领域。这期间，北京航空航天大学、上海交通大学和上海大学等著名大学的加入，大大推动了爬壁机器人技术的发展。很多已经投入使用，如 SKY 机器人，它由北京航空航天大学开发，被用于上海科技馆的清洗。我国其他各大高校对于机器人的研制也有很多进展，这是一种良好的势头，显示了我国科技的进步和对于技术人才培养的重视。

爬壁机器人能够广泛应用于石油化工、消防、侦查等工业领域，原因是它能代替人工作业，特别是对于高危或者高空作业，它有着举足轻重的价值。例如，检修储物罐的表面、清洁楼房外墙、钢制板的喷漆、危险场合的急救等。爬壁机器人的社会价值和经济价值十分明显，应用前景广阔[2]。

应用于垂直壁面的可靠行走方式有很多，如履带式、轮式、足式等。采用履带式和轮式行走的爬壁机器人比较普遍，它们在移动速度、机械结构等方面有着很大优势，缺点是不能克服有障碍物的壁面。足式机器人在运动学上结构很复杂，自由度多，但也因此才能够轻松越过障碍物。

爬壁机器人应用于壁面上的吸附方式通常有负压吸附、磁吸附和仿生吸附等。负压吸附和磁吸附的方式简单实用，因而比较常见。负压吸附的优点是适用于任何材料的壁面，缺点是不光滑的表面会使吸附力减弱甚至消失。而磁吸附对壁面材料有限制，主要应用于铁制等壁面，可分为电磁吸附和永磁吸附。永磁吸附依靠强磁体提供巨大的吸附力，通常比负压吸附产生的力大很多，优点是简单、方便、可靠。电磁吸附利用电流控制磁场，易于控制，缺点是需要可靠的电能供应，对断电等突发状况无法应对。这些吸附方式各有优缺点。目前，爬壁机器人运动方式以速度快且易于控制的履带式为主，磁吸附方式则以安全可靠的永磁吸附为主[3]。

根据以上介绍的各种吸附方式以及行走方式，通过组合可以产生多种类型的爬壁机器人，以下分别加以介绍。

1. 负压吸附的履带式、轮式、足式研究现状

负压吸附采用了吸盘内外存在压差的原理，用大气压把吸附装置压在壁面上。负压设备通常为风机或真空泵，它们都需借助外能源来产生负压。负压吸附方式一般分为三种：滑动密封负压吸附、真空吸附和无密封负压吸附。

吸附装置的抽气与进气是一个动态平衡，最大限度地避免了气体泄漏，是产生理想吸附力的前提，这就对吸附装置的密闭性提出了很高的要求。但是，密闭性也会限制机器人壁面的适应性以及移动的灵活性。负压吸附结构如图 1-1 所示。

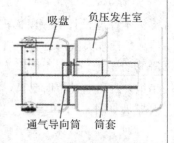

图 1-1 负压吸附结构图

在负压吸附的基础上,按照运动方式可以分为履带式、轮式和足式三种。

如图 1-2 所示,吸盘通过气管外接真空源,平均分布在每条履带上。该方式吸附避免了单点漏气导致吸附力消失的问题,优点是负载能力强、可靠性高。该机器人常被应用于飞机壁面的检测。

如图 1-3 所示,每个吸盘气管单独与真空装置连接,可以通过阀门调整单个吸盘的负压来控制运动,从而在很大程度上降低了机器人的运动阻力,提高了机器人运动的灵活性。吸盘机器人在壁面长时间移动或进行急转弯时会磨损,所以该机器人对壁面适应性差[1]。

图 1-2 履带式吸附爬壁机器人(1)

图 1-3 履带式吸附爬壁机器人(2)

香港城市大学联合其他学校开发出了一些爬壁机器人,主要用于高楼墙体清洗。如图 1-4 所示,Cleanbot-1 机器人是以北航 Cleanbot-1 负压足式机器人为原型。如图 1-5 所示,Cleanbot-2 机器人以一种仿坦克的爬壁机器人为原型,该机器人能够在船体表面和玻璃表面等壁面上自如行走,越障能力较好。爬壁机器人的结构和以上履带机器人类似,优点是行走速度快,同时能够稳定吸附,对壁面的适应力很好。

图 1-4 香港城市大学 Cleanbot-1

图 1-5 香港城市大学 Cleanbot-2

如图 1-6 和图 1-7 所示,CLE-I 和 CLE-II 型机器人是哈尔滨工业大学开发的用于玻璃壁面清洗机器人。该机器人主要用单吸盘吸附和轮式行走的方式,优点是操作简单方便、运动速度快、清洁效果好、效率高、造价低;缺点是无法跨越窗框等障碍物[2]。

图 1-6 CLE-I 型机器人

图 1-7 CLE-II 型机器人

如图1-8所示，是哈尔滨工业大学开发微小型尺蠖式爬壁机器人，它的吸附力是利用安装在足底的智能吸盘产生的；两足各有两个自由度，加上一个用于连接双足的关节，一共是五个自由度，每个关节采用直流电机来驱动；运用 ARM 等微控制器处理各种传感器信号并控制相应输出信号，能够实时调节它的步态，所以能够稳定吸附，并能完成翻转和蠕动等一些动作。该机器人壁面适应能力强[1]。

图1-9所示是哈尔滨工业大学开发的用于反恐侦查的负压式吸附微声爬壁机器人。其负压来源于直流电机所驱动的抽风机，可以对负压进行实时控制，以保证吸附的可靠。用锂电池供电，其机械臂可以实现伸缩和俯仰等动作，安装无线视频模块用于侦探作业，运用遥控进行无线通信。可在水泥墙、玻璃壁面、砖墙等建筑物的外壁灵活移动。该机器人总重 5.5 kg，额定负载 2 kg，速度可达 15 m/min，工作噪声小于 65 dB，它被广泛应用于反恐部队[3]。

图1-8　尺蠖式爬壁机器人

图1-9　反恐侦查微声爬壁机器人

图1-10和图1-11所示的是北航机器人研究所开发的足式真空吸附爬壁机器人 Cleanbot-Ⅰ和蓝天洁士-Ⅰ，能应用于各种玻璃幕墙的清洗。该机器人主要以框架式作为整体机构，足式负压吸附，采用气压传动方式。因此该类机器人的优点是对非玻璃壁面的不平整有一定的适应力，有很好的清洁效果和高的智能化水平，缺点是结构复杂、清洁效率低、速度慢、代价高。虽然吸盘足式负压吸附爬壁机器人能够适应不同的壁面，但它不能连续运动，且行走缓慢。

图1-10　Cleanbot-Ⅰ

图1-11　蓝天洁士-Ⅰ

2. 磁吸附的履带式、足式和轮式研究现状

磁吸附的作用力来源于磁场对中介物质产生的吸力，该技术发展较早，标准不同，分类也不同。现有的磁吸附式爬壁机器人，按行走结构的差异主要有履带式、足式和轮式三种。

图 1-12 所示为哈尔滨工业大学(以下简称"哈工大")开发的履带式磁吸附爬壁机器人,被广泛应用在石化行业的罐壁喷涂和检测。该机器人行走时通过保持固定数量的磁铁和壁面接触,来提供稳定的吸附力;通过遥控两侧履带轮的差速来调节机器人的方向,自带的倾斜计用于保持机器人的平衡。哈工大开发的另一个圆弧形磁体吸附履带式机器人,如图 1-13 所示,它广泛用于电站锅炉的水冷却炉壁的厚度检测和清洁。其自动纠偏结构提高了作业精度及工作效率。2004 年清华大学开发的用于油罐检测的爬壁机器人,2006 年加拿大 Dalhousie 大学开发的应用于石化行业的爬壁机器人也采用了相似的磁吸附履带式结构。履带式爬壁机器人的优点是稳定吸附、承载大,缺点是换向耗能大,不能很好地适应不同的壁面[4]。

图 1-12　哈工大的履带式磁吸附爬壁机器人

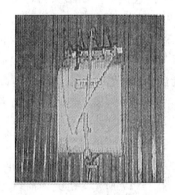

图 1-13　炉壁检测机器人

足式爬壁机器人可以在任何壁面落脚,壁面适应力极强,可轻松翻越障碍。如图 1-14 所示,是西班牙于 1998 年开发的 REST-1 足式磁吸附爬壁机器人。它通过六只脚底部装有电磁体提供的吸附力可靠吸附,腿部拥有三个自由度,保证了它的灵活运动。足式磁吸附爬壁机器人重 120 kg,垂直负载 100 kg,广泛应用于船舶行业。如图 1-15 所示的四足磁吸附爬壁机器人是香港城市大学开发出来的,该机器人使用足部吸盘和壁面进行吸附,壁面转换能力强,可在地面和壁面上行走。相比六足机器人而言,四足磁吸附机器人结构方面得到了简化,性能得到了提升。足式爬壁机器人的缺点是传动机构以及控制系统非常复杂,运动速度慢,系统稳定性不高[2]。

图 1-16 所示的爬壁机器人由日本三菱公司研发,它是轮式磁吸附机器人的典型代表。其吸附力来源于车体中心的永磁体,被广泛用于钢制壁面的清洁。轮式磁吸附爬壁机器人移动灵活,但只能适用于平坦的壁面。

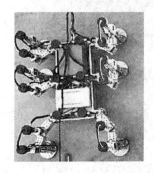

图 1-14　六足式机器人 REST-1

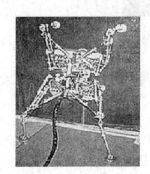

图 1-15　四足磁吸附机器人

图 1-16　轮式磁吸附机器人

3. 仿生吸附的研究现状

仿生学是通过向生物界学习从而获取启示的一门独特技术，自问世以来，取得了巨大的成就，具有极强的生命力。研究发现，像壁虎、苍蝇贴附在墙壁上，所承受的力超过其体重上百倍，仍能安全自如地行走而不掉落。它们杰出的吸附能力给爬壁机器人吸附结构的设计提供了灵感。在显微镜下可以看到，壁虎的脚上有 650 多万根直径在 200～500 nm 的细毛，这种细毛大概只有人类毛发的十分之一粗。细毛前部有 100～1000 个树状分枝，每个分枝前又分布了许多细微的肉趾。这种特殊构造让细毛十分贴近物体表面分子。数以万计的细毛产生的分子引力大得惊人。计算可知，一根细毛产生的分子引力能够提起一只蚂蚁，当壁虎脚上 650 多万根的细毛完全附着在物体表面时，能够提起约为两个成人体重的重力。利用高科技手段和精密的微机械加工技术，可以制作出仿照壁虎脚趾的吸附装置，适应于各种材质以及任意形状的表面。美国的 Case Western Reserve 大学开发的四足仿生爬壁机器人，利用四个腿上的仿生高分子黏性材料提供吸附力[5]。

20 世纪 90 年代，英国的朴次茅斯工艺学校开发了一种采用模块化设计的足式仿生爬壁机器人。它含有两个类似的模块结构，且每个模块都能独立控制。根据需要，可任意增减腿的数量，重塑性很强。仿生结构的机械腿能够实现类似动物腿部肌肉的动作，拥有三个自由度，其优点是稳定性好、承载能力强，并且能跨越较大的障碍物。

如图 1-17 所示，是美国斯坦福大学于 2006 年开发出的 Stickybot 仿生机器人，它是以真实的壁虎为原型，模仿其外形、吸附方式和运动方式设计制作的。它依靠分子间作用力吸附于壁面上，能像壁虎一样在墙壁上行走自如。另外，斯坦福大学还开发出以蟑螂为原型的一种仿生机器人，如图 1-18 所示，Spinybot 足底末端的细微倒钩刺结构能够伸入壁面的凹凸边缘，紧紧贴附于壁面。它在粗糙的水泥墙和砖墙都表现出很好的攀爬能力[3]。

图 1-17　斯坦福 Stickybot 仿生机器人(1)　　　图 1-18　斯坦福 Spinybot 仿生机器人(2)

1.4　爬壁机器人的发展趋势

爬壁机器人的发展得益于各类硬件以及软件技术的突破。同时，在互联网时代的推动下爬壁机器人迎来了更多的机遇。未来的爬壁机器人应该具备以下条件：

(1) 新吸附技术的发展。吸附技术发展是爬壁机器人发展的关键，它从根本上限定了机器人的应用范围。

（2）由有缆作业到无缆作业。带缆作业在很大程度上阻碍了爬壁机器人自由行走。网络技术的发展给爬壁机器人注入了新的血液，使得无缆作业成为可能。比如，无线充电技术将会很好地解决机器人供电问题。

（3）由单任务化到多任务型。现有的爬壁机器人的功能过于单一化，通用性很弱。新时代的爬壁机器人要能够装备多种工具来适应不同的场所。

（4）微型化。在能够完成同样任务的情况下，追求机器人的微型化，以缩小体积，便于携带，增强灵活性，同时做到节能环保。

（5）可重塑性。为了满足人性化的需要，机器人必须要有模块化的结构，能根据用户需求，自行定义机器人的整体结构，提高适应能力。

（6）由遥控到智能化。机器人需要采用智能控制系统，能够在外界不干预的情况下正确处理突发状况，在自我保护的前提下完成任务是机器人发展的重要方向。

1.5　课题研究的主要内容

研制擦黑板机器人（小车），能吸于目前常规的学校黑板；小车能行进并转弯遍及黑板区域；采用单片机控制，能完成前进、后退、转弯、调速等基本功能；充分考虑遥控、图像处理、擦除、吸灰等功能实现的合理性和可扩展性。除本章绪论外，第二章将对小车车轮设计制作、擦灰装置设计制作、吸灰装置的选择、驱动电机的选型、电源电池的选型等部分做详细介绍；第三章是硬件电路设计，将对驱动模块选择、单片机、信号采集等部分作一个详细的描述；第四章软件设计，将对设计的方案、运动与通信等功能模块作具体介绍；第五章通过电脑和手机进行整机调试，对于过程中出现的各种情况进行分析；第六章提出一个包括视觉监控单元和移动终端的擦黑板机器人系统及其控制策略；第七章总结本课题擦黑板机器人的研究结果，并对后续的研究作出展望。

第二章 方案与结构设计

2.1 设计思路

图 2-1 是系统整体实现流程图，在方案与结构设计过程中对各种选型进行分析比较；在软件模块化设计的过程中秉承高内聚低耦合的设计原则。第三章将会对硬件电路设计的实现做具体的介绍。

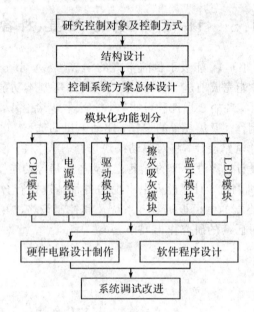

图 2-1 系统整体实现流程图

本文设计的擦黑板机器人主要用于日常教学中黑板的无尘擦拭，也可通过改造拓展应用于工业。本文设计的机器人能可靠吸附于常规学校黑板，接收外部控制指令进行运动、擦灰、吸灰等动作，在此基础上以便后续进行智能化扩展。

对于机器人的本体结构，目前应用最广，且价格功能适合本次设计的就是直接选购小车模型。考虑节能和无缆化，吸附方式的设计是首先要解决的问题。对擦灰部分，经过多种方案的分析比较，以及对国内外已有设计的参考，设计制作了滚筒式擦灰模块。对于控制器，综合考虑价格以及功能需求，最终选定了 STC12C5604AD 单片机。

本擦黑板机器人具有以下主要部分：

（1）小车结构：定制了一款车架，包括磁性车轮等。

（2）驱动模块：以经典的 L298N 作为驱动芯片，同时驱动四个直流电机。

（3）擦灰模块：全新塑造的滚筒式擦灰模块能够有效地擦除黑板的灰尘。

（4）吸灰模块：小型吸灰风扇用以辅助擦灰模块的工作，小巧轻便。

（5）控制模块：以 STC12C5604AD 单片机为主控芯片，选择蓝牙从站模块用于接收发射器发射的控制信号，配以指示灯、继电器输出等组成控制模块。

（6）电源模块：用 12 V 锂电池作为电源供应，容量大、质量轻、驱动能力强。

2.2　整车架构的选型

经过调研，目前市面上的小车底盘有以下几种：

1. 基础车底盘

基础车是一款四轮越野型车体，车体使用铝合金材料压制而成，车轮能够扎实地与地面接触，轮胎采用实心型橡胶制品，刻有纹沟具有较强的附着力。基础车有充足的动力越过障碍，如图 2－2 所示。表 2－1 为基础车底盘性能参数。

表 2－1　基础车底盘性能参数

尺　寸	电机型号	额定电压	最大负载	重量
长 14.5 cm，宽 10.8 cm，高 5.5 cm	260 电机	3.6～9 V	0.5 kg	260 g

2. A4WD 四轮驱动车底盘

盘顾名思义，A4WD 四轮驱动车底就是小车底盘有四个直流驱动电机，实物图如图 2－3 所示。四轮驱动充分保证了小车在越过障碍时的强劲动力。车身主体采用结实且轻质的铝制材料，使得行走速度更快，轻松应对室内外各种路况。该小车安装孔兼容多种传感器。小车内部有足够的空间安装电池，大气的顶层铝合金板，还设计有舵机安装孔，方便以后扩展云台摄像头或多自由度机械手。表 2－2 为 A4WD 四轮驱动车底盘参数。

图 2－2　基础车底盘

图 2－3　A4WD 四轮驱动车底盘

表 2－2　A4WD 四轮驱动车底盘参数

电机型号	转速	额定电压	减速比	车轮直径	尺　寸	最大行驶速度	重量
130	10000 r/min	3～6 V	120∶1	65 mm	20 cm×17 cm×9 cm	61 cm/s	720 g

3. 履带式智能车底盘（RP5 履带底盘）

如图 2－4 所示，该履带车采用 280 电机作为驱动电机，扭力大、噪声低，履带长期传动不会脱轨。该底盘也可以通过改装，增加轮子，增强其越障能力。表 2－3 为履带式智能车参数。

图 2-4 履带式智能车底盘

表 2-3 履带式智能车参数

尺 寸	电机型号	额定电压	额定电流	重量	爬坡能力	负载
18 cm×13 cm×6 cm	280	7.2~12 V	160~180 mA	150 g	大于30°	7.5 kg

4. 飞思卡尔 B 车模型车底盘

图 2-5 所示的是飞思卡尔 B 车模型车底盘。
整车由以下部分组成:电动机、车轮、轮胎、伺服器
(即舵机)、电池、充电器,具有较强的弹性及刚性
纤维底盘。全车采用滚珠轴承;前后车轮轴高度可
调;电动机自带散热风扇;伺服器带堵转保护电路,
回中更准确,定位更精确;轮胎为高摩擦力发泡橡
胶材料,增加了摩擦力,加强了车轮的抓地力;充

图 2-5 飞思卡尔 B 车模型车底盘

电器能够智能检测电压,满电停止;电池为镍氢电池。表 2-4 为飞思卡尔 B 车参数。

表 2-4 飞思卡尔 B 车参数

尺 寸	电机	转 速	额定电压	力 矩	伺服器	电 池
28 cm×15 cm×6.5 cm	540	20000 r/min	4.5~5.5 V	5.0 kgf·m	S-D5 数码	7.2 V、2000 mA·h

5. 新型 4WD 智能小车

在 A4WD 基础上重新设计的 4WD 智能小车,外观
精美,结构简单,易于安装和改装。如图 2-6 所示,车
身采用高强度进口亚克力板。驱动电机为四个直流减速
电机,便于通过差速迅速转向,且动力十足。小车预留
了 51 单片机控制板,以及电机驱动模块、寻迹模块、避
障模块、测速模块等传感器孔位,方便组装和扩展。该智
能小车可以完美地实现寻迹、避障、测速、搬运、测距、
遥控等功能。表 2-5 为新型 4WD 智能小车参数。

图 2-6 新型 4WD 智能小车

表 2-5　新型 4WD 智能小车参数

尺　寸	电机	额定电压	额定电流	减速比	转速	材料
25 cm×15 cm×6 cm	TT 电动机	3～10 V	0.5～2 A	120∶1	90 r/min	亚克力板

　　经过综合比较分析，根据本实验的特殊环境，需要尽可能轻质且高强度材料的车体，同时考虑到成本和相关技术问题，最终采用新型 4WD 智能小车本体。

2.3　吸附与移动方式选择

　　擦黑板机器人能够在黑板上自由移动并完成擦黑板的任务，必须具备两大功能：吸附功能和行走功能。吸附功能按吸附方式分为负压吸附、磁吸附和推力吸附。行走功能按行走方式分为轮式、履带式和足式。综合分析课题需要以及价格因素，初步方案选择上，吸附方式主要在较成熟的负压吸附和磁吸附两种方案中选择，行走方式主要在轮式和履带式两种方式中选择。

　　图 2-7 和图 2-8 所示分别为平面履带结构。履带式吸附移动结构中磁块通过履带联结，该类爬壁机器人与物体接触面积大，壁面适应能力强。如图 2-9 所示，针对复杂曲面的情况，改用分级连杆制成分散结构，同时机器人的负荷也能够均匀分布到各磁块上。履带式吸附的缺点是体积大、结构复杂，且行走时不易转弯。

　　图 2-10 所示为轮式磁吸附爬壁机器人。该机器人依赖与四组磁轮提供的磁力吸附于壁面，应用于钢制或铁制类的金属表面。两直流驱动电机控制机器人的行走，扩展的摄像头可以实时监视并反馈工作现场状况。该机器人行走速度快、易于控制、壁面适应力强，但接触面小、持续吸附难。

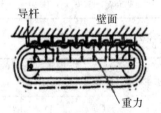

图 2-7　加刚性导杆的履带

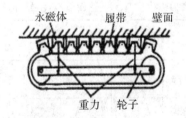

图 2-8　普通磁吸附履带

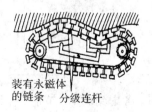

图 2-9　适合曲面的磁吸附履带

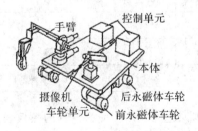

图 2-10　轮式磁吸附爬壁机器人

　　图 2-11 所示是足式磁吸附爬壁机器人，它是通过各个脚之间的相互配合与壁面进行吸附和脱离而进行运动。它的壁面适应能力和越障能力是最强的。但是留有冗余自由度的多足运动的协调控制实现较为复杂，而且它行走速度较慢[6]。

图 2-12 所示为推力式磁吸附爬壁机器人，其轨道两边的驱动轮与张紧轮对称分布，驱动轮旋转可以带动黑板擦上下移动。这种结构安装简单、运行可靠，壁面适应力很强；缺点是不易控制且负重能力较差，对壁面有导轨铺设的需求，而且它的移动方向受到导轨的限制。在目前看来，它离实际应用的距离还很大[7]。

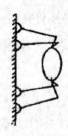

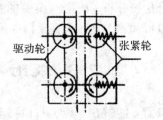

驱动轮　　　　张紧轮

图 2-11　足式爬壁机器人　　　　　　图 2-12　推力吸附爬壁机器人

综合以上，各吸附方式和行走结构的优缺点对比分析如表 2-6 和表 2-7 所示。

表 2-6　吸附方式的分类比较

吸附方式		优　点	缺　点
负压吸附	单吸盘	结构简单，允许一定泄漏面积；壁面适应能力强；速度快；灵活性好，易控制	无备用吸盘，断电失效；不能跨越较大障碍；负载有限
	多吸盘	吸盘尺寸小，密封性好，断电后有一定冗余度；负载较大；能跨越障碍	设计结构复杂
磁吸附	永磁式	简单安全稳定；带载能力强；灵活性好	只适应导磁壁面；磁体与壁面离合耗能大
	电磁式	离合容易；负载较大；易控制	只适应导磁壁面；电磁体本身重量大
推力吸附		壁面适应性强，越障容易	控制复杂，噪声大；体积大；效率低

表 2-7　各种移动方式性能比较

行走方式	机械设施	控制设施	速　度	运动平稳性	转向性能	载重自比重	越障能力	壁面适应性	壁面附加要求
车轮式	B	A	B	B	B	C	C	D	无
履带式	D	C	B	B	C	B	C	C	无
足脚式	C	D	D	B	A	D	A	A	无
推力式	B	A	A	A	无	A	D	D	有
注：A→D(性能相对较好→性能相对较差)									

本课题的应用环境为铁制的黑板表面，其表面平整光滑。考虑到成本、节能、无缆化和吸附的安全，结合表 2-6 的分析比较，采用永磁吸附是较好的选择。

对于表 2-7 所列出的各种小车移动结构主要性能定性评价，可以发现，轮式移动结构是非常符合本课题的研究环境的，综合考虑资金与技术的需要，本文最终选定轮式移动结构。

2.4 车轮的设计计算与制作

车轮的设计制作是本课题设计的关键,以下从理论分析推导出可靠吸附与移动条件公式,从而得出设计要点。

2.4.1 静力分析

由于擦黑板机器人需要在铁制黑板上进行工作,并且能够承受运动过程中可能遇到的冲击和振动,设计时必须对安全加以考虑,磁轮要能够保证为机器人提供足够可靠的吸力。如果吸力达不到要求,擦黑板机器人将不能稳定运行甚至从黑板上掉落;而吸力过大又给电机的转矩提出了更高的要求,也增加了能耗。因此,在满足机器人可靠吸附的条件下,尽可能在提高其灵活性的同时减少能耗。

首先,需要对机器人在黑板上的静力进行分析,即根据擦黑板机器人的结构研究磁轮产生的吸附力与负载之间的关系以及对机器人的可靠性吸附与移动条件进行计算,从而为确定具体的吸附力、设计恰当的吸附装置提供理论依据。由于本设计机器人工作环境平稳,负载变化不大,为简化设计,可由静力学分析出可靠吸附与移动条件,加上一定安全裕度即可满足动力学要求。

图 2-13 所示是擦黑板机器人在黑板上静止时的受力分析图。

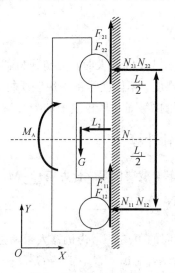

图 2-13 静力分析图

假设结构对称,前后轮轴距与左右轮间距相等,磁轮提供的吸附力均匀分布,则擦黑板机器人静止在黑板上时的力平衡方程如下:

X 轴方向的合力 $\sum X = 0$,即

$$T - N_{11} - N_{12} - N_{21} - N_{22} = 0 \tag{2-1}$$

Y 轴方向的合力 $\sum Y = 0$,即

$$G - F_{11} - F_{12} - F_{21} - F_{22} = 0 \tag{2-2}$$

$$F_{11} \leqslant \mu \cdot N_{11} \tag{2-3}$$

$$F_{12} \leqslant \mu \cdot N_{12} \tag{2-4}$$

$$F_{21} \leqslant \mu \cdot N_{21} \tag{2-5}$$

$$F_{22} \leqslant \mu \cdot N_{22} \tag{2-6}$$

式中：T 是磁轮给机器人提供的吸力；N_{11}、N_{12}、N_{21}、N_{22} 分别为车轮与黑板之间的作用力；G 为擦黑板机器人负载及自身的重力；F_{11}、F_{12}、F_{21}、F_{22} 为黑板对四个车轮的静摩擦力；μ 为车轮与黑板之间的静摩擦系数。

擦黑板机器人静止在黑板上时，车轮会被电机制动或传动机构自锁而不会绕轴自由旋转，这避免了机器人因为车轮沿黑板滚动滑下的情况。在这种情况下，仅仅需要考虑机器人与壁黑板之间存在相对滑动而引起机器人滑落这一种情况。因此，公式中的静摩擦系数为机器人与黑板之间的滑动摩擦系数。

因为

$$N_{11} = N_{12}, \quad N_{21} = N_{22}$$

设 $N_1 = N_{11} = N_{12}$，$N_2 = N_{21} = N_{22}$，则

$$T = 2N_1 + 2N_2 \tag{2-7}$$

由式(2-1)~式(2-7)可得出

$$2N_1 \cdot \mu + 2N_2 \cdot \mu \geqslant G \tag{2-8}$$

得

$$T \geqslant \frac{G}{\mu} \tag{2-9}$$

由式(2-9)可知，在设计擦黑板机器人时，为增强机器人的带载能力，减小要提供的磁力，降低磁吸附结构设计的难度，车体应尽量采用轻质材料，这样可以减小重力 G；另外车轮要选择防滑材料，增加车轮接触面与黑板表面的静摩擦系数。

2.4.2　可靠吸附与移动条件计算

要使机器人在黑板上不翻转，就要满足：合力矩 $\sum M_A = 0$，即

$$\frac{N_{11} \cdot L_1}{2} + \frac{N_{12} \cdot L_1}{2} - \frac{N_{21} \cdot L_1}{2} - \frac{N_{22} \cdot L_1}{2} - G \cdot L_2 = 0 \tag{2-10}$$

式中：L_1 为机器人前后车轮之间的距离；L_2 为机器人距离黑板面的高度。则上式可化简为

$$N_1 \cdot L_1 - N_2 \cdot L_1 = G \cdot L_2 \tag{2-11}$$

$$N_1 - N_2 = \frac{G \cdot L_2}{L_1} \tag{2-12}$$

由式(2-7)、式(2-12)得出

$$2N_2 = \frac{T}{2} - \frac{G \cdot L_2}{L_1} \tag{2-13}$$

机器人在黑板上能可靠吸附，必须满足 N_2 大于 0，所以 $\frac{T}{2} - \frac{G \cdot L_2}{L_1} > 0$，即

$$T \geqslant \frac{2G \cdot L_2}{L_1} \tag{2-14}$$

由式(2-14)可知：在设计擦黑板机器人时，要尽量减少机器人重心与黑板面的距离，即 L_2 要尽量小；同时尽量加长 L_1 的长度，即尽量拉开车轮之间的距离。所以要尽量降低磁轮高度减小 L_2，增加磁轮与黑板接触点所围成的面积。

由式(2-8)、式(2-14)得出

$$T = k_1 \cdot \max\left\{\frac{G}{\mu}, \frac{2G \cdot L_2}{L_1}\right\} \tag{2-15}$$

式中，k_1 为安全系数，可根据小车运行的最大加速度、工作环境、制造精度等进行经验选取。

由式(2-12)、式(2-13)可得出

$$N_1 = \frac{T}{4} + \frac{G \cdot L_2}{2L_1} \tag{2-16}$$

图2-13所示小车向上前进时下面两只电机需提供的力矩最大，为了确保机器人能够在黑板上行走，电机的驱动力矩 M 要满足公式：

$$M \geqslant \frac{k_2 \cdot N_1 \cdot \mu \cdot R \cdot \eta}{n} \tag{2-17}$$

式中：k_2 为安全系数，可根据小车运行的最大加速度、工作环境、制造精度等进行经验选取；R 为车轮半径；n 为减速比；η 为传动效率。式(2-15)~式(2-17)即为可靠吸附与移动条件公式。此处忽略了擦拭滚筒与黑板作用时的排斥力和力矩，经试验可知该排斥力和力矩较小，可通过试验调整 k_1、k_2 两个安全系数来满足要求。

2.4.3　磁轮吸力分析

根据实际称重，本课题研究的擦黑板机器人质量约为2 kg，磁轮提供的吸力为 T，μ 为静摩擦系数，根据以上计算，符合式(2-15)的条件，机器人则能够可靠吸附。根据本课题实际情况，取 $\mu = 0.2$，$k_1 = k_2 = 1.5$，则 L_1 取250 mm，L_2 取50 mm，代入得到 $T \geqslant 150$ N。所以，要求磁轮要给机器人提供大于150 N的磁性吸附力。

2.4.4　磁铁材料的计算与选择

首先，对内禀矫顽力(Hcj)进行一个解释：它是使磁体的磁化强度减弱到零施加的反向磁场强度，它是用来衡量磁体抗退磁能力大小的物理量，单位为奥斯特(Oe)或安/米(A/m)。磁体的内禀矫顽力越大，温度稳定性更高。

磁路中不可缺少的永磁体有很多种形式，除了它们所具有的共同点外又各具特点。一般磁体需要满足以下要求：

(1) 在某一空间或者气隙产生一个恒定的磁场，从而产生一个作用力，力是场作用的结果，磁场就是磁力产生的原因。

(2) 满足具体使用要求。例如，对强度、韧性等力学性能方面的要求；对体积、形状和漏磁等方面的要求。

(3) 价格合理，要求性价比高。

然而，实际生产的磁体，全部满足这三个要求的几乎没有，优点总是伴随着缺点。比如AlNiCo材质的磁体，优点是易于加工，缺点是矫顽力小且质脆。钡和锶做成的铁氧体，优点是价格低，缺点是温度系数高、低温易退磁且质脆。

目前常用的永磁材料有：

(1) 铝镍钴合金。该材质具有高剩磁和低矫顽力等特性，使用时不能与铁器接触，否则局部会退磁，并会使磁通产生畸变。该材质硬且脆，对机械加工要求高，优点是温度系数小，温度变化带来的退磁小。

(2) 铁氧体永磁材料。该材料矿产丰富、廉价、抗氧化腐蚀、质轻。它的优点是矫顽力大，剩磁磁通的密度低，易于加工成型；缺点是温度系数大且易碎。

(3) 稀土永磁材料。该材料的优点是矫顽力大，最大磁能积高，制作成本低。稀土类磁体被广泛应用于制造质轻且小巧的磁性元件。稀土永磁材料工作温度不高、易氧化、不耐腐蚀，但是性价比很高。

根据磁铁的应用场合选择恰当材质很有必要。钕铁硼稀土材料磁铁的机械性能相对较好，易于加工成型，高温下磁损大；最高工作温度约 80 ℃，特殊加工后，最高工作温度约 200 ℃；缺点是温度系数大、高温下磁损大。因为其主要成分含大量钕和铁，所以它易锈蚀，因而对它进行表面涂层的处理很有必要，一般在其表面镀上镍(Ni)、锌(Zn)、金(Au)、铬(Cr)等金属以及环氧树脂(Epoxy)等。

目前，对于不同型号的 Nb-Fe-B 磁体其磁性能参数如表 2-8 所示。

表 2-8 磁铁性能参数表

牌号	剩磁 Br		矫顽力 Hcb		内禀矫顽力 Hcj		最大磁能积(BH)max		工作温度
	KGs	T	KOe	kA/m	KOe	kA/m	MGOe	kJ/m³	℃
N30	10.8～11.2	1.08～1.12	9.8～10.5	780～836	≥12	≥955	28～30	223～239	≤80
N33	11.4～11.7	1.14～1.17	10.5～11.0	836～876	≥12	≥955	31～33	247～263	≤80
N35	11.7～12.1	1.17～1.21	10.8～11.5	860～915	≥12	≥955	33～35	263～279	≤80
N36	11.9～12.2	1.19～1.22	10.8～11.5	860～915	≥12	≥955	34～36	271～287	≤80
N38	12.2～12.6	1.22～1.26	10.8～11.5	860～915	≥12	≥955	36～38	287～303	≤80
N40	12.6～12.9	1.26～1.29	10.5～11.0	836～876	≥12	≥955	38～40	303～318	≤80
N42	12.9～13.2	1.29～1.32	10.5～11.0	836～876	≥12	≥955	40～42	318～334	≤80
N43	13.0～13.3	1.30～1.33	10.5～11.0	836～876	≥12	≥955	41～43	326～342	≤80
N45	13.3～13.7	1.33～1.37	10.5～11.0	836～876	≥12	≥965	43～45	342～358	≤80
N48	13.8～14.2	1.38～1.42	≥10.5	≥835	≥12	≥955	46～49	366～390	≤80
N50	13.8～14.5	1.38～1.45	≥10.5	≥835	≥11	≥955	47～51	374～406	≤80
N52	14.3～14.8	1.43～1.48	≥10.8	≥860	≥11	≥876	50～53	398～422	≤80

本课题磁体要满足的性能是：较高的最大磁能积 $(BH)\max$；较高的剩余磁感应强度 B_r；较大的磁感矫顽力 H_{cb}；导磁系数 P_c 接近 1，μ 近似于 1；较高的居里温度。

鉴于 Nb-Fe-B 磁体较高的性价比，所以在本课题的磁轮设计中，选它作为永磁材料。根据表 2-8，考虑到工艺与价格要求，选用 N35 磁铁，如图 2-14 所示，其性能参数如

表 2-9 所示。

表 2-9　钕铁硼永磁铁主要参数

名称	性能牌号	尺寸	表磁大小	磁铁镀层	充磁方向	垂直拉力	工作温度
钕铁硼永磁铁	N35	长 25.4 mm 宽 3.175 mm 高 3.175 mm	12000 Gs	镍铜镍镀层	厚度充磁	0.7 kg	最大 80 ℃

设与磁通密度正交的面积为 S，已知，磁铁长为 2.54 cm，宽为 0.3175 cm，则

$$S = 2.54 \times 0.3175 = 0.806\,45 \ (\text{cm}^2)$$

又已知磁铁表磁大小为 12000 Gs，代入公式得

$$F = S \times \left(\frac{B}{4965}\right)^2 \times g$$

$$= 0.80645 \times \left(\frac{12000}{4965}\right)^2 \times 9.8$$

$$= 46.17 \ (\text{N})$$

设总吸力为 $F_{总}$，小车有四轮，运动时平均有四块磁铁与黑板表面接触，则

$$F_{总} = 4F = 4 \times 46.17 = 184.67 \ (\text{N})$$

由本设计第 2.4.1 和第 2.4.2 节静力分析和可靠吸附计算可知磁铁必须提供给擦黑板机器人大于 150 N 的力，所以该尺寸的 N35 钕铁硼永磁铁能够满足擦黑板机器人的可靠吸附与移动要求。

对于磁条的间距，通过本设计第 2.4.2 节可靠吸附与移动条件计算，以及磁轮吸力分析并考虑安全裕度，最终确定结构方案如图 2-15 所示。

图 2-14　钕铁硼强磁铁

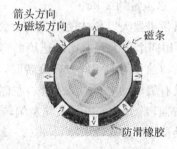

图 2-15　车轮结构示意图

磁轮的制作很有讲究。根据厂方资料该磁铁充磁方向为厚度充磁；为了使磁铁发挥出最大的磁力，必须使充磁方向与黑板面垂直。所以，在安置磁铁的时候需特别注意方向问题。此外，相邻磁铁之间的磁场方向必须相反，这样能够保证磁铁之间的相互干扰最小，且对驱动电机磁场干扰也较小。

同时，对小车车轮进行独特处理，在车轮外均匀地嵌上一圈长方形钕铁硼强磁铁条，并用强力胶水粘牢，所用磁铁条横截面积越小越好，这样有利于车轮外表面更圆滑，便于在黑板面上行驶。其次，在磁铁的表面裹一层薄薄的橡胶层，在磁条之间的轮表面采用防滑橡胶，这样有利于增加小车与黑板面的摩擦系数，安全系数得以提高，防止小车打滑和对黑板面进行保护。该磁轮不仅能提供稳定可靠的吸力，而且能克服钕铁硼磁铁质脆且低强度的缺点。

2.5　驱动电机的设计计算与选择

2.5.1　不同电机的比较

直流电机是机械能和直流电能相互转换的电机。直流电机主要由磁极、电枢和换向器三部分组成。电动机中的磁场是由磁极产生的。电机的磁极主要由钢片堆叠而成，通常固定于机座上。由永磁体构成的磁极被广泛应用在小型直流电机当中。直流电动机中的感应电动势由旋转的电枢提供。换向器是直流电机的构造特征，它通过电刷与电枢绕组相连，与外界构成闭合的回路。

步进电机隶属于控制电机，是一种利用电磁铁的作用原理将电脉冲信号转换为线位移或角位移的电机，它被广泛应用于数字控制设备中。简单来说，当步进电机的驱动器接收到一个脉冲时，就驱动电机向规定方向旋转一个固定的角度，叫作步距角。所以，步进电机靠改变脉冲的个数来改变电机旋转角的位移大小，靠改变脉冲频率来改变电机旋转的速率。

直流电机的控制相对比较简单，力矩大，可用于对速度要求高的场合；步进电机可实现较精确的定位，应用广泛，但缺点是力矩小、速度慢，不适用于轮式移动机器人。从本课题研究要求、控制要求以及性价比等综合方面考虑，选择采用直流电机。

2.5.2　电机功率计算

据测量，擦黑板机器人的车体具体参数为：总身长 250 mm，高 50 mm，机身宽 220 mm，总重量约 2 kg。

擦黑板机器人以轮式磁吸附的方式在垂直的黑板面上移动，由磁轮提供的吸力悬停在黑板上，用四个带大减速比减速箱的直流驱动电机驱动机器人前进、后退、左转和右转。当四个电机转速相等向相同方向旋转时，机器人前进或者后退；当左侧两个驱动电机的正转转速超过右侧驱动电机时，或者当左侧两个驱动电机正转而右侧两个驱动电机反转时，机器人向右偏转；反之，机器人向左偏转。由前面的静力分析和磁轮吸附分析，结合本机器人尺寸和结构，根据式(2-16)、式(2-17)

$$N_1 = \frac{T}{4} + \frac{G \cdot L_2}{2L_1}$$

$$M \geqslant \frac{k_2 \cdot N_1 \cdot \mu \cdot R \cdot \eta}{n}$$

可得

$$N_1 = 39.5 \text{ N}$$

$$M \geqslant 0.00237 \text{ N} \cdot \text{m}$$

式中：k_2 取 1.5，μ 取 0.2，R 取 0.03 m，n 取 120，η 取 0.8。

设擦黑板机器人的移动速度 $v = 0.1$ m/s，已知车轮半径 $R = 0.03$ m，则车轮转速为

$$\omega_1 = 3.33 \text{ rad/s}$$

设 ω_2 为电机转速，由于传动比 n 取 120，则

$$\omega_2 = 120 \cdot \omega_1$$

所以电机功率

$$P = F \cdot v = \frac{M}{R} \cdot \omega_2 \cdot R = M \cdot \omega_2$$
$$= 0.00237 \times 120 \times 3.33$$
$$= 0.947 \text{（W）}$$

根据市场调查，下面一款电机比较符合本课题的要求，电机尺寸和实物图如图 2-16 和图 2-17 所示。表 2-10 为驱动电机主要参数。

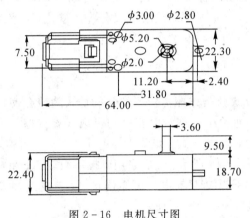

图 2-16　电机尺寸图　　　　　　　　　　　图 2-17　电机实物图

表 2-10　驱动电机主要参数

型号	额定电压	额定电流	减速比	转速	扭矩	噪声	重量
TT 电机	3～12 V	100～300 mA	120：1	90 r/min	0.024 N·m	小于 65 dB	50 g

最终选取 12 V、3 W 的强磁抗干扰直流电机，该电机带有传动比为 120：1 的减速机构，提供 0.024 N·m 的转矩，能够满足使用要求。

2.6　擦灰装置的设计制作

2.6.1　擦灰方式简介

目前，传统普遍的清灰方式主要有振动清灰、喷吹清灰、摩擦清灰等几种。

1. 振动清灰

利用机械装置振打物体表面，使物体产生振动除去灰尘，一般施加水平或垂直振动。常用无纺布滤袋收集灰尘，常将滤袋分成多个袋室进行灰的收集，可以防止粉尘溢出滤袋。振动清灰的优点是机械结构简单，能够可靠运行；缺点是若力度小，则效果不明显。

2. 喷吹清灰

在滤袋的上方安装喷吹管，喷吹管对准滤袋的中心，喷吹管的另一端与装有压缩空气的储气罐相连，通过程序控制进行喷吹清灰。清灰时，会有高速喷射的气流吹向滤袋，形成的空气波会让物体的表面产生迅速膨胀和冲击振动，有很强的清落粉尘的作用。喷吹清灰的优点是比振动清灰对物体表面的伤害小，缺点是清灰力度小。所以，对于精密器件常用这种方式。

3. 摩擦清灰

摩擦清灰主要应用于平整光滑的表面等场合，通过表面粗糙的擦拭物与被擦物体之间的滑动摩擦进行清灰，主要优点是简单方便、高效，但使用场合有限，主要应用于不太精细的物体擦拭。

主要的擦灰机构有滑动式和旋转式。滑动式擦灰机构通过机械传动实现前后左右滑动。旋转式擦灰机构通过中心轴与电机相连，进行旋转。旋转式又分为风扇式(摩擦面垂直于转轴)旋转和滚筒式(摩擦面平行于转轴)旋转。

2.6.2 擦灰装置的制作

经过比较发现，较为经济适用的清灰方式就是摩擦清灰。单个风扇式旋转会使机器人发生偏转从而影响其运行路线，不易控制；而两个对称转向相反的风扇式旋转擦灰又会使结构和控制电路复杂化，故本设计采用滚筒式清灰方式。如图 2-18 所示为滚筒骨架，在滚筒外面裹上弹性较好的厚厚的减震垫，如图 2-19 所示。最后采用摩擦系数较高、粗糙的灯芯绒布作为滚筒装置的最外层。滚筒的一边与减速驱动电机可靠连接，另一边与轴承直接相连，用于固定，滚筒中心通过一根轴连接，如图 2-20 所示。

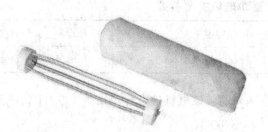

图 2-18　滚筒骨架　　　　　　　　　　　图 2-19　减震垫

图 2-20　擦灰装置成品图

擦灰装置针对小车量身定制，对于黑板面的擦拭有很好的效果，与直流减速电机的配合，可以方便地进行正反转，满足了本课题使用需求。

2.7　吸灰装置的设计制作

2.7.1　除尘方式比较

按照原理的不同除尘方式，一般分为液体除尘、电除尘和袋式除尘，目前广泛使用的是电除尘和袋式除尘。

电除尘主要有移动电极除尘、电凝聚除尘、薄膜电除尘、层流除尘和泛比电阻电除尘等。袋式除尘主要有脉冲喷吹除尘、回转反吹除尘、分室引射脉冲除尘、气箱脉冲除尘、扁袋脉冲喷吹除尘、低压脉冲除尘和滤筒脉冲喷吹除尘等。

1. 电除尘的特点

优点：如果运转得当，需要的维护量少；除尘效率可高达 99% 以上；可以适用较广的温度范围；对于粗粒子和亚微米粒子的除尘效率高。

缺点：维修时需要停止机器人的运行；除尘效率受粉尘的影响大；粉笔笔迹的力度大小影响除尘效率。

2. 袋式除尘的特点

优点：除尘效率受客观条件影响很小；除尘效率高；附属设备较少，技术要求没有电除尘那么高；袋式除尘滤去粉尘微粒和重金属颗粒更多；袋式除尘具有分室结构保证一定的冗余度，以增加可靠性。

缺点：负荷不稳定，会影响到袋式除尘器的使用寿命；袋式除尘对操作和维护的要求比较高；擦灰装置出现故障，会导致行走阻力增加，阻碍小车行走。

本设计根据实际需要和设计制作的成本，最终选择负压袋式除尘方式。

2.7.2　吸灰装置的制作

袋式吸灰装置的工作原理是通过风扇旋转吸风的原理，进行粉尘的吸取，将粉尘通过过滤材料，尘粒会被过滤下来。选用 12 V 直流电机吸灰风扇，具有高转速和大吸力，满足本课题的需要。吸灰风扇的实物图如图 2-21 所示，参数如表 2-11 所示。

表 2-11　吸灰风扇性能表

尺寸/mm	额定电压	额定电流	风量	噪音	转速	寿命
70(长)×70(宽)×15(高)	12 V	(0.26±0.02) A	23CFM	28 dBA	3000 r/min±10%	30 000 h

对于集尘袋，采用无纺布，集尘袋结构如图 2-22 所示。无纺布集尘袋主要优点有：高效能合成集尘袋比标准式置换式集尘袋寿命延长 50%；4 层合成材料有效堵塞，过滤程度高，达到集尘袋的最高功效；易于清洁；具有特质密闭系统。

最终通过风扇和集尘袋的组装，构成了本课题研究所需要的吸灰装置，如图 2-23 所示。该装置简洁大方，同时能很好地过滤粉尘，净化了教学环境。

图 2-21 吸灰风扇图

图 2-22 集尘袋

图 2-23 吸灰装置实物图

2.8 本章小结

本章先规划出擦黑板机器人总体设计流程，通过对目前市面上可用于擦黑板机器人的底盘进行调研，确定了本课题研究所需要的车身底盘；对吸附结构与移动结构进行了分析比较，确定了轮式磁吸附方案；通过静力学分析，推导出小车可靠吸附与移动条件；对车轮、擦灰和吸灰装置进行了设计制作，并通过分析计算，确定出直流减速电机的型号。这些对下一步系统具体硬件电路和程序设计的实现提供了保证。

第三章　硬件电路设计

硬件电路原理图可参见附录 A。硬件电路 PCB 图可参见附录 B。硬件电路 3D 实物图可参见附录 C。

3.1　微控制器的选择及最小系统设计

3.1.1　微控制器的分析及选型

微控制器是擦黑板机器人控制的核心器件，负责控制机器人的行走、擦灰、吸灰和通信等工作，是机器人的"大脑"。

考虑到本课题研究的机器人需要 6 个电机，擦灰和吸灰两个电机不调速，则至少选用拥有四路 PWM 波的单片机。纵观现在的微控制器市场，国产的单片机有：上海中颖公司的 SH 系列、台湾笙泉（MEGAWIN）公司的 MPC 系列、深圳宏晶公司的 STC 系列、台湾凌阳公司的 SPM 系列、台湾新唐科技公司的 W79E 系列、台湾新茂公司的 SM 系列等。

国外的微控制器主要有 Intel 的 80C 系列、ST 公司的 STM32 系列、ATMEL 的 89C 系列、三星的 KS 系列、TI 公司的 MSP430 系列以及其他公司的各系列产品。

从功能、性价比等因素综合考虑，本课题选用 STC12C5604AD 单片机，该款单片机由宏晶公司出品，51 内核，它具有运行速度快、功耗低，且具有很强的抗干扰能力等特点，主要性能如下：

(1) 超级加密，采用宏晶第六代加密技术；

(2) 超强抗干扰，轻松通过 4 kV 快速脉冲干扰（EFT 测试）；

(3) 宽温度范：$-40\sim+85$ ℃；

(4) 宽电压：$5.5\sim3.5$ V，不怕电源抖动；

(5) 高速：单时钟周期，速度比一般 51 单片机快 $8\sim12$ 倍，可用低频晶振，大幅降低 EMI；

(6) 工作频率：在 $0\sim35$ MHz 之间；

(7) 功耗低：处于空闲模式的典型功耗值是 1.8 mW；掉电模式下由外部中断唤醒的功耗小于 0.1 μW；正常工作模式功耗值为 $2.7\sim7$ mW；

(8) 高抗静电（ESD 保护），整机轻松通过 20000 V 静电测试；

(9) 768 字节片内 RAM 数据存储器；

(10) 时钟：使用外部晶振或者内部 RC 振荡器；

(11) 8 条输入输出通道，10 位高速 A/D 转换，4 路 PWM 可用作 D/A 转换；

(12) 6 个 16 位可重入初值的定时器，可用 4 路 PCA 实现 4 个定时器；

(13) 可编程时钟输出；

(14) 高速 SPI 通信端口；

(15) 硬件看门狗（WDT）；

(16) 兼容普通 8051 指令集；

（17）全双工异步串行口（UART）；

（18）通用 I/O 口在复位后为准双向口/弱上拉，即普通 I/O；

（19）内部集成专用复位电路，2 级复位门槛电压可选，12 MHz 以下可以使用内部复位；

（20）可使用外部复位电路，或复位脚直接接地；

（21）整个芯片的电流不超过 90 mA；

（22）若 I/O 口不够用，则可用 3 根普通 I/O 口线外接 74HC595（可多芯片级联）来扩展 I/O 口，用 A/D 做按键扫描可以节省 I/O 口。

STC12C5604AD 贴片式的封装和尺寸如图 3-1 和图 3-2 所示：

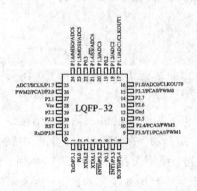
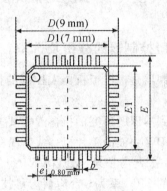

图 3-1　单片机 LQFP-32 封装图　　　　图 3-2　单片机 LQFP-32 封装尺寸图

根据需要，希望芯片所占空间尽可能小，这样可以降低制作 PCB 板的费用，同时能够减轻擦黑板机器人的质量。显然，贴片式的封装要比双列直插式的更适合本课题研究的需要。

3.1.2　最小系统设计

最小系统是指用最少元件组成的单片机从启动到正常工作的单元。最小系统一般需要单片机、程序存储器、时钟电路和复位电路这几部分。通常除了单片机本身外，只需要外接晶体振荡器电路与复位电路就可以构成最小系统。

根据本课题控制电路最小系统主要包括电源、单片机、时钟电路这几个部分。最小系统原理图如图 3-3 所示。原理图中单片机采用 LQFP-32 封装，该封装体积小，能够节省空间。时钟电路选用的晶振为 11.0592 MHz，便于后续电路设计和程序中对蓝牙串口通信的设置。与晶振相连的是两个 30 pF 的电容，它是晶振的负载电容，会影响到晶振的谐振频率和输出幅度。

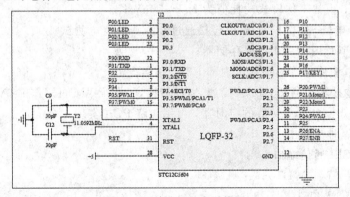

图 3-3　单片机最小系统图

3.2　电机驱动芯片的选型

擦黑板机器人整体的运行性能，很大程度上与电源模块和电机驱动模块有关。电机驱动模块是擦黑板机器人的"四肢"，承载了运动的全部任务。

擦黑板机器人的驱动模块一般包含控制芯片、功率放大芯片及驱动电机三个部分。机器人的驱动需要电机在轻质条件下具备高转矩的能力，而且电机调速的范围要宽。同时，驱动电流要大，这是保证电机拥有强劲动力的前提。电源电压的稳定可靠也是必不可少的条件。

关于电机的选型在上一章已经详细说明。本设计所使用的电机为大减速比直流电机。这种直流电机的驱动及控制需要电机驱动芯片进行驱动。常用的电机驱动芯片有 L298N、LMD18245、SN754410 等。

3.2.1　驱动芯片简介

一般的电机驱动芯片内部含有 CMOS 以及 DMOS 等构成的电路，常与主控芯片、电动机和测速编码器组成一整套的驱动系统。通常使用的直流电动机、步进电动机以及继电器等都有可以用它来驱动。

通常使用逻辑电平来控制电机驱动芯片，它一般具有两个使能端，相当于开关，可以控制芯片的工作与停止。通过使用逻辑电源的输入给内部的逻辑电路供电。在外部可以通过接入采样电阻的方式将电流值反馈给主控芯片。

根据课题需要，综合考虑到价格因素，本课题采用 L298N 电机驱动芯片。根据数据手册可知，它含有四通道的逻辑驱动电路、双 H 桥的结构而被广泛用于驱动直流电机和两相或四相步进电机。该芯片其实是一个功率放大部件，能承受 46 V 的工作电压和 2 A 的工作电流。其实物及管脚图如图 3-4 和图 3-5 所示，逻辑功能如表 3-1 所示。

图 3-4　L298N 实物图

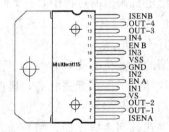

图 3-5　L298N 管脚图

表 3-1　L298N 的逻辑功能

IN1	IN2	EN A	电机运行情况
1	0	1	正转
0	1	1	反转
X	X	0	自由停止
IN1＝IN2		1	紧急停止

3.2.2 驱动模块原理图

电机驱动模块原理图如图 3-6 所示。L298N 使用两个电源供电，分别为工作电源和驱动电源。图 3-6 中 5 V 为工作电源，用于芯片的正常工作；12 V 为驱动电源，用来放大电流以便于驱动电机。9 脚接工作电源，4 脚接驱动电源，IN1、IN12、IN3、IN4 为单片机控制信号输入端，OUT-1、OUT-2、OUT-3、OUT-4 输出为电机的接入端。ENA 与 ENB 直接接入单片机的 P26 脚与 P27 脚，通过单片机引脚的高低电平控制电机的运行。

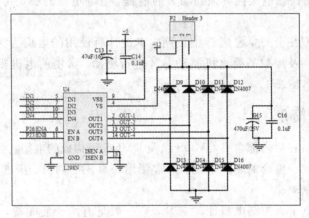

图 3-6 电机驱动模块原理图

由于使用的电机是线圈式的，当它在运行时瞬间切换到停止，以及在正转运行时切换到反转时，电路中会产生极大的反向电流。因此，图 3-6 中的电路接入 IN4007 二极管用来续流，从而保护芯片的安全。

3.2.3 PWM 调速

直流电机调速的过程中，主要使用的是 L298N 的线性放大功能和开关功能。L298N 工作在线性区，它的优点是易于控制、输出稳定、能保持线性工作、产生的干扰小；缺点是功率低下且不易散热。

所谓的开关功能就是 L298N 工作在开关状态，电机调速控制多工作在开关状态，其功能的实现采用的是脉宽调制（PWM）的方法。当 L298N 内部开关管的控制电平跳升到高电平时，则导通，直流电机电枢绕组两端有电压 U；t_1 秒时，控制电平降为低电平，导致内部开关管截止，绕组电压变为零；t_2 时，控制电平再次跳升为高电平，L298N 内部开关管再次导通。其后依次循环以上过程。PWM 电压时序图如图 3-7 所示。

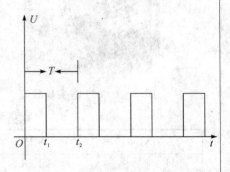

图 3-7 PWM 电压时序图

如图 3-7 所示，根据时序图可以看出电机电压的平均值 U_{out} 为

$$U_{out} = \frac{t_1 \times U}{t_1 + t_2} = \frac{t_1 \times U}{T} = D \times U \tag{3-1}$$

式中，D 是占空比，$D=t_1/T$，$T=t_1+t_2$。一个周期中开关导通时间占整个周期的比值就是占空比。显然，$0 \leqslant D \leqslant 1$。假设 U 不变，则占空比 D 的大小影响输出电压的平均值 U_{out}。可以通过改变 D 的大小来调整输出电压的平均值，给电机进行调速，这就是所谓的 PWM 调速。上述的调制方法又称为定频调频法，它是脉宽调制的常用方法。

3.3　电　源　模　块

顾名思义，电源模块就是机器人能源供应的部分，它是擦黑板机器人的"心脏"。本课题研究的擦黑板机器人采用的均是直流电，因此选用直流电源。因为所选用的直流电机最高电压为 12 V，所以选用 12 V 直流电源进行供电。

3.3.1　电源的选型

根据调研，市售较为常见的用于小车驱动的电池主要有干电池、镍氢电池和锂离子电池。

1. 干电池

干电池是一次性使用的化学电池，因其内部电解质不能流动而得名。干电池广泛应用于社会生活的方方面面。普通干电池构造简单，多为锰锌电池，主要由碳棒、石墨和二氧化锰的混合物以及纤维网组成。电池放电其实就是锌与氯化氨发生电解反应，释放出的电荷由石墨传导给正极碳棒。由于锌的电解反应会产生增加电池内阻的氢气，因此需要石墨和二氧化锰混合物进行吸收。若电池长时间使用，使得石墨和二氧化锰不能充分吸收氢气，则导致电池内阻过大而输出电压过低。

2. 镍氢电池

近年来，镍氢电池发展迅速，其主要成分是氢离子和金属镍。镍氢电池的主要特点是具有很高的能量密度、能够快速充放电、无污染、寿命长；价格比镍镉电池略贵，相同体积下容量比镍镉电池大、质量更轻。镍氢电池广泛应用于相机、电脑等数码产品领域和电动车等领域，但其性能低于锂电池。图 3-8 为镍氢电池。

3. 锂离子电池

锂系的电池分为锂电池和锂离子电池。手机和手提电脑一般使用的是锂离子电池。锂离子电池属于二次电池，就是常说的充电电池。充放电的过程，其实就是锂离子在正负极之间循环移动的过程。充电时，锂离子从正极游离，借助电解质进入负极，此时的负极就会处于富锂状态；放电时的情况则相反。锂离子电池一般采用含有锂元素的材料作为电极，它是现代高性能电池的代表。图 3-9 为锂离子电池。

图 3-8　镍氢电池

图 3-9　锂离子电池

一节锂离子电池的额定电压一般是 3.6 V，其满电电压值通常为 4.2 V。在电压低于 2.75～3.0 V 时，锂离子电池会停止工作。如果在电压低于 2.5 V 仍然持续放电就是过放，过放会损坏电池。

锂离子电池具有很高的能量密度，而且平均输出电压高，输出功率大，自放电小，同时无记忆效应，寿命长，正常工作温度范围为 −20～+60 ℃。它具有极强的循环性能，在快速充放电的同时充电效率能达到 100%。它无毒无害，绿色环保，深受人们的喜爱。

镍镉电池和镍氢电池的额定电压一般为 1.2 V，而锂离子电池的额定电压却为 3.6 V。如果它们体积相同，锂离子电池和镍镉电池的质量相差无几，相比之下，镍氢电池轻一点。由上面的介绍可以知道，锂离子电池的额定电压是其他两种电池的 3 倍，如果要求输出电压相同，那么锂离子电池的体积只有它们的 1/3。镍镉电池和镍氢电池因为有记忆效应需要定期进行放电管理，而锂离子电池无记忆效应，使用更方便。

显然，根据本课题对于擦黑板机器人质量，电能方面的特殊需求，选用质量轻、容量大、效率高的锂离子电池比较合适。

3.3.2 电源模块原理图

电源模块原理图如图 3-10 所示。在电源的输入和输出端口，为了提高供电质量和可靠性，增加了稳压电容和滤波电容。SP1117 作为 12 V 转 5 V 的稳压芯片，具有如下特性：0.8 A 时低压差为 1.1 V；0.8 A 稳定输出电流，1 A 稳定峰值电流；三端可调输出，低静态电流；具有 0.1% 的线性调整率和 0.2% 的负载调整率，具有过流保护和温度保护功能；采用多种封装，如 SOT-223、TO-252、TO-220 和 TO-263。

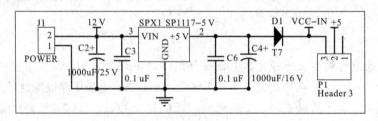

图 3-10　电源模块原理图

采用 SOT-223 贴片封装的稳压芯片，体积小，便于布局。在原理图中添加开关，以方便通电与断电操作。经过试验确认，该稳压芯片能够很好地实现稳压作用，该电源模块能够提供擦黑板机器人稳定可靠的工作电压和电流。

3.4　继电器控制的擦灰和吸灰模块

按照本课题研究的擦黑板机器人的设计要求，擦灰和吸灰模块要有能随时控制启停的功能，同时还必须具备较大的负载承受能力，方能够保证擦灰和吸灰的效果达到要求。本设计采用 PNP 型三极管与继电器相结合的控制运行电路。

PNP 三极管的实物图如图 3-11 所示。当集电极电压 U_C 大于基极电压 U_B，且发射极电压 U_E 也大于 U_B 时，发射极和集电极均正偏，三极管工作在饱和区。此时的三极管相当于一个闭合的开关。当集电极电压 U_C 小于基极电压 U_B，且发射极电压 U_E 小于 U_B 时，发射极和集电极均反偏,三极管工作在截止区。此时的三极管相当于一个断开的开关。

　　本设计采用5 V的继电器,实物图如图3-12所示。该继电器因为体积小、价格低、灵敏度高、运行可靠而被广泛应用在各类机械设备的控制场合,也常常用于仪器仪表等电子器件中,特别适用于潮湿、腐蚀、积尘、有爆炸危险和需要经常通断等特殊场合。

图3-11　PNP三极管

图3-12　5 V继电器

　　擦灰和吸灰模块的控制原理图如图3-13和图3-14所示。

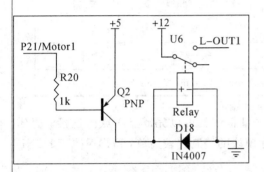

图3-13　擦灰模块原理图

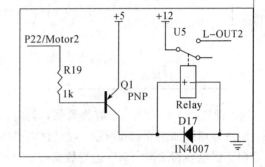

图3-14　吸灰模块原理图

　　擦灰和吸灰模块的工作原理是:单片机的P21以及P22两个管脚置高电平,三极管截止且继电器停止工作;单片机的P21及P22置低电平,三极管导通且开启继电器。图3-13和图3-14中L-OUT1、L-OUT2分别与擦黑板电机以及风扇电机插槽相连,便于导线接头处的固定与安装。

　　经试验验证,该擦灰和吸灰模块的配合使用能够有效地擦除黑板粉笔尘,达到本次课题研究的要求。

3.5　蓝牙模块的选型与原理图

　　本课题研究的擦黑板机器人采用蓝牙控制。蓝牙是一种无线技术标准,通常使用2.4~2.485 GHz无线电波建立无线链路来进行各种通信设备之间短距离的数据交换。在较短距离内,蓝牙能够在很多场合取代电缆连接。蓝牙设备通过使用专用的蓝牙微芯片在一定距离内发射无线电波来搜索其他蓝牙设备,一旦找到且配对成功后,设备之间就可以开始通信。

　　本设计试验需实现擦黑板机器人与电脑、手机以及其他具备蓝牙通信能力的电子设备之间的通信。首先在擦黑板机器人上配置一个从机模块。经过市场调查,本设计采用的从机模块是目前普遍采用且性价比较高的 HC - 06 蓝牙模块。该模块广泛应用于短距离的无线数据接收，可取代串行数据线的连接。HC - 06 蓝牙模块的实物图如图 3 - 15 所示，其主要性能参数如表 3 - 2 所示。

表 3 - 2 HC - 06 性能参数

类 别	参 数
蓝牙协议版本	蓝牙 V2.0 协议标准＋EDR
频率	2.4 GHz(ISM 频段)
调制方法	GFSK
发射功率	最大 4 dBm
传输距离	超过 20 m(空旷情况下)
灵敏度	小于－80 dBm
通信速率	2 Mb/s(Max)
供电电源	5 V
工作温度	－20～＋75 ℃
封装尺寸	27 mm×13 mm×2 mm

HC - 06 蓝牙模块兼容性很强，利用普通的串口软件就可以完成点对点的连接。蓝牙模块原理图如图 3 - 16 所示。在硬件电路中，蓝牙模块的绘制比较简单，留出 VCC 和 GND 用于供电，TXD 和 RXD 进行数据传输。

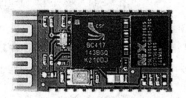

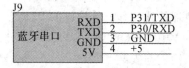

图 3 - 15 蓝牙模块实物图　　　　　　　图 3 - 16 蓝牙模块原理图

经试验论证，蓝牙模块能够很好地与电脑、手机等设备进行通信，并实现对擦黑板机器人的有效控制。

3.6 USB 转串口模块

为了便于程序的烧录以及串口通信的调试，电路板特别设置了 USB 转串口模块，原理图如图 3 - 17 所示。

本设计所使用的 PL2303 芯片（USB 转串口模块）相当于一个 USB 和通用异步串口 UART 的双向转换器。它首先从电脑接收 USB 数据，转换为 UART 数据格式，再传输给外围设备。与之相反的是把 UART 外围设备中接收到的数据转换为 USB 数据格式，再返回给电脑。图 3 - 17 中，C7 和 C8 为滤波电容，J2 为 Mini - USB 接口。

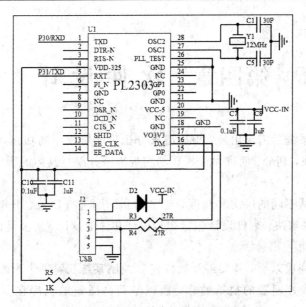

图 3 - 17　USB 转串口模块原理图

　　由于本设计中的单片机只有一个串口，故蓝牙模块与 USB 转串口模块共用该串口，两者不能同时使用。

3.7　本　章　小　结

　　本章主要论述了擦黑板机器人硬件电路设计，包括电源模块、CPU 模块、驱动模块、擦灰和吸灰模块、蓝牙模块、USB 转串口模块。将 Altium Designer 2014 软件设计的原理图直接导入 PCB，然后经过布局连线生成最终的 PCB 图，最后由工厂加工制成印刷电路板。好的印刷电路板是实现机器人全部功能的基础，也是软件设计的基本依据。

第四章　软件设计

软件设计是从系统的需求出发，根据需求分析阶段所规划的功能，来设计软件系统的整体结构、功能模块，划分、明确每个模块的实现算法并编写具体的程序代码，最终确定软件的具体设计方案。

软件设计需要从不同的层次和角度，对事物和问题进行抽象、分解及模块化，使问题条理更清晰，更容易解决。软件设计包括初步设计和详细设计，初步设计用于构造框架，详细设计用于具体细化。

硬件电路设计完成以后，需要编写软件程序控制系统。程序作为软件设计至关重要的一部分，影响机器人处理器的执行效率，所以编写高质量的程序在整个软件设计中贯穿始终。

4.1　系统控制框图

系统控制框图如图 4-1 所示。电源电路对单片机进行供电；串口通信对单片机进行程序下载和调试；蓝牙终端对单片机进行数据传输；根据预先编写好的程序，单片机对接收到的控制信号进行判断，并对擦黑板机器人进行相应的控制，包括驱动模块的控制，擦灰、吸灰模块的控制和 LED 显示等功能。

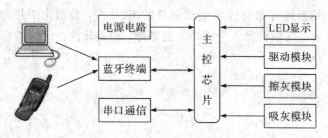

图 4-1　系统控制框图

本课题设计采用 Keil Software 公司的 Keil μVision4 开发环境进行编程、编译和下载。擦黑板机器人的程序分为以下几个部分：主函数、速度子函数、蓝牙子函数。

初步设计采用模块化编写方法，通过主函数调用其他各个子函数完成对擦黑板机器人的一系列运动控制。各子函数之间又可以互相调用，协调完成具体工作。

速度子函数的具体工作就是根据指令对速度赋值，配置 PWM 波，定义每一个电机的速度等；蓝牙子函数的主要任务包括对蓝牙进行初始化，设置波特率，进行终端与机器人通信的数据传输，根据控制信息判断所要执行的程序等。

4.2　主　函　数

4.2.1　主函数程序流程图

　　主函数程序流程图如图 4 - 2 所示，从单片机上电复位或手动复位开始，直接进入主函数，先进行速度初始化，再进入并循环扫描执行蓝牙子函数。

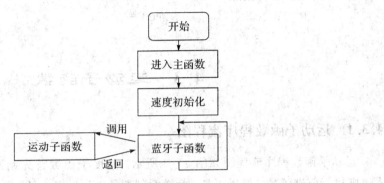

图 4 - 2　主函数程序流程图

4.2.2　主函数程序

```
void main()
{
    speed_init();              //速度初始化
    while(1)
    {
        lanya();               //蓝牙子函数调用
    }
}
```

　　主函数部分首先调用速度函数中的初始化函数进行速度的初始化，进入 while 循环之后，在单片机复位之前一直循环扫描蓝牙控制函数。

4.2.3　速度初始化程序

```
void speed_init(void)          //速度初始化
{
    ena=1;                     //打开使能端
    enb=1;
    CCON=0;                    //PCA 控制选择
    CL=0;
    CH=0;
    CMOD=0x02;                 // PCA 工作模式选择
    CCAP0H=CCAP0L=0x80;        //PWM0 输出 50％的占空比方波,设定中心值为 0x80,即
```

```
                                  为 128
CCAPM0=0x42;              //PCA 模块 0 工作在 8 位 PWM 模式
CCAP1H=CCAP1L=0x80;
CCAPM1=0x42;
CCAP2H=CCAP2L=0x80;
CCAPM2=0x42;
CCAP3H=CCAP3L=0x80;
CCAPM3=0x42;
CR=1;                      //PCA 计数开启
}
```

4.3 运动子函数

4.3.1 运动子函数程序流程图

运动子函数程序流程图如图 4-3 所示。速度子函数首先判断是否为前进函数，如果是，则执行前进函数；如果不是，就继续判断是否为后退函数，如果是，执行后退函数；如果不是，继续判断是否为左转函数，如果是，执行左转函数；如果不是，执行右转函数。执行完毕后结束返回。

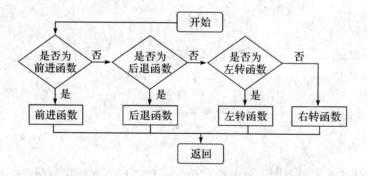

图 4-3 运动子函数程序流程图

4.3.2 运动子函数程序

```
void speed_1(unsigned char n)    //四路 PWM 波
{
    CCAP0L=n;
}
void speed_2(unsigned char n)
{
    CCAP1L=n;
}
void speed_3(unsigned char n)
```

```
{
    CCAP2L=n;
}
void speed_4(unsigned char n)
{
    CCAP3L=n;
}
void go_ahead()//机器人前进
{
  speed_1(1);
    speed_2(255);
    speed_3(255);
    speed_4(1);
}
void go_back()//机器人后退
{
    speed_1(255);
    speed_2(1);
    speed_3(1);
    speed_4(255);
}
void turn_left()//机器人左转
{
  speed_1(255);
    speed_2(1);
    speed_3(255);
    speed_4(1);
}
void turn_right()//机器人右转
{
  speed_1(1);
    speed_2(255);
    speed_3(1);
    speed_4(255);
}
```

运动子函数的功能用于定义电机的速度和方向,通过四路 PWM 波的占空比改变电机转速和方向。初始化函数把四路 PWM 特殊功能寄存器的初值设置为 128,生成占空比为 50% 的方波。电机的两端接两路 PWM 波,通过改变两路不同占空比得到平均电压,进而驱动电机。机器人的左转和右转是通过左右两边车轮的速率差实现的。前进、后退、左转、右转的速度值也可由接收到的指令给定。

4.4 蓝牙子函数

4.4.1 蓝牙子函数流程图

蓝牙子函数程序流程图如图 4-4 所示。当主函数调用到蓝牙子函数之后,进行蓝牙初始化,设置波特率,设定方式控制字,通过 while 循环不断检测 SBUF 中的数值,通过 switch 语句判断 SBUF 中的数值。定义相关指令码,当数值为 0x77 时,机器人前进,前进指示灯打开,启动擦灰吸灰装置;当数值为 0x73 时,机器人后退,后退指示灯打开,启动擦灰吸灰装置;当数值为 0x61 时,机器人左转,左转指示灯打开,启动擦灰吸灰装置;当数值为 0x64 时,机器人右转,右转指示灯打开,启动擦灰吸灰装置;当数值为 0x71 时,机器人前进,停止擦灰吸灰装置;当数值为 0x65 时,停止所有动作。

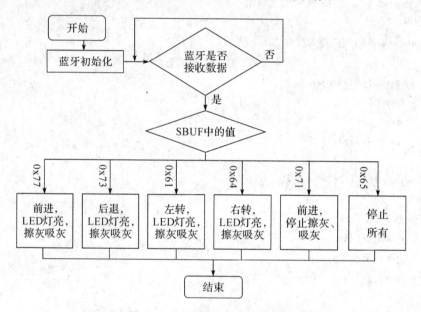

图 4-4 蓝牙子函数程序流程图

4.4.2 蓝牙子函数程序

```
static unsigned char Num;        //定义静态变量 Num
sbit cahui=P2^1;                 //给每个引脚下定义
sbit xihui=P2^2;
sbit zuozhuan=P0^1;
sbit youzhuan=P0^3;
sbit qianjin=P0^2;
sbit houtui=P0^0;

void lanya(void)                 //蓝牙函数
```

```
{
    TMOD＝0x20；              //初始化
    TL1  ＝ 0xfd；            //波特率 9600 Bd
    TH1  ＝ 0xfd；
    SCON＝0x50；             //工作方式 1
    PCON＝0x00；             //波特率不加倍
    TR1  ＝ 1；
    while(1)
      {
    if(RI ＝＝ 1)            //蓝牙通信
      {
        RI  ＝ 0；
        Num＝SBUF；          //把 SBUF 中的数据给 Num
        SBUF＝ Num；         //将收到的数据发送出去，测试用
        while(TI＝＝0)；      //等待发送完毕
        TI＝0；
      }
    switch(Num)              //判断分支
    {
    case 0x77：go_ahead()；   //字母 w，前进，LED 灯亮，擦灰吸灰
            qianjin＝0；
            cahui＝0；
            xihui＝0；
            houtui＝1；
            zuozhuan＝1；
            youzhuan＝1；
            break；
    case 0x73：go_back()；    //字母 s，后退，LED 灯亮，擦灰吸灰
            cahui＝0；
            xihui＝0；
            houtui＝0；
            qianjin＝1；
            zuozhuan＝1；
            youzhuan＝1；
            break；
    case 0x61：turn_left()；  //字母 a，左转，LED 灯亮，擦灰吸灰
            zuozhuan＝0；
            qianjin＝1；
            houtui＝1；
            youzhuan＝1；
            break；
    case 0x64：turn_right()； //字母 d，右转，LED 灯亮，擦灰吸灰
            youzhuan＝0；
```

```
                qianjin=1；
                houtui=1；
                zuozhuan=1；
                break；
        case 0x71：go_ahead()；      //字母 q，前进，停止擦灰吸灰
                cahui=1；
                xihui=1；
                    youzhuan=1；
                qianjin=0；
                    houtui=1；
                    zuozhuan=1；
                    break；
        case 0x65：   cahui=1；      //字母 e，停止所有
                xihui=1；
                    youzhuan=1；
                qianjin=1；
                    houtui=1；
                    zuozhuan=1；
                    break；
        case 0x66：go_back()；       //字母 f，后退，停止擦灰吸灰
                cahui=1；
                xihui=1；
                    youzhuan=1；
                qianjin=1；
                    houtui=0；
                    zuozhuan=1；
                    break；
        }
    }
  }
```

　　蓝牙子函数用于机器人的通信控制，最主要的就是设置波特率，这是实现数据通信的前提。由于本蓝牙模块的出厂默认波特率设置为 9600 Bd，所以在初始化过程中，将波特率设置为 9600Bd。在蓝牙程序中对于接收数据信号的部分，本设计使用的是 while 循环语句，不断循环查询，检测 SBUF 中传输的数据，简单易懂。当然，对于实现 SBUF 中的访问，也可以采用中断的方式，现给出程序如下：

```
    SCON=0x50；
    TMOD=0x20；
    PCON=0x00；              //波特率加倍为 80，不加倍为 00
    TH1=0xfd；
    TL1=0xfd；               //波特率为 9600 Bd
    EA=1；                   //打开总中断
    ES=1；                   //打开串口中断
```

```
    TR1=1;                        //开启定时器 T1
    while(1);


void a (void)interrupt 4          //中断函数
{
    unsigned char temp;
    if(RI)
    {
    RI=0;
    temp=SBUF;                    //SBUF 与变量的数据交换
    P1=temp;                      //将收到的数据发送出去，测试用
    SBUF=temp;
    }
    if(TI)
    TI=0;
}
```

该段程序利用中断的方式访问串行数据缓冲器，主函数不需要一直扫描，利于节能和节约资源，且通用性好。

4.5　本　章　小　结

本章主要阐述了擦黑板机器人具体的控制程序，部分程序已给出相关注释，便于理解，最后还比较了不同设计思路实现同一功能的蓝牙通信程序，充分体现出程序的编写是一个不断完善、不断改进的过程。程序的编写不是唯一的，需要精益求精。

第五章 程序编译、烧录与软硬件联合调试

5.1 编译与烧录

本课题设计采用的软件是 Keil μVision4。Keil μVision4 软件是美国 Keil Software 公司推出的 C 语言程序开发软件。与汇编语言相比，C 语言的主要优点是功能强大、可读性好、灵活方便、可移植性好，它吸收了高级语言的优点，又拥有低级语言的特点。Keil μVision4 软件集成了包括编译器在内的许多功能，运行于 Windows 98 以上的操作系统，其开发界面如图 5-1 所示。

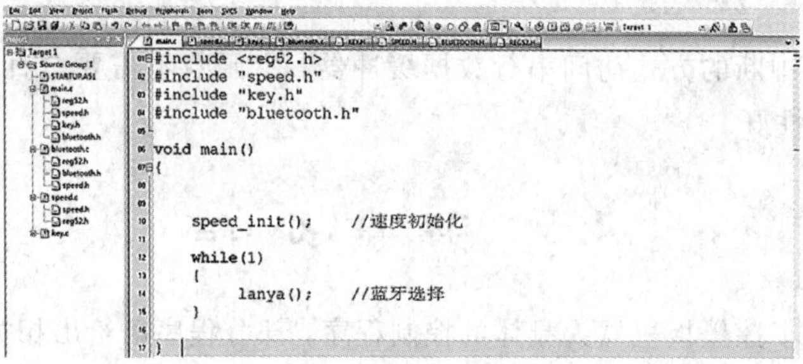

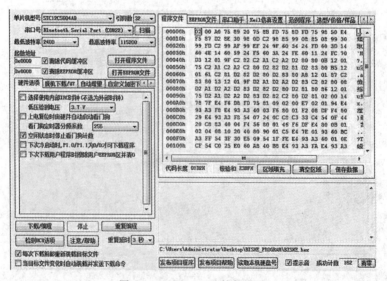

图 5-1 Keil μVision4 开发界面

用串口线将电脑 USB 端口与 PCB 板上的 PL2303 端口相连，将编译好的 .hex 文件通过 STC-ISP 软件烧录进单片机中。STC-ISP 软件界面如图 5-2 所示。

图 5-2 STC-ISP 软件界面

注意下载前找对端口（本例为 COM22，如图 5 - 2 所示），选择使用外部时钟，然后点击"下载/编程"，将单片机断电再通电后，程序烧录完成。

5.2　电脑蓝牙调试

电脑蓝牙调试可以先通过 STC - ISP 软件界面中的"串口助手"，通过串口线初步进行调试。串口助手界面如图 5 - 3 所示。

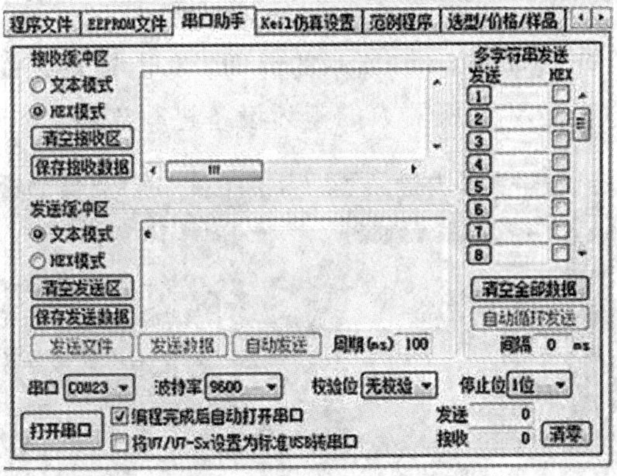

图 5 - 3　"串口助手"界面

"串口"以电脑实际分配的端口为准（本例为 COM23），选择好连接的串口端口号，将"波特率"设置成 9600，"校验位"设置成无校验，在发送缓冲区发送数据，观察接收缓冲区能否接收到相同的数据，如果相同，则串口通信成功；否则，通信不成功。

串口通信成功后再通过蓝牙串口软件（以"千月蓝牙"软件为例）对单片机发送数据。首先打开蓝牙"串口助手"，启动蓝牙，界面如图 5 - 4 所示，右击图标，出现选择框，点击"启动蓝牙"。

图 5 - 4　电脑蓝牙操作一

蓝牙设备启动成功的窗口如图 5 - 5 所示。再次右击图标，在出现的对话框中点击"搜索设备"，寻找擦黑板机器人的蓝牙设备。

图 5-5　电脑蓝牙操作二

搜索设备完成后，会出现如图 5-6 所示的界面。右击搜索到的设备图标，在出现的对话框中选择"配对"，对电脑蓝牙和机器人的蓝牙设备进行连接。

图 5-6　电脑蓝牙操作三

此时，会出现如图 5-7 所示的对话框，在"蓝牙口令"一栏输入配对密码后，点击"确定"，进行蓝牙的配对。

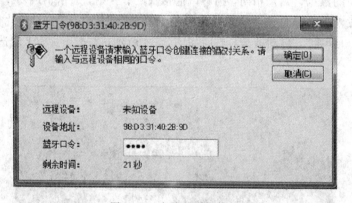

图 5-7　电脑蓝牙操作四

配对成功后的界面如图 5-8 所示。界面会标出"已配对"字样。

图 5-8　电脑蓝牙操作五

再次右击"HC-06"图标，在出现的对话框中选择"连接蓝牙串口（COM22）"（本次连接串口号为 COM22），如图 5-9 所示，对电脑蓝牙和机器人蓝牙设备进行连接。

图 5 - 9　电脑蓝牙操作六

连接成功后，"HC-06"图标变绿，左下角出现"已连接"字样，如图 5 - 10 所示。此时蓝牙连接成功。

图 5 - 10　电脑蓝牙操作七

再次打开 STC 下载软件界面右上侧的"串口助手"，如图 5 - 11 所示。选择好蓝牙连接的串口(本次连接串口号为 COM22)，设置波特率为 9600，在发送缓冲区输入软件编程时规定的控制字符，点击"发送数据"。如果在接收缓冲区接收到和发送缓冲区一样的数据，就说明蓝牙通信成功，否则，通信不成功。

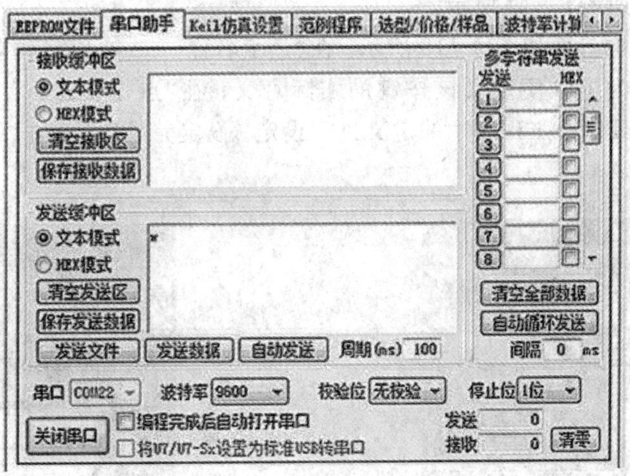

图 5 - 11　电脑蓝牙操作八

5.3　手机蓝牙调试

电脑蓝牙的连接过程显得十分烦琐，而且由于电脑体积较大，不便于随身携带和操作。同时，电脑需要使用字符操作，使用者必须要完全了解程序内容，知道不同字符所对应的

ASCII 码值以及它们在程序中的含义。电脑蓝牙不便于大众化，而且界面缺乏人性化，不利于擦黑板机器人的市场推广。使用智能手机进行调试比电脑简单得多，操作也更方便，下面简要介绍使用手机调试的过程。

首先，和电脑调试一样，需要下载蓝牙串口助手软件。打开手机蓝牙开关并打开该软件，其界面如图 5-12 所示。

打开软件的属性栏，点击"地面站设置"，对按键属性进行设置，如图 5-13 所示。

图 5-12　手机蓝牙初始界面图

图 5-13　手机蓝牙打开属性栏

进入到"地面站控件设置"首页后，会看到有六个"自定义按键"，点击进入，可以对每个按键进行设定，如图 5-14 所示。

设置按键属性的界面如图 5-15 所示。在"显示名称："一栏填写名字，可以是中文，也可以是英文，只是为了方便定义该按键的实际意义；在"点击发送："一栏填写十六进制 ASCII 码值，该值具体参照程序中的定义进行设定。设定完成后，点击"确定"保存。其他五个键设置依此类推。

图 5-14　手机蓝牙自定义按键选择

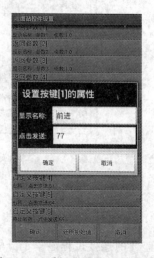

图 5-15　手机蓝牙设置按键属性

如图 5-16 所示是按键设定完成后的操作界面效果图。每一个按键的名称都代表机器人操作的实际意义。

通过蓝牙串口助手软件，需要先对设备进行查找并配对，配对完成之后按界面下方"连接设备"对两个设备进行连接。如图 5-17 所示，选定机器人的蓝牙设备后点击连接，确认连接完成后，就可以通过手机触摸屏对擦黑板机器人进行数据通信，从而控制机器人的运动、擦黑板等动作。

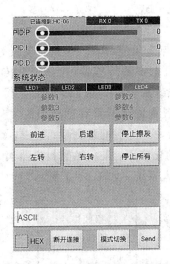

图 5-16 手机蓝牙按键设定完成后的操作界面

图 5-17 手机蓝牙设备连接

5.4 本章小结

本章详细介绍了擦黑板机器人程序的下载与调试过程。调试主要包括电脑调试和手机调试。通过图文说明，具体到每一步，便于理解。

对于擦黑板机器人的调试是至关重要的一步，在调试过程中会遇到很多意想不到的问题，这需要细心且耐心地一步步分析排查。在此过程中，会收获很多平时无法接触到的知识，这也许就是实践出真知最好的注解吧！

第六章 擦黑板机器人系统及其控制策略

6.1 系 统 组 成

擦黑板机器人单机设计，完成了机器人可靠吸附与全角度移动、擦灰、吸灰等基本功能。为了实现智能化，较常见的方法是在该机器人单机上安装传感器(比如视觉传感器)判断粉笔灰的位置，自动移动到位并擦灰。经过分析，该方法较难实现，原因为：第一，视觉传感器只有紧贴黑板才利于机器人可靠吸附与移动，视觉传感器只有远离黑板才利于视觉图像采集，相互矛盾；第二，移动机器人小车定位困难，不利于机器测量；第三，集中控制不利于分散风险，控制也趋于复杂化。为便于实际自动化应用，采用擦黑板机器人、视觉监控单元和移动终端(比如智能手机)组成了擦黑板机器人系统，如图 6-1 所示。

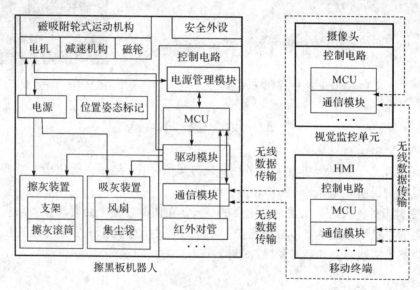

图 6-1 擦黑板机器人系统

擦黑板机器人包括控制电路、磁吸附轮式运动机构、安全外设、电源、位置姿态标记、擦灰装置和吸灰装置；视觉监控单元包括摄像头和控制电路；移动终端包括人机界面(HMI)和控制电路。

擦黑板机器人的控制电路包括 MCU、驱动模块、通信模块、电源管理模块和红外对管；磁吸附轮式运动机构包括电机、减速机构和磁轮；擦灰装置包括可伸缩的固定支架和擦灰滚筒；吸灰装置包括风扇和集尘袋；视觉监控单元的控制电路包括 MCU 和通信模块等；移动终端的控制电路包括 MCU 和通信模块等。

擦黑板机器人、视觉监控单元和移动终端通过无线通信连接，可实现相互间的通信。

6.2　擦黑板机器人的控制方法

　　系统中的擦黑板机器人可以使用视觉监控单元自动遥控，也可以使用移动终端进行人工遥控，同时具有最基本的自我保护控制。所以，需要对擦黑板机器人控制的优先级进行设定。这三者之间的关系是：擦黑板机器人基本的自我保护控制优先级最高，它是防止擦黑板机器人在失去移动终端人为控制与视觉监控单元的控制之后造成不可逆转的损坏。擦黑板机器人一旦检测到即将越过黑板边缘，会立即停止或者转向安全区域，实现自我保护。通过移动终端人为控制的优先级是第二位的，擦黑板机器人是为人服务的，所以即使视觉监控单元处于对擦黑板机器人的控制状态，使用者仍然能够通过移动终端把控制权夺回来实现人为控制。视觉监控单元所构成智能化系统的控制优先级最低，其主要作用是在人为允许的情况下，实现擦黑板机器人对于黑板的自动擦拭。

　　擦灰滚筒的控制可通过步进电机或伺服电机驱动可伸缩的固定支架来回旋转实现伸缩。当机器人需要擦黑板时，通过擦黑板机器人控制电路中的 MCU 发出信号，控制步进电机或伺服电机旋转打开支架，使擦灰滚筒与黑板面接触；无需擦黑板时，控制步进电机或伺服电机旋转收回支架，使擦灰滚筒与黑板面脱离。步进电机或伺服电机根据实际情况可调整旋转角的大小，也可调节擦灰滚筒的擦拭压力，从而更好地实现粉笔痕迹的彻底擦除，该转角大小可通过示教存储到单片机的 EEPROM 或数据 Flash 中。

　　电源管理模块设计上，可通过差分放大器和控制电路中 MCU 的 AD 采样实现对于电池电压的实时检测。当电池电压低于限制电压时，电源管理模块会自动报警并切断电路，对电池进行保护，甚至自动充电。为了节约能源，软件上可以采用定时使擦黑板机器人进入休眠状态、发送控制信号进行唤醒的控制方法。

　　自我保护控制可通过红外线检测手段实现。红外检测是通过距离检测实现的。通常，黑板安装于墙壁表面，是突出于墙壁的，在黑板上行走的机器人与墙壁是有一定的垂直距离的。把红外对管做成"探头"的样式，伸出机器人车身边缘。擦黑板机器人运动时，控制电路中的红外对管不断发送和接收红外线检测擦黑板机器人与黑板之间的距离。当擦黑板机器人在黑板的安全区域内，擦黑板机器人控制电路中的红外对管检测的距离稳定在一定的范围内；当机器人即将超出黑板边缘时，伸出的擦黑板机器人控制电路中的红外对管会先检测到垂直距离产生了变化，并将该距离信号返回给擦黑板机器人控制电路中的 MCU。一旦擦黑板机器人控制电路中的 MCU 判断出该变化超出擦黑板机器人设定的容许的范围之外，立即作出反应，发出控制信号，使擦黑板机器人返回安全区域，实现自保。

6.3　视觉监控单元的控制方法

　　视觉监控单元中的摄像头可以在黑板区域范围建立坐标系，由于摄像头是固定的，黑板也是固定的，坐标系建立之后，相对位置固定有利于粉笔笔迹和擦黑板机器人的定位。一般通过常规方法进行相机标定。

位置姿态标记固定在擦黑板机器人特定部位，它向视觉监控单元提供擦黑板机器人所处的位置（机器人形心平面坐标）和姿态（方向）信息，建立模型后，可实现检测和跟踪；摄像头负责捕捉、识别标记的位置姿态信号，并负责将运动数据快速准确地传送到视觉监控单元中控制电路中的 MCU 进行处理。

视觉监控单元控制电路中的 MCU 同时对黑板图像的灰度进行对比，采用阈值分割法对阈值进行选取。通过滤波、边缘检测等预处理对采集的图像进行二值化处理，并与原先建立的坐标系比对，可以计算出黑板上粉笔笔迹的坐标。通过进一步将机器人的坐标和粉笔笔迹的坐标进行对比等数据处理，计算出具体的目标点（粉笔笔迹）与擦黑板机器人实时位置的距离和两者连线与擦黑板机器人姿态夹角。视觉监控单元控制电路中的通信模块将控制信息发送给擦黑板机器人，擦黑板机器人据此调整车轮与所述连线的夹角，使其最小，在此方向上前进并最终确定位置擦灰。在机器人接收到系统指令后执行擦灰任务的过程中，摄像头仍然需要不断捕捉机器人的实时位置姿态信息，采用闭环控制，使机器人前进方向保持正确，同时系统不断进行动态修正并做出下一步的指令。智能化要求擦黑板机器人与视觉监控单元进行及时的双机通信，因而视觉监控单元控制电路中 MCU 须具备较高的大数据流处理速度。

视觉监视单元根据建立好的黑板坐标系，结合擦黑板机器人的具体尺寸和采集到的擦黑板机器人的位置姿态标记实际图像位置和姿态，计算出擦黑板机器人在黑板坐标系中的安全区域。位置姿态标记必须在该安全区域内，一旦位置姿态标记超出安全区域边界，或者预测擦黑板机器人可能会超出安全区域，视觉监控单元的 MCU 通过控制电路中的通信模块向擦黑板机器人控制电路中的通信模块发送控制信号。擦黑板机器人的通信模块将该控制信号传送给擦黑板机器人的 MCU，控制擦黑板机器人向安全区域移动，这进一步保护了机器人避免冲出黑板区域而掉落损坏。

另外，为了增强机器人路径规划能力，采用相应控制算法对机器人的路线进行优化，以又快又好地完成擦黑板任务。

6.4　移动终端的控制方法

移动终端保证了人工控制较高的控制优先级。使用者通过移动终端中的 HMI 输入控制信号给移动终端控制电路中的 MCU，经过 MCU 处理后，通过移动终端控制电路中的通信模块以无线的方式发送给擦黑板机器人控制电路中的通信模块和视觉监控单元控制电路中的通信模块。经过擦黑板机器人控制电路中的 MCU 和视觉监控单元控制电路中的 MCU 的处理后分别控制擦黑板机器人和视觉监控单元。

移动终端设计有一键功能，通过按键选择可以自动全部擦除黑板粉笔笔迹，并返回坐标系设定好的最终停靠点。该停靠点坐标可通过示教存储到 MCU 的 EEPROM 或数据 Flash 中。在视觉监控单元不工作时，可以直接通过人工手动遥控擦黑板机器人进行工作。移动终端也可以通过按键在视觉监控单元工作时夺取控制优先权，使视觉监控单元控制电路中的 MCU 处于待机状态，视觉监控单元控制电路中 MCU 的所有进程被挂起，此时就可使通过移动终端中的 HMI 人工遥控擦黑板机器人。通过移动终端中的 HMI 可以遥控停止擦黑板机器人和视觉监控单元的工作。

6.5　本章小结

　　本章讨论了擦黑板机器人系统组成及其控制策略，提出了切实可行的方案，便于后续实际使用。

　　路漫漫其修远兮！一项设计只有变成现实产品才能充分发挥其价值，从一个想法到方案、到具体设计样机、再到改进设计，最后到实际应用是多么不容易！经历风雨才能见彩虹，我深信：经过漫长痛苦的创新过程，终会等到柳暗花明的一天，即使本设计不能产品化，收获也会满满的，吾将上下而求索！

第七章 总结与展望

7.1 成果展示

擦黑板机器人成品实物图如图7-1和图7-2所示。

图7-1 实物图1

图7-2 实物图2

图7-1和图7-2是擦黑板机器人具体实物的主视图和侧视图。

图7-3和图7-4分别为擦黑板机器人擦黑板前的准备图和进行擦拭的实物效果图。

图7-3 实物图3

图7-4 实物图4

经过实验,该擦黑板机器人能够很好地吸附在黑板上,并且能够灵活自如地进行前进、后退、左转、右转等操作,以及360°任意方向转弯和直行,有效地擦除黑板上的粉笔字,达到了课题研究的要求。

7.2　总　　结

本文针对擦黑板机器人展开深入研究，初步研制了机器人样机，主要研究内容和成果如下：

（1）通过综合比较各种方案，确定了擦黑板机器人的整体实现方案。鉴于本机器人工作在铁制黑板平面以及轮式吸附运动机构比较方便的特点，最终选择了永磁吸附方式、轮式运动结构。在静力学和磁力学计算的基础上确定了机器人各部分相应的参数，并选择了合适的零部件。

（2）分析、计算、设计并制作了机器人的磁轮。通过磁学与静力学分析，推导出可靠吸附与移动条件，并据此进行了磁体与驱动电机的设计选型。机器人在运行时，其吸附结构能够在自身与黑板面之间提供大于 150 N 的吸附力，且在静止时可以方便地从黑板面上取下。

（3）设计用于擦黑板机器人擦灰和吸灰的装置。根据课题要求和实际需要，通过综合分析比较，选定了滚筒式擦灰结构方案，确定了负压吸附的吸灰方案。

（4）设计了基于 STC12C5604AD 的机器人控制系统，该系统包括单片机最小系统单元；利用 PWM 波不同的占空比，通过 L298N 电机驱动芯片得到不同的平均电压，从而实现了驱动直流减速电机的调速；选择和设计了电源模块；选择了蓝牙模块，设计了用于单片机与上位机之间通信的蓝牙模块接口电路。

（5）依据模块化电路设计的原则，对已有的硬件控制电路的软件程序进行了初步设计；通过电脑和手机蓝牙实现了上位机与下位机的无线通信；软硬件联合调试，擦黑板机器人基本实现了在竖直黑板表面灵活运动和擦灰、吸灰等动作，效果良好。

（6）为便于实际智能化应用，讨论了擦黑板机器人系统及其控制策略。

7.3　展　　望

擦黑板机器人隶属于爬壁机器人，是机器人种类中一个重要的分支，在国内外已有相当多的研究。本课题研究的机器人考虑到工作环境及行走要求的特殊性，采用了轮式磁吸附行走机构，并在这方面进行了初步的探索和研究。由于时间、水平和条件所限，本设计仍然存在诸多不足之处，有待于进一步完善和研究。

（1）本课题设计的擦黑板机器人体积较大、质量较重，对于黑板边角位置仍然无法有效处理。所以对擦黑板机器人的轻量化、小型化改进十分必要。在机器人组成材料方面，可以考虑采用碳纤维材料。该材料质量比铝还轻，强度却超过钢铁，用它来制作机器人，能够极大地减轻质量并节约能源。

（2）擦黑板机器人的加工制作十分粗糙，精度不高，需要精细化处理。对于磁轮的制作，可以进行制模并加工成型，因为圆滑的车轮有利于机器人稳定运动，保证磁场分布均匀，为机器人提供可靠的吸附力。

（3）在机器人安全保护方面，除了在控制程序部分要充分考虑外，还必须采用硬件保护，达到双重保护的效果。这样，即使机器人出现意外，从黑板上脱离，仍然可以依赖硬件实现最后一道保护。通过在机器人的外围增加玻璃钢护架或者慢回弹材料，对瞬间的冲击力进行缓冲，可以有效地减少冲撞对机器人造成的伤害。

（4）运动与擦拭速度有待提高，高速、高精度和高可靠是今后设计擦黑板机器人的目标。

（5）在机器人行走与擦灰过程中会出现较大的噪声，噪声也属于污染。电动机的噪声主要来源于电磁、风道气流和机身的机械机构等部位，可进行优化设计。由物理学知识可知，声音的产生来自振动，充分分析噪声产生的原因有利于着手解决噪声问题。比如，电磁噪声多产生于倍频噪声；风道噪声多产生于气流与固体物的碰撞以及涡流声；机械噪声多源自轴承与机械部位的摩擦声等。

（6）在控制系统中，出于对经济成本的考虑，对机器人微处理器的选型只是满足了擦黑板机器人运动的一些基本要求，能实现的功能比较少，处理数据的能力还很有限。在今后的研究中，可以选择计算能力较快且存储能力更好的芯片，同时增加一些传感器模块，比如运动闭环控制等，便于机器人更智能化地运行。

（7）本课题使用的蓝牙模块属于从机模块，只能接收信号，而不能发射信号。为了更好地实现智能化，进行双机通信，需要使用主从一体的蓝牙设备。该蓝牙设备在接收外部控制信号的同时，还能将数据返回到控制端，即全双工通信方式。

（8）擦黑板机器人建模是基于光滑平整黑板面状态下的运动，没有考虑某些特别情况，如出现壁面不平整和弯曲时，由于间隙过大，漏磁的急剧增大，磁力衰减会很严重。需要重新设计吸附结构以满足间隙的不规律变化。

（9）现有的爬壁机器人一般都能够实现在单一壁面上的移动，但是很少有能够灵活地实现在水平地面-竖直壁面以及竖直壁面-倒立顶面的转换。因此需做进一步的调研、研究和开发，来增强机器人对于不同材质和光滑度壁面的转换能力，提高机器人的空间适应能力。

（10）在人机交流方面，基于已有的蓝牙通信模块，增加用 VC++或者 Eclipse 等工具开发的更人性化的人机交互界面，便于对机器人的操控。

（11）本课题设计仅推导了理想状态下静力分析可靠吸附与移动条件，后续可进行动力学分析，推导和试验出设计该类机器人的动力学公式、相关经验数据，用于指导开发。

（12）本课题设计第六章提出的系统构成和控制策略尚未具体实现，结合具体应用场合，还可以进一步优化。

致　谢

　　本论文是在熊田忠副教授的耐心指导和帮助下完成的。从论文的选题、前期相关资料的准备、思路的整理、论文的初稿，一直到最后的定稿，熊老师在每一步都不厌其烦地给我指导和帮助。熊老师敏锐的洞察力和独特的思维角度深深启迪着我。让我学到了很多专业知识、宝贵的工作经验和解决问题的方法。熊老师严谨勤奋的学术素养、投入忘我的研究精神、积极进取的人生态度和崇高的人格品质，让我深受感染，给我以后的学习和工作树立了榜样。值此论文完成之际，在此谨向熊老师表示最衷心的感谢，并致以最崇高的敬意！

　　特别感谢我的父母多年对于我物质上的支持和精神上的鼓励，让我能全心投入到项目的研究、设计和论文的撰写中。他们无私、默默地支持让我克服了学业上的种种困难，才有了今天的成就，在此衷心地感谢我的家人！

　　感谢三江学院智胜工作室的林耿新、邵文学、吴文轩和李圳等同学给予我的大力支持，同时感谢工作室其他所有同学对我学习和工作的关心和帮助！

　　感谢大学四年期间，给予我帮助的老师。习惯不是一朝一夕养成的，正是你们平时的严格要求历练和造就了今天的我，感谢你们！

　　最后，感谢对我的论文进行认真负责评审的各位老师，你们辛苦了！

　　谢谢你们！

作者：周雨松

2015 年 6 月

参 考 文 献

[1] 张小松. 轮式悬磁吸附爬壁机器人研究[D]. 哈尔滨：哈尔滨工业大学，2012.

[2] 张澎涛. 玻璃幕墙清洗机器人及控制系统[D]. 上海：上海交通大学，2005.

[3] 刘华涛. 爬壁清洗机器人及壁面适应性研究[D]. 上海：上海交通大学，2006.

[4] 李德威. 基于钢铁墙壁的永磁吸附爬壁机器人研究[D]. 太原：太原理工大学，2010.

[5] 仝建刚. 履带式磁吸附爬壁机器人壁面适应能力的研究[J]. 上海交通大学学报，1999，33(7)：851 - 854.

[6] 崔旭明. 壁面爬行机器人研究与发展[J]. 科学技术与工程，2010，10(11)：2672 - 2674.

[7] 潘沛霖. 日本磁吸附爬壁机器人的研究现状[J]. 机器人 ROBOT，1994. 16(6)：379 - 382.

[8] 卢效良. 钢结构探测攀行机器人结构设计[D]. 大连：大连大学，2012.

[9] 杨建元. 吸附型壁面攀爬机器人研究[D]. 西安：西北工业大学，2007.

[10] 冯俊斌. 防尘黑板擦的研究专题报告[R]. 西宁：湟中一中，2012.

[11] 贾广利. 一种六履带侦查机器人的运动分析及结构设计[J]. 机床与液压，2008，36(11)：8 - 10，17.

[12] 信建国. 履带腿式非结构环境移动机器人特性分析[J]. 机器人 ROBOT，2004，26(1)：35 - 39.

[13] 王佳. 多感官履带式移动机器人平台设计[D]. 天津：河北工业大学城市学院，2010.

[14] 完诚. 履带式移动机器人运动控制系统设计[D]. 南京：南京理工大学，2010.

[15] 汤亚峰. 微小型履带式移动机器人与地面交互特性分析[J]. 兵工自动化，2010，29(2)：37 - 39.

[16] 桂仲成. 多体柔性永磁吸附爬壁机器人[J]. 机械工程学报，2008，44(6)：177 - 182.

[17] 何雪明. 真空吸附式爬壁机器人设计[J]. 西北轻工业学院学报，1997，15(4)：18 - 22.

[18] 段明. 智能轮式房间清洁机器人[R]. 齐齐哈尔：齐齐哈尔大学，2011.

[19] 韩珩. 基于 AT89C51 的智能清洁机器人设计[J]. 甘肃科技，2008，24(5)：15 - 16.

[20] 吴俊. 机器人行走结构[D]. 重庆：重庆理工大学，2008.

[21] 胡启宝. 多吸盘式玻璃幕墙清洗机器人本体设计[D]. 上海：上海交通大学，2007.

[22] 薛慧心. 智能家庭扫地机器人设计原理研究与分析[J]. 信息技术，2014 (11)：196 - 198.

[23] 范磊磊，庹先国，王洪辉，等. L297＋L298 芯片在步进电动机中的应用[J]. 微特电机，2012，40 (10)：58 - 61.

[24] 王佳佳，唐雪梅，高远，等. 一种新型智能洗尘黑板刷[J]. 机械，2014，41(8)：68 - 71.

[25] 南通国芯微电子有限公司. STC12C5620AD 系列单片机器件手册[M]. 2011.

［26］ 熊田忠，孙承志，等. 运动控制技术与应用［M］. 北京：中国轻工业出版社，2012. 6.

［27］ SGS － THOMSON Microelectronics. L297 L297D Data Sheet［M］. 1996.

［28］ 姜文韬. 吸尘黑板擦的设计［J］. 科技传播，2012（8）：73 － 77.

［29］ 柴剑. 智能扫地机器人技术的研究与实现［D］. 西安：西安电子科技大学，2014.

［30］ 王信峰. 一种擦黑板机构的创新设计［J］. 机械工程师，2009（10）：29 － 30.

［31］ 谢维成. 单片机原理与应用及 C51 程序设计［M］. 北京：清华大学出版社，2009. 7.

［32］ 谭浩强. C 程序设计（第四版）［M］. 北京：清华大学出版社，2010，6.

附录 A　硬件电路原理图

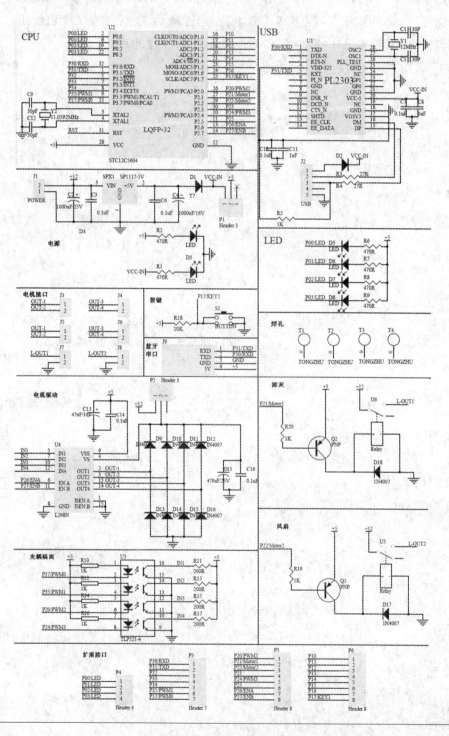

附录 B　硬件电路 PCB 图

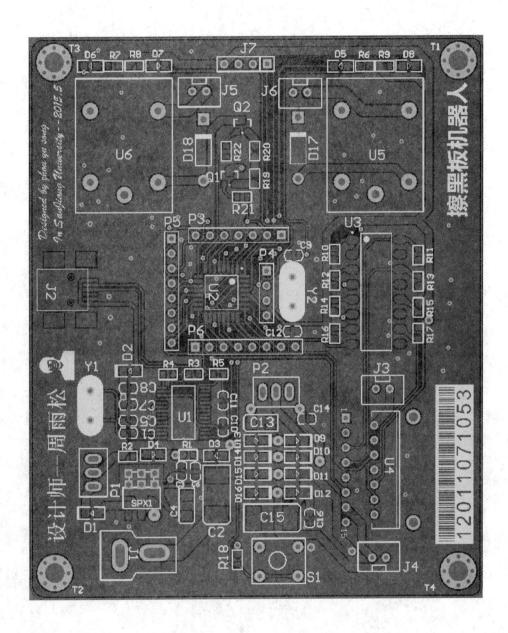

附录 C 硬件电路 3D 实物图

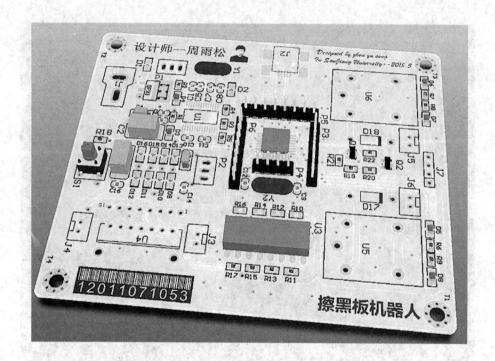

参 考 文 献

[1] 熊田忠，孙承志，孙书芳，等. 运动控制技术与应用(第二版)[M]. 北京：中国轻工业出版社，2016.8.

[2] 孙书芳，柴瑞娟，孙承志，等. 西门子 PLC 高级培训教程(第 2 版)[M]. 北京：人民邮电出版社，2011.11.

[3] 固高科技. GXY 系列 XY 平台实验指导书(Version 2.0)[M]. 2006.8.

[4] 固高科技. GT 系列运动控制器编程手册[M]. 2006.12.

[5] 固高科技. GT 系列运动控制器用户手册[M]. 2006.12.

[6] SIEMENS. MICROMASTER 440 通用型变频器 0.12 kW－250 kW 使用大全[M]. 2003.12.

[7] SIEMENS. 多轴定位模板 FM357－2 使用入门[M]. 2009.7.

[8] SIEMENS. FM 357－2 Multi－Axis Module for Servo and Stepper Drives[M]. 2003.

[9] YASKAWA. AC 伺服驱动器 Σ－V 系列用户手册 设计·维护篇[M]. 2007.

[10] 台达电子工业股份有限公司. ASDA－B2 系列标准泛用型伺服驱动器应用技术手册(V1.0)[M]. 2013.9.

[11] 固高科技. GTS 系列运动控制器编程手册[M]. 2011.10.

[12] 南通国芯微电子有限公司. STC12C5A60S2 系列单片机器件手册[M]. 2011.

[13] 大恒图像. 水星(Mercury)系列 USB2.0 数字摄像机应用说明书[M]. 2014.2.

[14] 大恒图像. 水星系列数字摄像机快速开发说明书[M]. 2012.8.

[15] 徐殿武. 位图文件操作的程序设计的研究[J]. 微计算机信息，2007：176－178.

[16] 朱彦军. BMP 位图文件的存储格式[J]. 电脑编程技巧与维护，2003.11.

[17] 固高科技. GRB 系列 SCARA 工业机器人实验指导书(V1.0)[M]. 2005.11.

[18] 熊田忠，叶文华，杨斌，等. 基于顺序功能图的工控机 VC 编程研究[J]. 机电工程，2015.32(6)：878－882.

[19] http：//blog. csdn. net/jbb0523/article/details/24198505.

[20] 程敏. 四旋翼飞行器控制系统构建及控制方法的研究[D]. 辽宁：大连理工大学，2012.

[21] 段世华. 四旋翼飞行器控制系统的设计和实现[D]. 四川：电子科技大学，2012.

[22] 杨锦. 数字 PID 控制中的积分饱和问题[J]. 华电技术，2008，30(6)：64－67.

[23] 宿敬亚，樊鹏辉，蔡开元. 四旋翼飞行器的非线性 PID 姿态控制[J]. 北京航空航天大学学报，2011(09)：1054－1058.

[24] 凌金福. 四旋翼飞行器飞行控制算法的研究[D]. 江西：南昌大学，2013.

[25] Tianzhong Xiong, Wenhua Ye. A PC-based control method for high-speed sorting line integrating data reading, image processing, sequence logic control, communication and HMI. AIP Advances, 2021, 11(1): 015123. (https: //doi. org/10. 1063/

5.0031302)

[26] 南京航空航天大学.基于 PC 的高速图像检测分拣生产线控制系统及其控制方法
[P].中国发明专利：201810408513.4.（发明人：叶文华，熊田忠，黄河，等）

[27] 三江学院.一种教学型并联机器人系统及其控制方法[P].中国发明专利：
201910702227.3.（发明人：熊田忠，孙传峰，孙承志，等）

[28] 三江学院.擦黑板机器人及其系统[P].中国发明专利：201610225203.X.（发明人：
熊田忠，周雨松，孙承志，等）

[29] 周雨松，熊田忠.多传感器协同的擦黑板机器人系统研制[J].自动化仪表，2018
(11)：42-47，51.